专业户健康高效养殖技术丛书

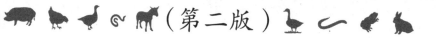

（第二版）

现代养鸭

关键技术精解

熊家军　陶双能　主编

U0230888

化学工业出版社

·北京·

本书在介绍养殖鸭的主要品种和生物学特性的基础上，结合我国养鸭业的生产条件和特点，详细讲解鸭的营养与饲料、育种与繁殖、饲养管理、疾病防治以及鸭场建设与经营管理等内容，精解养鸭生产中的关键技术可供广大养鸭专业户和中小型鸭场学习使用，帮助实现养鸭的科学化、规模化和高效益，同时可为畜牧兽医工作者特别是养鸭专业技术人员工作提供帮助。

图书在版编目（CIP）数据

现代养鸭关键技术精解/熊家军，陶双能主编. —2版. —北京：化学工业出版社，2018.8
（专业户健康高效养殖技术丛书）
ISBN 978-7-122-32467-2

Ⅰ.①现… Ⅱ.①熊…②陶… Ⅲ.①鸭-饲养管理
Ⅳ.①S834.4

中国版本图书馆 CIP 数据核字（2018）第 138694 号

责任编辑：刘亚军　　　　　　　文字编辑：赵爱萍
责任校对：王鹏飞　　　　　　　装帧设计：张　辉

出版发行：化学工业出版社（北京市东城区青年湖南街 13 号　邮政编码 100011）
印　　装：三河市延风印装有限公司
850mm×1168mm　1/32　印张 8½　字数 227 千字
2019 年 1 月北京第 2 版第 1 次印刷

购书咨询：010-64518888　　　售后服务：010-64518899
网　　址：http://www.cip.com.cn

《现代养鸭关键技术精解》
编写人员名单

主　编： 熊家军　　陶双能

副主编： 杨菲菲　　王前勇

参　编： 王　巍　　刘建霞　　董　尧　　王玉珍

前 言

我国养鸭业历史悠久，成果辉煌，是我国的特色养殖业，对世界鸭业贡献重大。尽管我国养鸭业现代化生产模式发展较晚，但是借鉴了其他养殖业的发展经验，正向着科学化、产业化、集约化、工厂化发展。今后，我国的肉类消费可能会向其他国家的1/3牛羊肉、1/3猪肉、1/3禽肉的结构方向调整，所以养鸭业未来潜力巨大，前景光明。

规模养殖是现代养鸭业的重要标志，既可以有效地保证畜产品的质量安全和稳定生产，又可以有效控制环境污染。其核心要素就是要以现代养鸭技术装备养鸭业，以科学的经营管理技术优化组合市场资源、技术资源、劳动力资源、种质资源、饲料资源、资金资源和场内设施资源，实现资源节约、环境友好。但随着规模化、集约化以及片面追求缩短肉鸭饲养周期的密集型、快速型养鸭业的不断发展，鸭的疫病、对环境的污染以及鸭产品的安全卫生质量问题也日益突出，这些问题有可能影响广大消费者的身体健康，也势必影响养鸭业的经济效益和可持续发展。为解决密集型养鸭业所存在的一系列问题，多年来，广大科技工作者进行了不懈的探索，通过不断总结经验和广泛深入研究，系统地建立了科学的鸭饲养生产技术、疫病防治技术和管理方式，绿色、生态、健康的养鸭技术和观念业已形成，并在不断实施和推广之中。水禽遗传育种的短板、营养与饲料标准化的研究、疫病控制、产品加工工艺的现代化升级与改造等制约养鸭业健康发展的因素已经得到广泛关注和重视。

为适应养鸭业特别是农村广大养鸭专业户和中小型鸭场的需要，及时推广应用科学健康养鸭的新知识、新技术，作者收集、整理国内外最新技术资料，并结合多年的科学研究与生产工作经验，编写了本书。在编著本书时，结合我国养鸭业的生产条件和特点，遵循内容系统、语言通俗、注重实用的原则，汇集了国内外现代养鸭业的新理论、新技术、新方法和新经验，深入浅出地介绍了养鸭的相关理论与方法，力求做到使广大养鸭户读得懂、用得上，同时满足畜牧兽医工作者特别是养鸭专业技术人员的工作所需。

本书共分八章，重点介绍了鸭的生物学特性、主要品种以及育种与繁殖、营养与饲料、饲养管理、疫病防治等关键技术。第一章至第六章介绍了养鸭基础知识、生产技术和管理技术；第七章介绍了鸭场建设与经营管理，倡导绿色、环保、健康的养殖理念；第八章介绍了鸭病防治基础知识，对近几年来全国各地鸭场常见的流行病和普通病以及新发病作了详细的介绍，重点突出了疾病的防治措施，丰富了治疗方法，还介绍了鉴别诊断一些疾病的方法及其混合感染的防治措施。

本书在编写过程中参考了部分专家、学者的相关文献资料，因篇幅所限未能一一列出，在此深表谢意。

由于水平有限，书中难免有疏漏之处，恳请广大读者和同行批评指正。

编者
2018 年 5 月

目 录

绪 论

一、中国养鸭业的现状

1. 养殖数量大

我国是世界上主要的水禽生产国，水禽类的大宗品种鸭年饲养总量达到世界第一。据统计，2014 年全国出栏肉鸭 40 亿只左右，主要包括白羽肉鸭、番鸭、麻鸭以及淘汰蛋鸭等，白羽肉鸭养殖量占据我国肉鸭养殖量的 88% 左右；向社会提供的鸭肉在 630 万吨以上；存栏成年蛋鸭超过 3.5 亿只，鸭蛋产量约 600 万吨，总产值超过 1500 亿元人民币，居世界首位，养鸭业已经成为我国畜牧业发展中增长最快的产业之一。

2. 养殖区域广泛

我国鸭的饲养区主要分布在长江中下游、华东、东南沿海各省以及华北等省市。这些地方江河纵横、湖泊众多，水生动植物资源丰富，利于养鸭业发展。据统计，山东、浙江、江苏、广东、四川、安徽、湖南、湖北、江西、重庆、福建、河南、广西 13 个省的鸭养殖量占全国的 90% 以上，其中山东省快大型肉鸭的出栏量达 8 亿只以上，福建省是番鸭和半番鸭的主产区，浙江、福建和湖北是我国蛋鸭生产、加工的主产区。

3. 种质资源丰富

我国鸭品种资源丰富，1989 年有 12 个鸭品种列入《中国家禽品种志》。通过长期培育以及近年来的不断引进品种，目前我国拥有诸多的国内外优良品种。肉用型品种主要有北京鸭、樱桃谷鸭、狄高鸭、天府肉鸭、番鸭等，蛋用型主要有绍兴鸭、金定鸭、攸县麻鸭等，兼用型主要有高邮鸭、建昌鸭、巢湖鸭、桂西鸭等。北京鸭是世界最著名的肉鸭品种，被国内外肉鸭育种公司作为育种素材，许多肉鸭培育品种（如樱桃谷鸭、丽佳鸭、奥白星鸭、天府肉鸭等）都有北京鸭的血缘。天府肉鸭生产性能已达到世界先进水平，优质白番鸭 RF 系和台湾白羽骡鸭的生产水平也已达到世界先进水平。

4. 科研水平与技术推广体系大幅提升

我国是骡鸭生产最早的国家，近年来对骡鸭杂交生产体系及繁殖技术的研究应用取得了显著进展，采用最佳的二、三元杂交体系代替传统骡鸭生产（番鸭♂×麻鸭♀）；目前常用的杂交组合有番鸭♂×（北京鸭×蛋鸭）♀、番鸭♂×大型肉鸭♀。用法国番鸭♂×大型肉鸭♀生产的骡鸭兼备了大型肉鸭 6 周龄前生长快和番鸭 6 周龄后生长快的优势，且胸腿肌率高、肉质好、皮脂率低。因此，用纯番公鸭和大型肉鸭（北京鸭系列）母鸭生产骡鸭是改良鸭肉品质的有效途径之一。

改革开放以来，各地相继投资建设了一定规模的种鸭场，担负起我国良种鸭的繁育和供种任务，为我国鸭良种繁育体系的建设和养鸭生产的发展起到推动作用。这些鸭场主要有：北京鸭育种中心、绍鸭原种场、四川省原种水禽场、四川绵英种鸭有限公司、成都克里莫育种有限公司、南京樱桃谷祖代鸭场、江苏高邮鸭集团、福建泉州丽佳良畜有限公司、福建农大种番鸭场、河北香河正大、河南华英集团等。

为了提高优良种公鸭的利用率，在鸭繁殖中已广泛采用人工授精技术。过去，这一技术多用于生产骡鸭，平均受精率为 72％～75％，现在肉鸭品种繁殖时也应用人工授精技术。番鸭品种繁殖采用人工授精技术，公鸭利用率比自然交配显著提高，饲养 1000 只母鸭仅需公鸭 40 只（自然交配 1：5，需公鸭 200 只，人工授精 1：25），可少养公鸭 160 只，节省大量饲料饲养费用，同时对加速高产品系的选育和扩繁具有重要作用。

5. 饲养方式呈多元化、科学化

近年来我国养鸭业逐步由传统的零星饲养向规模化、集约化、专业化方向发展，由落后向科学的现代化饲养方式转变，这使鸭的生产性能得到充分发挥。目前，在养鸭生产中有网养、厚垫料平养、大棚养殖以及放牧饲养等多种养殖方式。从卫生防疫到环境保护等各个养殖环节都能做到科学化、合理化。这也使经济效益、社会效益和生态效益得到了保障。随着集约化养鸭生产的发展，由粗放的季节性放牧饲养已转变为温室育雏、肉鸭网上平养、蛋鸭圈养、颗粒配合饲料补饲、鸭病综合防治、全年均衡出栏等。

6. 鸭肉在中国饮食文化中占有重要地位

近年来，随着我国商品化水禽业的发展，我国鸭产品除传统的北京烤鸭、两广烧鸭驰名国内外，各地名牌辈出，如武汉周黑鸭、四川樟茶鸭、重庆的白任驿板鸭、江苏盐水鸭、上海大盈鸭、沙阳板鸭、南安板鸭等，调理制品有鸭肉丸、鸭火腿等，休闲型制品有鸭肉干、鸭肉棒、鸭肉片，蛋制品有红心咸鸭蛋、双黄咸蛋、无铅皮蛋、保健蛋，其他产品有鸭肥肝和鲜骨泥酱等。以番鸭为原料的"帝王善母鸭"在台湾连锁店多达 300 余家，在国内大城市也有不少连锁店。南京市素有鸭都之称，全市卤鸭、盐水鸭加工厂有 1500 多家，年加工能力可达 1500 万只，其中盐水鸭占消费量的 76％。四川是全国最大的养鸭省，鸭产品加工品种繁多，仅成都市年消费樟茶鸭、油烫仔鸭、烤鸭就达 4560 万只以上。近年，我国除出口板鸭、松花蛋、盐蛋外，还有白条鸭、鸭肉卷、熏鸭肉、冻番鸭、胸脯肉、腿肉等鸭产品出口。冻鸭及鸭肉主要出口日本和韩国，传统鸭制品和蛋制品主要出口东南亚和国外华侨集聚区，据统计，2014 年我国国内进口量为进口鸭肉产品（主要为整只冻鸭、冻的鸭块及杂碎，全部来自美国）118.54 吨，进口额为 210.92 千美元。出口（鲜或冷的鸭块及杂碎、鲜或冷的整只鸭）3858.15 吨，出口额为 92421.43 千美元。主要出口国家和地区有：中国香港、中国澳门、吉尔吉斯共和国、安哥拉共和国、泰国、塔吉克斯坦共和国、格鲁吉亚、巴林王国等。

我国人多地少，生态资源、粮食资源紧缺，从国家战略资源角度来说，家禽是未来的重点发展方向。相对于猪3∶1，牛羊7∶1的饲料转化效率，家禽2∶1的饲料转化率是最高的。从发展的角度来看，"80""90"后一定程度上受西方文化的影响，并且随着生活节奏变快，禽肉快餐，被多数年轻人和工作时间较为紧张的上班族所接受；从健康角度来说，水禽产品的营养水平和品质都较好，除了氨基酸、脂肪酸、蛋白质外，水禽的不饱和脂肪酸含量高，有利于人体健康；从饮食结构上看，北方的北京烤鸭，南方江浙闽鄂湘的酱鸭、卤鸭、盐水鸭，还有鸭翅、鸭脖、鸭舌、鸭肠等，均是饮食文化的组成部分。

二、目前我国养鸭业的问题

1. 鸭产业潜力未能充分发挥

在禽蛋和禽肉的结构上，鸭产品所占比例较小。据统计，2004年我国鸭肉占禽肉的比例为17％，鸭蛋仅占禽蛋的比例为20.3％。

2. 鸭良种繁育体系不完善

我国鸭的品种多，但育种工作少，良种繁育体系不健全。另外，商品化养鸭业起步迟、投入少，种鸭场规模小、生产设施简陋、育种手段落后，导致供种能力不足，生产性能不稳定，存在着部分种鸭场不按规定程序制种和使用商品禽留种，影响发展。

3. 鸭饲养研究工作严重滞后

我国目前尚无肉鸭、蛋鸭不同生长阶段营养需要的国家标准，鸭专用饲料占我国配合饲料比例小，一些鸭场只能用蛋鸡料或肉鸡料代替，与现有的养鸭生产规模不相适应。

4. 鸭产品加工手段落后

由于加工手段落后，生产产品档次低，不能完全适应现代消费需求和出口需要。虽然我国鸭产品丰富，但大部分是以传统手工作坊式加工生产，在产品质量、卫生标准等方面还有待提高，尤其是鸭肉出口企业，在卫生标准、药残指标等方面应严格把关。

现代养鸭关键技术精解

5. 饲养方式落后、产业化程度低

我国的鸭产业主要以传统的饲养方式为主，不能满足现代养鸭生产标准化、产业化的要求。养鸭生产从供种、供料、技术服务、产品加工、流通等主要生产环节，产业链相互脱节，产供销信息不灵，产销矛盾突出，利益分配不均，造成市场波动大，生产起伏不平，严重影响了商品生产者的积极性和生产的持续稳定发展。

6. 疫病的防控问题突出

近几年，我国鸭的饲养量逐年增长，规模化、产业化经营水平得到快速提升，但随着高密度鸭群越来越多，鸭的疫病发生也越来越频繁，同时由于研究滞后，对一些疫病尚无好的防治方法。

7. 市场信息系统有待建立完善

目前，我国肉鸭、蛋鸭生产、加工、销售、流通、消费等信息体系尚未形成，农户和小规模生产者获得信息的渠道十分有限，难以准确判断评估市场的供求关系、风险、生产成本和收益，往往造成盲目生产、销售困难重重、经济损失惨重。市场信息体系能够帮助生产者了解国内外鸭肉、鸭蛋产品的供求关系、贸易水平、价格变动趋势、产品品质要求、相关产业动态，以指导生产经营者制订生产计划，避免盲目生产造成损失。

三、发展养鸭业的经济价值和意义

养鸭生产耗料少，生产周期短，周转快，经济效益好。发展养鸭业对我国畜牧业现代化的实现，养殖业的均衡发展意义重大。

1. 养殖效益好

"鸭在水中游，不愁盐和油""要想发，多养鸭"。养鸭生产成本低，投资较少，设备简单，鸭舍要求不如鸡舍高，加之鸭生长发育快，产蛋率高，饲料转化率高，见效快，收益大。如北京鸭新品系7周龄达3千克；绍鸭每只年产蛋量可达280个，高产系在300个以上，每只鸭的羽毛重达80克左右。如能将鸭肉、鸭蛋、羽绒、内脏、鸭血及下脚等加工成半成品、成品或生化制品等，并进行系列综合利用，将可取得更高的经济效益。

2. 农牧渔结合好，生态、环保易推广

种植水稻的地区都有稻田养鸭的传统习惯，这是农牧结合、生物治虫的范例。据测定，鸭能采食天然动物性饲料 40 多种（其中大多数对水稻有害），因此，稻田养鸭既可防止因施用农药造成的公害，又降低了农业生产的成本，补充了鸭的饲料，从而利用鸭子进行中耕除草、捕虫施肥，有利于水稻和鸭子生长。一种高效养殖模式——猪、鱼、鸭结合良性循环制，正在我国普及之中，塘边建猪栏、鸭舍，在塘中养成鱼和鱼苗，塘边养猪、养鸭，形成立体养殖格局。鸭、渔结合的综合利用，经济效益与生态效益显著，即把鸭棚建在鱼池边，或将鱼塘划出一块做鸭放水用。实行水面养鸭、水下养鱼的方法，鸭粪使浮游生物等天然饵料大量繁殖，从而达到鸭、渔双增的目的。

3. 资金周转快、市场销路广

鸭子性成熟早，生产周期短，资金投入较少、周转较快。国内外对鸭产品的需求甚多，诸如活鸭、冻全鸭、冻分割鸭、鸭肥肝、野鸭肉、羽绒制品等均为传统畅销货，远销世界各国。国内对各种传统的鸭产品，如卤鸭、烤鸭、再制蛋等均有较大需求。随着我国食品工业的发展，涌现出许多加工工艺先进、地方特色浓郁、产品风味独特的鸭产品，并且迅速占领全国市场。轻工业、饲料业、肥料业等部门对鸭产品原料的需求也相当大。羽绒制品如滑雪衫、太空服、宇宙服等也风靡国内外服装市场。

4. 鸭肉和鸭蛋营养价值高

鸭肉和鸭蛋质地细嫩，味道鲜美，一直以来都是我国人民餐桌上重要的食谱原料，鸭肉中的脂肪酸熔点低，易于消化。所含 B 族维生素和维生素 E 较其他肉类多，能有效抵抗脚气病、神经炎和多种炎症，还能抗衰老。鸭肉中含有较为丰富的烟酸，它是构成人体内两种重要辅酶的成分之一，对心肌梗死等心脏疾病患者有保护作用。鸭肉适于滋补，是各种美味名菜的主要原料。鸭蛋营养丰富，可与鸡蛋媲美，鸭蛋含有蛋白质、磷脂、维生素 A、维生素 B_2、维生素 B_1、维生素 D、钙、钾、铁、磷等营养物质。

现代养鸭关键技术精解

5. 鸭粪是良好的肥料

鸭粪可以改良土壤的团粒结构，增加肥力，尤其对蔬菜、水果栽培效果明显，不仅肥田增产，而且菜、果鲜嫩、口感好，增加了瓜果的甜度或脆度。一只鸭年产鲜粪 50 多千克，加上垫料，可年产农家肥 200～250 千克。

绪论

第一章　鸭的生物学特性

第一节　鸭的体形外貌与体尺

一、鸭的体形外貌

鸭的外貌特征见图1-1。

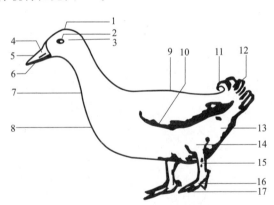

图 1-1　鸭的外貌特征

1—头；2—眼；3—耳；4—鼻孔；5—喙；6—喙豆；7—颈；8—胸；9—背；10—翅；
11—卷羽（公鸭）；12—尾羽；13—腹；14—腿；15—胫；16—蹼；17—趾

1. 头

蛋鸭头小、清秀，眼突出；肉鸭头部较粗大，眼凹陷。喙长而扁平，呈筒状，是采食和自卫的器官。喙分上、下两片，上大下小，相邻的边缘有锯齿状的空隙，可以借舌的运动吸水、排水和洗涤食物。上片喙前端向下有一坚硬的角质豆状突起，色较暗称为喙豆。在采食时，以利喙深入，它和锯齿状的上、下喙合拢，可钳住较大的饲料。喙基两侧为鼻孔开口处。除喙以外，脸部覆盖有短的羽毛，耳朵也覆盖有羽毛，这样头部进入水中时，水不至于浸入耳中。鸭眼睛圆大，虹膜发达。

2. 颈

为适应在水中采食的生活环境，鸭颈通常较细而长。头与颈连接灵活，平常成直角，在采食时则可近似成一直线。还可左右翻转，梳理除头和上颈部以外的任何地方的羽毛。一般情况下，肉鸭颈相对短而粗，蛋鸭颈相对细而长。

3. 体躯

体躯披有松而厚的羽毛，蛋鸭呈琵琶形或梯形，肉鸭呈长方形，可以浮于水面。体躯可分为胸、背、腰、荐、肋、腹、尾等部分，因品种、性别、年龄不同，各部分情况也不同。肉鸭体躯深、宽而下垂，嘴长而直，前躯稍稍提起，肌肉发达。蛋鸭体形较小，体躯较细较长，后躯发达。肉、蛋兼用鸭体躯介于肉、蛋鸭之间。公鸭体形大，肩宽胸深，身体呈长方形。母鸭体形比公鸭小，身长，胸宽、深，臀部近似方形。不同品种、生产类型的鸭，体轴角存在差异。体轴角是指体躯的中轴与地平面所构成的角度。一般体形宽大的鸭，体轴角较小，举止比较笨拙；体形窄小的鸭，体轴角较大，举止轻巧、灵活。

4. 翅

又称翼，由轴羽、主翼羽、副翼羽、覆主翼羽和覆副翼羽组成。在翅的中部 1 根最短的羽毛为轴羽；由轴羽向翅尖方向为主翼羽，共有 10 根；由轴羽向肩部方向为副翼羽，有 14 根。覆盖在主翼羽上面的羽毛为覆主翼羽；覆盖在副翼羽上面的羽毛为覆副翼羽。公麻鸭的副翼羽中比较明亮、有绿色光泽者为镜羽。

5. 腿

腿位于体躯后部，较短。腿便于母鸭产蛋时后躯加重而保持平衡，也便于倒立时拨水，以利深水采食。鸭脚胫部、趾部皮肤裸露，角质化呈鳞片状，两脚各有 4 个趾，3 前 1 后，前 3 个趾间有蹼，在水中前进时缩拢并向后弯曲，减少阻力；划动时张开，似桨划水，推动身体前进；在浅水中，它亦连同趾尖的爪，扒开稀泥采食。

6. 羽毛

除喙、眼、腿以外，鸭全身外表披有羽毛。按其形状结构可分为正羽、绒羽和纤羽。正羽包括翅梗毛和毛片，绒羽都是绒毛，纤羽形似毛发，数量很少。羽毛重量约占体重的 6%，而体积占鸭总体积的一半。羽毛疏松、柔软，能防止鸭轻度机械损伤；绒羽可以在相互的间隙间贮存一些空气，而外部的正羽紧贴绒羽，故有很好的保温作用。到了热天，外部的正羽稍稍松开颤动，可以散热。头部与颈部羽毛较短，背、腹的羽毛较大。翼较短小，主翼羽尖狭而坚硬，副翼羽较大。腹臀两部绒羽较多，质地柔软，尾羽不发达。公鸭在尾羽中央有 2～4 根向上卷曲，称雄性羽，又称卷羽或性羽，由此可鉴别雌雄。

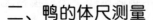

二、鸭的体尺测量

为了准确地记载鸭的体形外貌，研究其与生产性能的关系，施行规范化饲养管理和培育鸭品种，就必须对鸭进行统一标准的体尺测量（图 1-2）。

与鸭的生产性能密切相关的体尺指标主要有以下几种。

（1）嘴宽　喙最宽处的直线距离。

（2）嘴长　喙最前端至两喙角连线中央的直线距离。

（3）颈长　头骨末端至最后一枚颈椎的距离。

（4）体斜长　锁骨前上关节至坐骨结节间的距离。

（5）体直长　最后一枚颈椎到尾骨基部的距离。

（6）半潜水长　喙前端至两腰角连线中央间的直线距离。自然拉直测定，系鸭在水面倒立采食时的长度。

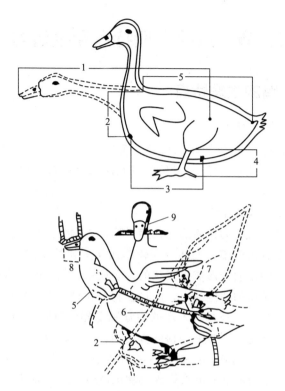

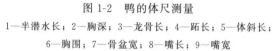

图 1-2　鸭的体尺测量

1—半潜水长；2—胸深；3—龙骨长；4—跖长；5—体斜长；

6—胸围；7—骨盆宽；8—嘴长；9—嘴宽

（7）胸宽　两锁骨关节间的距离（用卡尺测量）。

（8）胸深　第一枚胸椎至胸骨（或龙骨）前下端的距离。

（9）胸围　在翅膀（胛）下绕胸、背一周的距离。

（10）龙骨长　龙骨前端到后端的距离。

（11）骨盆宽　又称腰宽或腰角宽，指两个腰角间的距离。

（12）跖长（胫长）　跖骨上关节至第三四趾之间的垂直距离。

（13）胫围　用细线绕跖骨中部最细处一圈所得长度。测量时用皮尺（直尺、钢卷尺）、骨盆测量器、卡尺等测量器，以厘米为单位。

第二节　鸭的生理特点和生活习性

一、鸭的生理特点

（一）消化生理

鸭的消化器官包括喙、口腔、舌、咽、食道、胃（腺胃和肌胃）、小肠、大肠、盲肠、泄殖腔以及附属器官和肝脏、胆囊和胰腺等。

1. 喙、口腔与舌

鸭的口腔前部为角质的喙，扁平形，末端为圆形，便于啄食饲料，喙被覆有角质膜，大部分为较厚而又柔软的皮肤，称为蜡膜。上、下喙边的角质板形成锯齿状的许多横褶，便于鸭在水中采食食物后将泥水从喙的两侧滤出，而将食物留在口腔内。在横褶的蜡膜以及舌的边缘上，分布着丰富的触觉感受器。口腔的顶壁为硬腭，因无软腭，硬腭向后与咽的顶壁直接相连，合称口咽腔。口腔底有舌，鸭舌较鸡长而软，内有发达的舌内骨，采食时舌参与吞咽作用，鸭的舌上没有味觉乳头，因而鸭的味觉不是很发达。

2. 咽

鸭没有牙齿，采食方式为吞食，饲料进入口腔后随即咽下。由于鸭的唾液腺不发达，加之无咀嚼，所以鸭采食时常常需饮水，以湿润食物，帮助吞咽。鸭吞食时靠抬头伸颈，借助重力、食道壁肌肉的收缩力以及食道内的负压将食块和水咽下。

3. 食道

鸭的食道是一条从咽到胃、细长而富有弹性的管道，食道壁由外膜、肌膜和黏膜构成，食道腺位于黏膜下，可以分泌黏液。鸭食道下端为膨大部，呈纺锤形，可贮存大量纤维性饲料，并有润滑和软化食物的作用，所以鸭具有很强的耐粗饲和觅食能力。鸭吞咽食物时抬头伸颈借助重力、食道壁肌肉的收缩力以及食道内的负压将食物和水咽下，到达食道膨大部并停留 24 小时后，逐渐向后流入胃内。

4. 胃

鸭胃分腺胃和肌胃两部分。腺胃也称前胃，呈纺锤形，体积很小，但消化腺特别发达，可分泌胃液。胃液中含有蛋白酶和盐酸，能消化蛋白质和分解矿物质。食物在腺胃内与胃液混合，经短时间停留后进入肌胃。肌胃也能分泌具有消化作用的胃液。

肌胃俗称"砂囊"，是禽类特有的器官。鸭的肌胃又称鸭肫。肌胃的胃壁很厚，呈侧扁圆形，表面覆有腱质，肌肉发达，收缩力强，主要是对食物起磨碎作用。肌胃的磨碎作用，一是靠肌肉强有力的收缩；二是靠肌胃内一层很厚而结实的黄色角质膜（也称内金），此膜在磨碎饲料中起机械作用，又能保护肌胃黏膜不受坚硬饲料的损伤；三是靠采食时吞进的沙砾。这些沙砾在肌胃内滞留的时间较长，增加了肌胃的磨碎作用，使鸭能有效地利用谷物和粗饲料。如将沙砾除去，消化率会降低 $25\% \sim 30\%$，粪便中也可见到整粒的谷物，俗称"过料"。所以，在配合饲料中要加入 2% 的沙砾，或在舍内放置砂槽任鸭自由采食。

肌胃的运动是有节律的，一般每分钟收缩 $2 \sim 3$ 次。但在饥饿和饲料种类不同的情况下有差异，如硬的或纤维性的饲料能使肌胃收缩的时间间隔变短；饱时肌胃的收缩频率也较饥饿时的频率略高。这种收缩和碾碎声，用听诊器在体外即可听到。肌胃有两个开口：前面是贲门，与腺胃相通；后面是幽门，与小肠相连。随着肌胃的收缩，磨碎的食物被推入小肠。

5. 小肠

鸭的消化吸收作用主要在肠内进行。鸭小肠短，成鸭约 14 厘米，包括十二指肠、空肠和回肠。十二指肠位于腹腔右侧，来回盘曲，中间夹着粉红色的胰腺。胰腺有两条导管，和胆管一起开口于十二指肠末端，通常以此开口处作为十二指肠与空肠的分界。鸭的空肠较长，回肠较短而直，与空肠无明显分界。小肠壁的黏膜形成大量的绒毛，有很强的吸收能力。胃液流入十二指肠后，使这部分肠内容物变成食糜。食糜进入空肠和回肠后，混入胰液、肠液和胆汁。胰液和肠液中有分解淀粉、蛋白质和脂肪的酶。在各种酶和胆汁酸的作用下，饲料中的营养物质被消化，进而被肠壁吸收。小肠依靠蠕动和分节运动，将残余的食糜送入大肠。

6. 大肠、盲肠、泄殖腔

大肠包括两条发达的盲肠和一段短而直的直肠。盲肠从回肠和直肠的交界处出发，沿小肠向前延伸，长约 20 厘米，具有消化纤维的功能。来自小肠的内容物一部分进入盲肠，在盲肠内继续进行蛋白质、脂肪、糖类的消化和吸收，并由微生物对粗纤维进行分解，但因经过盲肠的内容物不多，盲肠内微生物的分解能力有限，所以鸭对粗纤维的消化利用率不高，盲肠内微生物可利用非蛋白氮合成菌体蛋白质、B 族维生素以及维生素 K 等。进入盲肠的内容物经过进一步消化吸收后被压迫出去，进入直肠，盲肠粪呈巧克力色，一日朝夕两次排出。直肠能吸收水分，并将粪便送入泄殖腔排出体外。泄殖腔是鸭的消化和泌尿生殖系统的共同通道。

7. 肝脏与胆囊

肝脏是鸭消化系统中最大的消化腺。它占据腹腔道下部，分左右两叶，有两条导管。左叶的导管直接开口于十二指肠，叫肝管；右叶的导管连接胆囊，通过胆管开口于十二指肠。肝脏分泌的胆汁贮存于胆囊中，在消化过程中由胆管排入十二指肠。胆汁能激活胰酶，使脂肪乳化，有助于鸭对脂肪和脂溶性维生素的吸收。肝脏还参与糖原、蛋白质的合成与分解，能贮藏一部分糖、蛋白质、多种维生素和一部分铁元素，并有解毒作用。

8. 胰腺

又称胰脏，具有消化和内分泌双重功能。位于十二指肠盘曲圈内，形状细长，色泽淡黄或粉红，质地柔软，胰脏分泌胰液，胰液内含有消化酶，胰液通过胰导管进入十二指肠的末端。

食物中的营养物质在消化道内经胃液、肠液、胰液和胆汁等的综合作用，被消化分解，产生氨基酸、脂肪酸和单糖等，最后被小肠绒毛的毛细血管和淋巴管末端吸收，经肝脏的门静脉流入心脏，然后输送至全身各处。葡萄糖在经过肝脏时，大部分变成肝糖原贮藏起来，一部分输送到全身，供给各器官活动的能量。输往身体内各组织器官的氨基酸，也可再度综合起来形成鸭体和蛋的蛋白质，或者一部分转化为糖和脂肪，以维持体温和作为能量的来源。消化吸收的矿物质和水分，主要用于维持各器官机能的正常进行、促进代谢作用、形成骨骼和蛋壳等。吸收的维生素可贮存在肝和卵中，也有少量存在于各器官中。未被消化的物质和代谢产物，则形成粪便随尿液排出体外。

（二）血液生理

血液在密闭的心血管系统中流动，由血浆、血细胞和凝血细胞等有形成分组成。新鲜鸭血呈鲜红色，不透明，具有一定的黏稠性，有形成分混悬在血浆中。

血浆呈黄色液体，占血液容积的 60％ 左右，含有大量的水分，其余部分是纤维蛋白原、白蛋白、球蛋白、酶、激素和营养物质及代谢产物。血浆中还含有钠、钾、钙、磷等重要元素。鸭在产蛋期间，由于产蛋的需要，血浆中的钙、磷含量都有增加。

血液的有形成分主要有红细胞、白细胞和凝血细胞 3 种。鸭的红细胞呈卵圆形，具有较大的核。红细胞是由水、血红蛋白及构成细胞膜的蛋白质、磷酸、游离胆固醇等构成。血红蛋白的主要生理作用在于它能够运输氧和二氧化碳。当血液流经肺毛细血管时，血红蛋白就可与氧做不稳固的结合，生成氧合血红蛋白。当到达组织毛细血管时，又把氧放出，以供组织细胞之需。血红蛋白又可与组织细胞所产生的二氧化碳相结合，将其运送到肺以便呼出体外。血红蛋白还容易与一氧化碳相结合，成为一氧化碳血红蛋白。血红蛋白与一氧化碳结合较与氧结合大 250 倍，且结合非常稳固。因此，在鸭舍内只要有极少的一氧化碳存在，就可以代替氧气与血红蛋白形成牢固的结合，严重妨碍血红蛋白的运氧功能。所以，冬季在圈舍内用煤炉取暖时要特别注意防止鸭的一氧化碳中毒。

循环血液中白细胞比红细胞的数量少得多。白细胞包括异嗜性粒细胞、嗜酸粒细胞、嗜碱粒细胞、淋巴细胞和单核细胞。白细胞的主要功能是保护机体不受有害因子的侵害。当机体内侵入有害的细菌和异物时，白细胞就能捕捉、消灭它们。鸭的许多疾病都会使血浆成分和血细胞数发生变化。尤其在感染细菌性传染病时，将会引起白细胞增多；感染病毒时，白细胞尤其是中性粒细胞将减少。鸭血液中红细胞、白细胞和血红蛋白正常值见表1-1。

表1-1　鸭血液中红细胞、白细胞和血红蛋白的
正常值及白细胞组成

性别	红细胞数/（万/毫米³）	血红蛋白/（克/100毫升）	白细胞数/（千/毫米³）	白细胞组成/%				
				淋巴细胞	异嗜性粒细胞	嗜酸粒粒细胞	嗜碱粒细胞	单核细胞
公	271	14.20	16.60	64.0	25.8	1.4	2.4	6.4
母	246	12.70	29.70	76.1	13.3	2.5	2.4	5.7

血液在鸭体内主要是起运输作用，将肝和消化道吸收的营养物质运送到组织中，把组织代谢产生的废物运送到排泄器官，同时将氧从肺部运至组织中，把组织代谢产生的二氧化碳从组织运送到肺，排出体外；血液还能转运内分泌腺产生的激素、调节身体组织中的含水量。此外，血液不停地在周身循环，使整个机体内所有的器官和组织都能均匀受热，有助于调节体温，使体温保持恒定。

（三）生殖生理

鸭是通过体内受精和卵生方式进行繁殖。

1. 公鸭的生殖生理

公鸭的睾丸位于腹腔内，有两个，左右对称，左侧比右侧大，似豆状，以睾丸系膜悬挂于肾脏前叶的前下方。睾丸外面是一层薄而白的纤维膜，内部有许多精小管。精小管之间有间质细胞，能分泌雄性激素。睾丸在繁殖季节逐渐增长，过了繁殖季节，性机能减退，睾丸变小。公鸭的阴茎较发达，交配时能勃起。阴茎表面有一螺旋状的暗沟，勃起时，精沟边缘闭合而形成管道，以输导精液。

精子在睾丸的精小管内产生和发育后，在附睾管和输精管内贮存，并继续发育成熟，与精清混合，成为精液。交配时，公鸭一次射精量为0.1～0.7毫升，含精子0.28亿～1.8亿。精子进入母鸭

的泄殖腔后，很快沿输卵管向上移动至子宫阴道交接部的贮精腺贮存，然后精子在此缓慢释放，继续沿输卵管上行到达漏斗部，精子在漏斗部可暂时贮存，并在此等待卵子下行时受精。当母鸭排出的卵细胞（卵黄）落入输卵管漏斗部时，与精子相遇并受精，受精时，可能有很多精子穿过卵膜进入卵内，但其中只有一个与卵细胞结合。

由于禽类缺乏副性腺，附睾也处于退化状态，所以禽类精液的组成及其理化特性均与家畜的精液有很大差别。禽类精液中有75％～90％的水和10％～25％的干物质。其中蛋白质占干物质的60％，主要是白蛋白和球蛋白。禽类精液中几乎无果糖、柠檬酸、肌醇、甘油磷酸、胆碱等，氯化物的含量很低。禽类精液中各种无机元素的含量，每升平均分别含钠171毫克、钾11毫克、钙4毫克、氯5毫克、锰7毫克、铜10微克、锌0.57微克。在这些元素中，除钠和锌外，都比公牛精液的含量少。禽类精液中氨基酸的总浓度大约比哺乳动物高10倍，尤其是谷氨酸的含量很高。

2. 母鸭的生殖生理

母鸭体内左侧有一个发达的卵巢，其功能是排卵造蛋，在右侧还有一个很不发达的雄性腺。如果鸭群中有适量的公鸭，则公鸭分泌的雄性激素会抑制母鸭体内右侧雄性腺的发育，从而诱导母鸭卵巢多排卵、多产蛋。母鸭只有左侧的卵巢和输卵管能发育成熟，右侧的卵巢和输卵管只存在于胚胎发育早期，到雏鸭孵出时已经退化。鸭的卵巢呈葡萄状，每个卵泡内含有一个卵细胞（即卵黄），并借一细柄连接在卵巢上。输卵管前端接近于卵巢。后端开口于泄殖腔，其管壁较厚，呈弯曲状，依次由漏斗部、膨大部、峡部、子宫和阴道五部分组成。

卵黄在卵泡内发育达到成熟时，卵泡柄破裂，卵黄被释放出来，落入喇叭口（漏斗部）中，这个过程称为排卵。卵黄在漏斗部约停留15分钟，若母鸭接受过自然交配或人工授精，则漏斗部存有精子，卵子在这里与精子结合完成受精过程。以后随输卵管的波状收缩，卵黄沿着输卵管下行，并到达膨大部，停留约3小时，在卵黄的刺激下，膨大部分泌浓蛋白逐渐包围卵黄，在此期间，蛋白在卵黄周围旋转而形成系带。最后，卵黄进入峡部，一般只停留15分钟，此处分泌黏性纤维，形成内、外两层壳膜，并加入水和无机盐。卵黄进入子宫后，逗留时间较长，约20个小时。水及矿物质穿过蛋壳膜进入蛋白，使蛋逐渐膨胀，并产生稀蛋白的外层，蛋膨胀后，壳腺就在蛋壳膜外表加钙，形成硬的蛋壳，这个过程一直继续到临产蛋之前，蛋壳色素也在此期间形成。蛋在临产出之前，旋转180°，以钝端向前进入阴道，借助于阴道和腹部肌肉的收缩，强迫蛋通过阴道产出体外。产蛋动作只要几分钟。蛋产出后，内容物因冷却而收缩，在钝端形成气室。从排卵到蛋的产出，约需24小时或略多点时间。

当鸭群中没有或缺少公鸭时，就没有足够的雄性激素来抑制母鸭的这种性腺发育。在特定的情况下，个别强健母鸭体内右侧的雄性腺就会发育起来，产生大量的雄性激素，反过来抑制左侧卵巢的正常功能。于是，个别母鸭不再生蛋，呈现性反转现象，羽毛逐渐变得光艳漂亮起来，酷似公鸭。母鸭的性欲比鸡、鹅、鹌鹑、家鸽等禽类要亢进得多，这在有公鸭的鸭群中表现得比较明显。据观察，母鸭在临近开产时和产蛋高峰期，常常三五成群尾随公鸭，或静浮水面等候公鸭。无论是戏水还是觅食，公、母混养的鸭群都显得生机勃勃、富有活力。

二、鸭的生活习性

鸭的生活习性是昼夜交替变化的。受此影响，鸭的某些习性也产生了与之相适应的昼夜变化规律，如能顺应鸭的这种变化规律，科学饲养，则可以饲养管理好鸭群，降低饲养成本，有效提高蛋鸭的产蛋率和肉鸭的增重速度，从而提高饲养效益。

（一）鸭的生活习性

1. 喜水性

鸭是水禽，性好水，喜欢在水中觅食、嬉戏和求偶交配，鸭喜水不等于鸭喜欢潮湿的环境，因为潮湿的栖息环境不利于鸭冬季保温和夏季散热，并且容易使鸭子腹部的羽毛受潮，加上粪尿污染，导致鸭的羽毛腐烂、脱落，对鸭生产性能的发挥和健康不利。鸭也需要在陆地干燥场所憩息和产蛋。鸭的腿、脚结构致密而坚厚，利于游泳和行走。在水中每分钟能游 50～60 米，在陆地每分钟能走 45～50 米。鸭的饮水量比鸡多，因此，养鸭必须十分注意做好鸭的供水工作。出壳雏鸭先给饮水后喂饲料，不能先给料后给水。饮水器下必须垫一块砖头，以防戏水湿身，引起扎堆，相互践踏，甚至发病。

2. 杂食性、耐粗性

鸭是杂食动物，食谱比较广，很少有择食现象，加之其颈长灵活，又有良好的潜水能力，故能广泛采食各种生物饲料。鸭的肌胃发达，其中经常存有沙砾，有助于鸭磨碎饲料。所以，鸭在舍饲条件下的饲料原料应尽可能地多样化。鸭耐粗饲且觅食力强，喜食多种水生动、植物及浮游生物。鸭能采食各种精、粗饲料和青绿饲料及鱼、虾、昆虫、蚯蚓、螺类等，但最喜食鱼、虾、螺类等动物性饲料，所以鸭适宜放牧饲养，饲养成本较低，饲料报酬较高。

鸭采食后，能明显提高产蛋量。

3. 合群性

鸭的性情温和驯服，喜群居，很少单独行动，不喜争斗，适应大群放牧饲养或圈养，易管理。注意，在喂料时一定要让群内每只鸭都有足够的吃料位置，否则将会有一部分弱小个体由于吃不到料而消瘦。

4. 耐寒怕热

鸭的皮下脂肪较厚，羽绒保温性能良好，所以对寒冷有较强的抵抗力。在严寒的冬季只要饲料好，圈舍干燥，有充足的饮水，鸭仍然能维持正常的体重和产蛋性能。鸭对炎热环境的适应性较差，由于鸭无汗腺，当气温超过 25℃时散热困难，只有经常泡在水中或在树阴下休息才会感到舒适，尤其肉鸭耐热性能更差。在夏季，鸭食欲下降，采食量减少，产蛋量也下降，因而鸭舍不能建得太矮，应有足够的通风窗户，在炎热的夏季，一定要做好遮阴防暑工作，如安装遮阳网、电风扇、房顶喷水等，并降低饲养密度，以保证鸭能正常地生长发育。

5. 生活规律性

鸭有较好的条件反射能力，反应灵敏，容易接受训练和调教，可以按照人们的需要和自然条件进行训练，并形成鸭群各自的生活规律，如觅食、戏水、休息和产蛋都具有相对固定的时间，所以一天之中的放牧、觅食、嬉水、交配和产蛋等行为都有一定的时间性，且这种规律一经形成就不容易改变，建议每天早晚应多投料。

6. 胆小易惊，敏感性强

鸭的反应灵敏，易调教，但胆小怕惊易受外界影响，遇到响声造成"炸群"，即刻相互拥挤于一角，这种类似神经质的惊恐行为在1月龄左右即开始出现。在受到突然惊吓或不良刺激时，导致产蛋减少甚至停产。鸭对周围环境的色彩、声音、强光等刺激均有害怕的感觉，所以一定要保持养鸭环境的安静稳定，防止猫、狗、老鼠等动物进入鸭舍，以免鸭群因突然受惊引起应激，影响生长发育。

7. 较强的抗逆性

鸭对不同气候环境的适应能力较鸡强，从寒带到热带，从沿海到陆地都有鸭群分布，适应范围广，生活力强，对疾病的抵抗力也比鸡强，鸭病比鸡病少。应注意，鸭群若发病并出现死亡后，比鸡的发展速度更快，所以每天一定要认真观察鸭群。

（二）鸭的繁殖习性

鸭的性成熟较早。蛋鸭一般饲养100～140天即开产，小型麻鸭90天即可产蛋。鸭的繁殖力很强，经选育的蛋鸭年均产蛋可达280～300枚。公鸭的配种能力很强，一雄可以配多雌。如一只蛋种公鸭可配25～30只母鸭，且偏爱交配的性癖表现不多，其交配和产蛋不受季节影响，能全年繁殖，每只母鸭每年可提供200～220只雏鸭，肉用种鸭每年也可提供80～160只雏鸭。母鸭一般均无就巢性（番鸭除外），这就增加了产蛋时间，但孵化和育雏则需人工进行。正常情况下，蛋鸭产蛋主要集中在午夜以后到黎明之前这段时间，通常不在白天产蛋。种鸭交配一般都选择早晨或傍晚广阔的水面进行。因此，在种鸭早上或晚上的交配高峰期应将其赶到较深的水域，以提高种鸭的受精率。

（三）鸭的生长与产肉性能

鸭的生长发育快，耐填饲，肉鸭增重快。如北京鸭初生重 50克，7 周龄即可达 3.45 千克，相当于初生重的 60 多倍，其生长速度不亚于肉用仔鸡。

鸭的新陈代谢十分旺盛，正常体温一般为 41.5～43℃；心跳快，每分钟达 160～210 次；呼吸频率每分钟达 16～26 次，需氧量大。鸭的运动性强，消化迅速，不耐饥渴，因而需要频繁的饮水和采食大量的饲料。

鸭的屠宰率较高，其半净膛屠宰率一般为 85%～90%，全净膛屠宰率为 75%～80%。其可食部分占屠体的 65% 以上，经过育肥后，鸭体内和皮下都含有丰富的脂肪。鸭肝很大，增重也较快，例如，7 月龄建昌鸭填肥 14 天后，平均肝重达 229.24 克，最大者达 455 克，肝料比为 1：23.81。

第二章　鸭的主要品种

　　我国养鸭业历史悠久，是世界驯养野鸭为家鸭最早的国家之一，由于我国特有的地理条件（多泥滩、海涂、湖泊），养鸭业成为我国重要的养殖产业，也是世界养鸭数量最多的国家。早在两千多年前的西周古籍中就有了关于鸭的记载，到了明代养鸭已经很普遍了。我国劳动人民精心培育的地方鸭品种达 40 个之多。北京鸭驰名中外，世界各国的优秀肉鸭品种如英国的樱桃谷公司、法国的克里莫公司、丹麦的丽佳公司、美国的枫叶公司等饲养的世界著名肉鸭品种樱桃谷鸭、奥白星鸭、丽佳鸭等均是北京鸭的后代。北京鸭作为世界著名的肉鸭标准品种被美、英、日等国引进，我国的养鸭业对全世界的养鸭业做出了一定的贡献。

　　我国鸭品种大多集中分布于原产地及邻近地区，少数品种分布面积较广。鸭按经济用途可分为蛋用型、肉用型和兼用型三个类型。我国蛋用型鸭品种资源丰富，主要以麻鸭为主，有广泛分布于浙江、江苏的绍鸭；福建的金定鸭、山麻鸭；台湾省的褐色菜鸭；珠江三角洲的中山鸭；湖南的攸县麻鸭；湖北的荆江鸭；四川的川麻鸭；河南的微山鸭等；除麻鸭外还有一些非麻色的品种如莆田黑鸭、连城白鸭等。我国大型肉鸭业蓬勃兴起，发展迅速，以北京地区为中心饲养北京鸭，填肥后按传统方法制作烤鸭，闻名于世；番鸭（又称瘤头鸭）和半番鸭（骡鸭）主要分布在我国南方诸省，其中以福建、台湾、浙江、江西、广西和广东饲养较多。兼用型以高邮鸭和建昌鸭分布较广，是制作板鸭的优良品种，高邮鸭以产双黄蛋而驰名。

我国鸭饲养区主要分布在长江中下游、华东、东南沿海各省及华北等省市。分布最集中的是在长江、珠江流域及沿海地区，这一地区内的鸭品种占全国鸭品种的68％。这些地区的土地肥沃，气候温和，农业发达，不仅有充裕的饲料粮食，而且有广阔的天然饲料来源。除此之外，台湾也是鸭的主产地。

第一节　肉用型品种

一、北京鸭

1. 产地

北京鸭是世界上最优良的肉鸭品种，原产于我国北京近郊，其饲养基地在京东大运河及潮白河一带。后来饲养中心逐渐迁至北京西郊玉泉山下一带护城河附近。北京鸭在我国除北京、天津、上海、广州饲养较多外，全国各地均有分布，于1873年输入美国，1874年自美国转输入英国后，很快传入欧洲各国。北京鸭1888年输入日本，1925年输入前苏联，现在已遍及世界各地。

2. 外貌特征

北京鸭体形硕大丰满、头较大、眼大而明亮、颈粗、中等长、体躯长方、前部昂起、与地面约是30°角、背宽平、胸部丰满、胸骨长而直、两翅较小而紧附于体躯、尾短而上翘。公鸭有4根卷起的性羽，全身羽毛丰满。雏鸭绒毛金黄色，称为"鸭黄"，至4周龄前后全部换为白色羽毛。喙、胫、蹼橙黄色或橘红色。2000年列入国家级畜禽品种资源保护名录。

3. 生产性能

（1）产蛋量　产蛋量较高。选育鸭群年产蛋量为200～240个，蛋重90～95克。蛋壳白色。

（2）繁殖力　性成熟期为150～180日龄。公、母鸭配种比例1：（4～6），受精率90％以上。受精蛋孵化率为80％左右。一般生产场一只母鸭年产 80 只左右的肉鸭苗，育种场的每只母鸭年产肉鸭 100 只以上。

（3）产肉性能　雏鸭体重为 58～62 克，3 周龄体重 1.75～2.0 千克，9 周龄体重 2.50～2.75 千克。商品肉鸭 7 周龄体重可达 3.0 千克以上。料肉比为（2.8～3.0）∶1。成年公鸭体重 3.5 千克，母鸭 3.4 千克。

北京鸭填鸭的半净膛屠宰率公鸭为 80.6％，母鸭 81.0％；全净膛屠宰率公鸭为 73.8％，母鸭 74.1％；胸腿肌占胴体的比例公鸭为 18％，母鸭 18.5％。北京鸭有较好的肥肝性能，填肥 2～3 周，肥肝重可达 300～400 克。

4. 生活习性

北京鸭性情温驯，胆小怕惊，非常合群。北京鸭作为水禽，种鸭交配一般选择早晨或傍晚在广阔的水面进行。在人工旱养条件下，种鸭也能交配，正常情况下，成年种鸭产蛋主要集中在午夜以后到黎明以前这段时间，此时夜深人静，没有任何吵扰，最适合鸭类繁殖后代的特殊要求，北京鸭一般不在白天产蛋。

二、天府肉鸭

1. 产地

天府肉鸭是四川农业大学家禽研究室于 1986 年底利用引进肉鸭父母代和地方良种为育种材料，经过 10 年选育而成的遗传性能稳定、适应性和抗病力强的大型肉鸭商用配套品系。广泛分布于四川、重庆、云南、广西、浙江、湖北、江西、贵州、海南 9 省市。四川农业大学家禽育种试验场已形成年产父母代 1500 组（每组 148 只，其中公鸭 32 只、母鸭 116 只）以上。

2. 外貌特征

体形硕大丰满。羽毛洁白，喙、胫、蹼呈橙黄色，母鸭随着产蛋日龄的增长，颜色逐渐变浅，甚至出现黑斑。初生雏鸭绒毛呈黄色。

3. 生产性能

（1）生长速度与料肉比　见表 2-1。

表 2-1　天府肉鸭商品代生长速度和料肉比　单位：千克

周龄/周	4	5	6	7	8
活重	1.6～1.86	2.2～2.37	2.6～2.88	3.0～3.2	3.2～3.3
料肉比	(1.8～2.2)∶1	(2.2～2.5)∶1	(2.4～2.7)∶1	(2.5～3.0)∶1	(3.1～3.15)∶1

（2）繁殖力　父母代种鸭 26 周龄开产（产蛋率达 5％），年产合格种蛋 240～250 个，蛋重 85～90 克/枚，受精率 90％以上。每只种母鸭年产雏鸭 170～180 只，达到肉用型鸭种的国际领先水平。

（3）产肉性能　见表 2-2。

表 2-2　天府肉鸭肉用性能指标

周龄/周	全净膛		胸肌		腿肌		皮脂	
	重量/千克	全净膛率/％	重量/克	比例/％	重量/克	比例/％	重量/克	比例/％
7	2.27～2.46	71.9～73	234～303	10.3～12.3	244～281	10.7～11.7	650～710	27.5～31.2
8	2.32～2.45	73.5～76	293～327	12.6～13.4	220～231	9.4～9.5	754～761	30.8～32.8

注：全净膛重是指半净膛重去心、肝、腺胃、肌胃、腹脂的重量，保留头和脚。

三、樱桃谷鸭

1. 产地

樱桃谷鸭是英国樱桃谷农场引入我国北京鸭和埃里斯伯里鸭为亲本，杂交选育而成的配套系鸭种。1985 年四川省引进该场培育的超级肉鸭父母代 SM 系，之后陆续引入，现已引入樱桃谷鸭祖代。

2. 外貌特征

与北京鸭大致相同。雏鸭羽毛呈淡黄色，成年鸭全身羽毛白色，少数有零星黑色杂羽；喙橙黄色，少数呈肉红色；胫、蹼橘红色。该鸭体形硕大，体躯呈长方体形；公鸭头大，颈粗短，有 2～

4 根白色性指羽。

3. 生产性能

（1）产蛋量　据樱桃谷种鸭场 1985 年在北京举办的国际展览会展出的材料介绍，父母代母鸭 66 周龄产蛋 220 个，蛋重 85～90 克/枚，蛋壳白色。

（2）繁殖力　父母代种鸭的公、母配种比例为 1∶（5～6），受精率 90％以上，受精蛋孵化率 85％，产蛋期 40 周龄，每只母鸭可提供商品代雏鸭苗 150～160 只。

（3）产肉性能　商品代 47 日龄活重 3.09 千克，肉料比为 1∶2.81。经我国一些单位测定，该鸭 L2 型商品代 7 周龄体重达到 3.12 千克；肉料比 1∶2.89；半净膛屠宰率 85.55％，全净膛率（带头脚）79.11％，去头脚的全净膛率为 71.81％。

樱桃谷种鸭场新推出的超级瘦肉型肉鸭，商品代肉鸭 53 天，活重达 3.3 千克，肉料比为 1∶2.6。

四、狄高鸭

1. 产地

狄高鸭是澳大利亚狄高公司引入北京鸭选育而成的大型肉鸭配套系。20 世纪 80 年代引入我国。1987 年广东省南海县种鸭场引进狄高鸭父母代，生产的商品代肉鸭反应良好。

2. 外貌特征

狄高鸭的外形与北京鸭相似。全身羽毛白色。头大颈粗，背长宽，胸宽，尾稍翘起，性指羽 2～4 根。

3. 生产性能

（1）产蛋量　年产蛋量 200～230 个，平均蛋重 88 克/枚。蛋壳白色。

（2）繁殖力　该鸭 33 周龄产蛋进入高峰期，产蛋率达 90％以上。公、母配种比例 1∶（5～6），受精率 90％以上，受精蛋孵化率 85％左右。父母代每只母鸭可提供商品代雏鸭 160 只左右。

（3）产肉性能　初生雏鸭体重 55 克左右。商品肉鸭 7 周龄体重 3.0 千克。肉料比 1 : (2.9〜3.0);半净膛屠宰率 85% 左右,全净膛率(含头脚重)79.7%。

五、瘤头鸭

1. 产地

瘤头鸭又称疣鼻鸭、麝香鸭,中国俗称番鸭。原产于南美洲和中美洲的热带地区。瘤头鸭由海外引入我国,在福建至少已有 250 年以上的饲养历史。除福建省外,我国的广东、广西、江西、江苏、湖南、安徽、浙江等省均有饲养。国外以法国饲养最多,占其养鸭总数的 80% 左右。此外,美国、前苏联、德国、丹麦和加拿大等国均有饲养。瘤头鸭以其产肉多而逐渐受到现代家禽业的重视。

2. 外貌特征

瘤头鸭体表前宽后窄呈纺锤状,体躯与地面平行。喙基部和眼周围有红色或黑色皮瘤,雄鸭比雌鸭发达。喙较短而窄,呈"雁形喙"。头顶有一排纵向长羽,受刺激时坚起呈刷状。头大、颈粗短,胸部宽而平,腹部不发达,尾部较长;翅膀长达尾部,有一定的飞翔能力;腿短而粗壮,步态平稳,行走时体躯不摇摆。公鸭叫声低哑,呈"咝咝"声。公鸭在繁殖季节可散发出麝香味,故称为麝香鸭。瘤头鸭的羽毛分黑和白两种基本色调,还有黑白花和少数银灰色羽色。

黑色瘤头鸭的羽毛具有墨绿色光泽,喙肉红色有黑斑,皮瘤黑红色,眼的虹彩浅黄色,胫、蹼多为黑色。白羽瘤头鸭的喙呈粉红色,皮瘤鲜红色,眼的虹彩浅灰色,胫、蹼黄色。黑白花瘤头鸭的喙为肉红色带有黑斑,皮瘤红色,胫、蹼黄色。

3. 生产性能

(1)产蛋量　年产蛋量一般为 80〜120 枚,高产的达 150〜160 枚。蛋重 70〜80 克/枚,蛋壳玉白色。

(2)繁殖力　母鸭 180〜210 日龄开产。公、母配种比例 1 : (6〜8),受精率 85%〜94%,孵化期比普通家鸭长,为 35 天左右。受精蛋孵化率 80%～85%，母鸭有就巢性，种公鸭利用期为 1～1.5 年。

（3）产肉性能　初生雏鸭体重 40 克；8 周龄公鸭体重 1.31 千克，母鸭 1.05 千克；12 周龄公鸭 2.68 千克，母鸭 1.73 千克。瘤头鸭的生长旺盛期在 10 周龄前后。成年公鸭体重 3.40 千克，母鸭 2.0 千克。据福建农学院测定，福建 FA 系 10 周龄公鸭体重达到 2.78 千克，母鸭体重 1.84 千克，肉料比 1∶3.1。

采用瘤头鸭公鸭与家鸭的母鸭杂交，生产属间的远缘杂交鸭称为半番鸭或骡鸭。半番鸭生长迅速，饲料报酬高，肉质好，抗逆性强。用瘤头鸭公鸭与北京鸭母鸭杂交生产的半番鸭，8 周龄平均体重 2.16 千克。

瘤头鸭成年公鸭的半净膛屠宰率 81.4%，全净膛屠宰率为 74%；母鸭的半净膛屠宰率为 84.9%，全净膛屠宰率 75%。瘤头鸭胸腿肌发达，公鸭胸腿重占全净膛的 29.63%，母鸭为 29.74%。据测定，瘤头鸭肉的蛋白质含量高达 33%～34%，福建省和台湾省当地人视此鸭肉为上等滋补品。

10～12 周龄的瘤头鸭经填饲 2～3 周，肥肝可达 300～353 克，肝料比 1∶（30～32）。

六、丽佳鸭

1. 产地
丽佳鸭是由丹麦丽佳公司育种中心育成的新型肉用配套系，为著名肉用型鸭。耐热、抗寒、适应性强，是适于舍饲与半放牧的新品种。

2. 外貌特征
丽佳鸭是育成的新型肉用配套系鸭。有 L1（超大型）、L2（中型）和 LB（瘦肉型）三个配套系。具有生长速度快、耐热、抗寒、适应性强，宜于舍饲和半放牧的特点。体形、外貌与北京鸭大致相同，但比北京鸭体形大。

3. 生产性能
（1）繁殖力　成年母鸭 40 周龄（入舍后）产蛋 200～220 枚。

（2）产肉性能　丽佳鸭有各具特色的 L1 系、L2 系和 LB 系三个配套系。L1 系 7 周龄体重达 3.7 千克，全净膛屠宰率 70%；L2 系 7 周龄体重达 3.3 千克，全净膛屠宰率 71% 左右；LB 系 7 周龄体重 2.9 千克，全净膛屠宰率在 70%。

七、奥白星鸭

1. 产地

奥白星鸭是由法国奥白星公司采用品系配套方法选育的商用肉鸭。具有体形大、生长快、早熟、易肥和屠宰率高等优点。该鸭性喜干燥，能在地上进行自然交配，适应旱地圈养或网上饲养。我国引进的是奥白星 2000 型肉鸭。

2. 外貌特征

雏鸭绒毛金黄色，随日龄增大而逐渐变浅，换羽后全身羽毛白色。喙、胫、蹼均为橙黄色。成年鸭外貌特征与北京鸭相似，头大，颈粗，胸宽，体躯稍长，胫粗短。

3. 生产性能

（1）繁殖力　种鸭性成熟期为 24～26 周龄，32 周龄进入产蛋高峰。公、母配种比例为 1：5，年平均产蛋量为 220 枚左右。

（2）产肉性能　成年公鸭为 2.95 千克，母鸭为 2.85 千克。商品代肉鸭，6 周龄体重 3.3 千克，7 周龄体重 3.7 千克，8 周龄体重 4.04 千克。料肉比 6 周龄为 2.3：1，7 周龄为 2.5：1，8 周龄为 2.75：1。

第二节　蛋用型品种

一、绍兴鸭

1. 产地

简称绍鸭，又称绍兴麻鸭、浙江麻鸭、山种鸭，因原产地位于浙江旧绍兴、萧山、诸暨等县而得名，是我国优良的高产蛋鸭品种。浙江省、上海市郊区及江苏的太湖地区为主要产区，江西、福建、湖南、广东、黑龙江等十几个省均有分布。该鸭具有产蛋多、成熟早、体形小、耗料少等突出优点，是我国麻鸭类型中的优良蛋鸭品种。经浙江省农业科学院畜牧所等单位多年选育出江南Ⅰ号和江南Ⅱ号新绍（兴）鸭品系，产蛋性能大幅度提高。

2. 外貌特征

绍兴鸭体躯狭长，结构匀称、紧凑、结实，具有理想的蛋用体形。喙长、颈细，臀部丰满，姿态挺拔。全身羽毛以褐麻雀色为基色，有带圈白翼梢和红毛绿翼梢两个品系。

红毛绿翼梢的母鸭，全身为深褐色羽，颈中部无白羽颈环，镜羽墨绿色、有光泽，腹部褐麻色，喙灰黄色，胫、蹼橘红色，爪黑色，眼的虹彩褐色，皮肤黄色。公鸭全身羽毛深褐色，从头至颈部均为墨绿色，有光泽。镜羽墨绿色，性指羽墨绿色，喙橘黄色，胫、蹼橘红色。

带圈白翼梢的母鸭全身为浅褐色麻雀色羽，颈中部有2～4厘米宽的白色羽环，主翼羽全白色，腹部中下部羽毛纯白色。喙橘黄色，颈、蹼橘红色，喙豆黑色，爪白色，眼的虹彩灰蓝色，皮肤黄色。公鸭全身羽毛深褐色，头、颈上部羽毛墨绿色，具有光泽。性指羽墨绿色，颈中部有白羽颈环，主翼羽、腹中下部为白色羽毛。喙、胫、蹼颜色均与母鸭相同。

3. 生产性能

（1）产蛋量 生产群年产蛋量250枚。经过5个世代的选育，WH系（原称带圈白翼梢）500日龄入舍母鸭产蛋量达到309.4枚，RE系（原称红毛绿翼梢）为311.5枚。在大群生产情况下，入舍母鸭500日龄平均产蛋310.2枚。总产蛋重平均超过20千克。蛋料比1：2.7，蛋壳多为白色。

（2）繁殖力 性成熟早，16周龄时陆续开始产蛋，20～22周龄时产蛋率可达50%。公、母鸭配种比例，早春季节为1：20，夏秋季节为1：30。受精率90%以上。

（3）产肉性能 绍兴鸭成年公鸭半净膛屠宰率82.5%，全净

现代养鸭关键技术精解

膛屠宰率 74.5%；成年母鸭半净膛屠宰率 84.8%，全净膛屠宰率 74.0%。

（4）生长速度　见表 2-3。

表 2-3　绍（兴）鸭生长速度　　　　　单位：克

系别	日龄					
	初生重	30	60	90	300	500
WH 系	39.9	425.7±6.3	843.7±12.3	1128.0±43.2	1426.0±60.6	1466.0±28.4
RE 系	39.2	443.8±16.9	873.4±37.4	1116.0±63.1	1481.0±42.6	1477.0±30.1

二、金定鸭

1. 产地

金定鸭又名绿头鸭、华南鸭，因主产于福建省龙海市紫泥镇金定乡而得名，已有 260 年的历史。主要产区为闽南沿海的厦门市郊区、龙海、同安、南安、晋江、惠安、漳州、漳浦、云霄、诏安等地。目前，福建石狮市建有金定鸭原种场。

2. 外貌特征

公鸭体形较长，前躯高抬，胸宽背阔。成年公鸭头颈部羽毛具有翠绿色光泽，无明显的白颈圈；前胸赤褐色，背部灰褐色，腹部灰白带深色斑纹，翼羽深褐色有镜羽，尾羽黑褐色；性羽黑色，并略上翘。

母鸭身体细长，匀称紧凑，头较小，胸稍窄而深。喙古铜色，眼的虹彩褐色，胫、蹼橘红色。全身赤褐色麻雀羽，背面体羽绿棕黄色，羽片中央为椭圆形褐斑，羽斑由身体前部向后部逐渐增大，颜色加深，腹部的羽色变浅，颈部的羽毛纤细，没有黑褐色斑块，翼羽黑褐色。

金定鸭的尾脂腺发达，占体重的 0.20%（北京鸭占 0.16%）。

3. 生产性能

（1）产蛋量　年产蛋量 240～260 枚。经选育的高产鸭在舍饲条件下，年平均产蛋量可达 300 枚以上，蛋重每枚 73 克左右。经选育的品系，青壳蛋占 95％左右，是我国麻鸭品种产青壳蛋最多的品种。

（2）繁殖力　母鸭开产日龄 110～120 天，母鸭性成熟日龄 100 天左右。公、母配种比例 1：25，受精率 90％左右，受精蛋孵化率 85％～92％。

（3）产肉性能　初生雏鸭体重 47 克，1 月龄体重 0.55 千克，2 月龄体重 1.04 千克，3 月龄体重 1.47 千克。成年体重公鸭 1.78 千克，母鸭 1.70 千克。成年鸭半净膛率 79％，全净膛率为 72.0％。

三、卡基·康贝尔鸭

1. 产地

该鸭是英国采用浅黄色印度跑鸭与法国芦安鸭公鸭杂交，再与野鸭杂交选育而成的优良蛋鸭品种。1979 年由上海市禽蛋公司从荷兰琼生鸭场引进，并向全国推广。

2. 外貌特征

公鸭头、颈、尾部羽毛为古铜色，其余部位羽毛为卡其色（即茶褐色）；母鸭头、颈部羽毛为深褐色，其余部位羽毛为茶褐色。公鸭的喙墨绿色，胫、蹼为橘红色；母鸭的喙浅褐色或浅绿色，胫、蹼为黄褐色。

3. 生产性能

（1）产蛋量　平均年产蛋 260～300 枚，蛋重每枚 70 克左右，蛋壳白色。

（2）繁殖力　开产日龄 130～140 天。公、母配种比例 1：（15～20），受精率 85％左右，受精蛋孵化率 80％以上。

（3）产肉性能　60 日龄体重 1.58～1.82 千克。成年公鸭体重 2.10～2.30 千克，母鸭 2.0～2.2 千克。

四、连城白鸭

1. 产地

该鸭是我国具有特点的小型白羽蛋鸭品种。主产于福建省连城县，分布于长汀、上杭、永安和清流等县。

2. 外貌特征

体形狭长，头小，颈细长，前胸浅，腹平，腹不下垂，行动灵活，觅食能力强，适应于山区丘陵饲养。全身羽毛白色、紧密。喙、颈、蹼黑色或黑红色。这种白羽鸭又是青喙和黑色胫、蹼的鸭种，在鸭品种中还很少见，我国也仅此一个这样的品种。

3. 生产性能

（1）产蛋量　第一个产蛋年产蛋 220～230 枚，第二个产蛋年 250～280 枚。平均蛋重每枚 58 克，蛋壳多数为白色，少数青色。

（2）繁殖力　母鸭 120 日龄开产，公、母鸭配种比例 1:（20～25），种蛋受精率在 90% 以上。公鸭可用 1 年，母鸭可用 3 年。

（3）产肉性能　成年体重：公鸭 1.44 千克，母鸭 1.32 千克。

五、攸县麻鸭

1. 产地

攸县麻鸭属小型蛋鸭品种。中心产区位于湖南省攸县的攸水和沙何流域，在洞庭湖区、长沙、湘潭、汉寿、常德、益阳、岳阳、郴州等地区及邻近江西、广东、贵州、湖北、陕西、浙江等省均有分布。

2. 外貌特征

攸县麻鸭体形狭长，呈船形，羽毛紧密。公鸭头和颈的上半部为翠绿色，颈的中下部有白色羽颈环，前胸羽毛赤褐色，尾羽和性指羽墨绿色。母鸭全身为黄褐色麻雀色羽。公鸭的喙呈青绿色，母鸭呈橘黄色，胫、蹼橘红色，爪黑色。鸭群中深麻雀色母鸭居多，约占 70% 左右，羽色较浅的占 30% 左右。

3. 生产性能

（1）产蛋量　放牧饲养年产蛋量 200～250 枚，平均蛋重 60 克/枚，蛋壳白色的占 90%。

（2）繁殖力　母鸭 110 日龄左右开产，公鸭性成熟 100 天左右，公、母鸭配种比例 1:25，受精率 94.8%，受精蛋孵化率 82.7%。

（3）产肉性能　初生雏鸭体重 39 克，1 月龄体重 485 克，2 月龄公鸭体重 850 克、母鸭 852 克，3 月龄公鸭体重 1120 克、母鸭 1186 克。成年公鸭体重 1.50 千克，母鸭 1.35 千克。

攸县麻鸭 3 月龄仔鸭半净膛屠宰率为 84.9%，全净膛率为 70.6%。

六、莆田黑鸭

1. 产地

莆田黑鸭是中国现今仅有的一个全黑色鸭品种。主要分布于福建的晋江和莆田两地的沿海各县及福州市的亭江、连江县的浦口等地。

2. 外貌特征

莆田黑鸭全身羽毛浅黑色，着生紧密，体格坚实，行走迅速。头、颈部羽毛具有光泽，雄性特别明显。喙为墨绿色，胫、蹼、爪黑色。

3. 生产性能

（1）产蛋量　年产蛋量达 270 枚左右，蛋重 70 克/枚，蛋壳白色。

（2）繁殖力　母鸭开产日龄 120 天左右，公、母鸭配种比例 1：25，受精率可达 95%。

（3）产肉性能　成年鸭体重公鸭 1.68 千克，母鸭 1.34 千克。

七、荆江麻鸭

1. 产地

该鸭是我国长江中游地区广泛分布的蛋用型鸭种，因产于西起江陵东至监利的荆江两岸而得名。其中心产区为江陵、监利和仙桃，毗邻的洪湖、石首、公安、潜江和荆门等地亦有分布。

2. 外貌特征

头清秀、颈细长、体形较小、肩较狭、背平直、体躯稍长而向上抬起，喙石青色，胫、蹼橙黄色。全身羽毛紧密，眼上方有长眉状白毛。公鸭头、颈部羽毛具翠绿色光泽，前胸、背腰部羽毛褐色，尾部淡灰色；母鸭头颈部羽毛多为泥黄色，背腰部羽毛以泥黄为底色上缀黑色条斑或浅褐色底色上缀黑色条斑，群体中以浅麻雀色者居多。

3. 生产性能

（1）产蛋性能　母鸭开产日龄为 110 天左右，年平均产蛋量为 214 枚，年平均产蛋率 58%，最高产蛋率在 90% 左右，白壳蛋平均蛋重 63.5 克/枚，青壳蛋平均蛋重 60.6 克/枚。

（2）生长速度与产肉性能　初生重 39 克，30 日龄体重 167 克，60 日龄体重 456 克；90 日龄公鸭体重 1122 克，母鸭 1040 克；120 日龄公鸭体重 1415 克，母鸭 1333 克；150 日龄公鸭体重 1516 克，母鸭 1493 克；180 日龄公鸭体重 1678 克，母鸭 1503 克。公鸭半净膛率 79.68%，全净膛率 72.22%，母鸭半净膛率 79.93%，全净膛率 72.25%。

（3）繁殖性能　公、母鸭配种比例 1∶（20～25），种蛋受精率 93%，受精卵孵化率 93%。

八、三穗鸭

1. 产地

中心产区位于贵州省三穗等东部低山丘陵地带的丘陵河谷地区，分布于镇远、岑巩、天柱、台江、剑河、锦屏、黄平、施秉、思南等地，在湖南和广西等地也有分布。

2. 外貌特征

体长、颈细、背平，胸部丰满，前躯高抬，尾上翘。公鸭以绿头居多，前胸羽毛赤褐色，颈中下部有白色颈圈，背部羽毛灰褐色，腹部羽毛浅褐色。公鸭体躯稍长，前胸突出，胫细长而强健有力，胫、蹼橘红色，爪黑色。母鸭的羽色以深麻雀色居多，有镜羽，间有纯黑色和黑白色花个体。母鸭颈细长，体躯近似船形，前躯抬起，胫、蹼橘红色，爪黑色。

3. 生产性能

（1）产蛋性能　年产蛋量 200～240 枚，平均每枚蛋重 65 克。蛋壳颜色以白色居多，青壳仅占 8%～9%，蛋壳厚度 0.31 毫米，蛋形指数 1.42。

（2）生长速度与产肉性能　初生重 44 克，30 日龄体重 414 克；60 日龄公鸭体重 1036 克，母鸭 1017 克；90 日龄公鸭体重 1094 克，母鸭 1017 克；120 日龄公鸭体重 1280 克，母鸭 1310 克；成年公鸭体重 1680 克，母鸭 1690 克。70 日龄公鸭半净膛率 84.34%，全净膛率 61.22%。70 日龄母鸭半净膛率 84.44%，全净堂率 66.32%。

（3）繁殖性能　母鸭开产日龄为 110～120 天，公、母鸭配种比例 1：（20～25），受精率 80%～85%，孵化率 85%～90%，60 日龄成活率 95% 以上。公鸭利用年限为 1 年，母鸭 2～3 年。

九、山麻鸭

1. 产地

山麻鸭又称新岭鸭，是福建省山区优良小型蛋用鸭种，中心产区在龙岩市新罗区。该地自明朝以来就是闽西鸭苗主要生产基地之一。经过山区生态环境的自然选择和当地人民的长期选育，逐渐形成善于奔跑、觅食力强、适应于梯田放牧饲养的蛋用品种。

2. 外貌特征

公鸭头中等大，眼圆颈长，胸背浅窄，腹平，体躯长方形。喙青黄色或米黑色；虹彩黑色，头及颈上部的羽毛呈孔雀绿色，有光泽，有一条白颈环（部分公鸭没有）；前胸羽毛赤棕色；腹羽洁白；从前背至腰部羽毛均为灰棕色；尾羽及性羽全为黑色。

母鸭羽色有浅麻、褐麻和杂麻三种颜色。胫、蹼橙红色，趾黑色。

3. 生产性能

（1）产蛋性能　母鸭 100 日龄开始产蛋，年产蛋 243 枚，个别可达 280 枚，平均每枚蛋重 54.4 克（初蛋重 44～48 克）。

现代养鸭关键技术精解

（2）生长速度与产肉性能　平均初生重为 45 克；60 日龄公鸭 1013 克，母鸭 977 克；90 日龄公鸭 1317 克，母鸭 1328 克；成年公鸭 1506 克，母鸭 1578 克。

（3）繁殖性能　公鸭 110 日龄性成熟。公、母鸭比例多为 1：25，种蛋受精率为 95％，受精蛋出雏率为 90.10％

淘汰的山麻鸭做菜鸭，它的半净膛率为 72％，全净膛率为 70.30％。该鸭除闽西外，还分布于闽北等地区。

第三节　兼用型品种

一、高邮鸭

1. 产地

高邮鸭属蛋肉兼用的大型麻鸭，善潜水，耐粗饲，适应性广，生产性能优良，经济价值高，以善产双黄蛋驰名中外。主要产地是江苏省高邮、宝应、兴化等市、县，分布于江苏中部京杭运河沿岸的里下河地区。该品种觅食能力强，善潜水，适于放牧。目前在江苏省高邮市建有全国唯一的国家级高邮鸭原种场。自 1975 年成立高邮市种鸭场以来，高邮鸭的保种育种、提纯复壮工作取得了长足的进步，经过 20 多年的家系选育，高邮鸭体形、外貌基本一致，生产性能大幅度提高。2006 年被农业部列入《国家级畜禽品种资源保护名录》。

2. 外貌特征

高邮鸭体形匀称，具有典型的兼用型鸭的浑圆体形。公鸭体形较大，背肩宽，胸深。头颈上半部羽毛为深孔雀绿色，背、腰、胸褐色芦花羽，尾羽黑色，腹部白色，喙青绿色，喙豆黑色，眼的虹彩深褐色，胫、蹼橘红色，爪黑色。有"乌头白裆，青嘴雄"之称。母鸭的颈细长，羽毛紧密，胸宽深，后躯发达。全身为麻雀色羽，淡褐色，花纹细小，镜羽鲜艳。喙青色，喙豆黑色，眼的虹彩深褐色，爪黑色。雏鸭羽色为黑头星，黑线背，黑尾巴，青喙，胫、蹼黑色，爪黑色。

3. 生产性能

（1）产蛋量　平均年产蛋 140～160 枚，高产群可达 180 枚。平均每枚蛋重 76 克，双黄蛋约占 0.3％。

（2）繁殖力　母鸭开产日龄 110～120 天，公鸭性成熟日龄 100 天左右。公、母鸭配种比例 1∶（25～30）。受精率 90％～93％，受精蛋孵化率 85.92％。公鸭利用年限一般为 1 年，母鸭利用年限 2～3 年。

（3）产肉性能　成年公鸭体重 2300～2400 克，母鸭 2600～2700 克。初生雏鸭体重 47.0 克，4 周龄体重 0.5～0.56 千克，2 月龄体重 1.10～1.20 千克，3 月龄体重 1.40～1.50 千克。放牧条件下 70 日龄体重达 1500 克左右，较好的饲养条件下可达 1800～2000 克。半净膛率 80％以上，全净膛率 70％左右。

二、四川麻鸭

1. 产地

四川麻鸭属体形较小的兼用型地方品种，原产地为四川盆地及盆周丘陵区，中心产区位于四川省绵阳、温江、乐山、宜宾、内江、达川等地区，广泛分布于四川省水稻田产区，适应于水稻产区放牧饲养生产肉用仔鸭。四川麻鸭具有早熟、适应性强、适合稻田放牧等特点。2010 年左右濒临灭绝，2014 年 1 月，四川省家畜禽遗传资源管理委员会鉴定 2013 年在荣县发现的 23 只成年麻鸭为濒临灭绝的四川麻鸭，随即开展抢救性保护，现存栏纯种 1200 余只。

2. 外貌特征

体形较小，体质强健，羽毛紧密，颈细长，头清秀。喙橘黄色，喙豆多为黑色，胸部发达、突出。胫、蹼橘红色。母鸭羽色较杂，以麻褐色居多。麻褐色母鸭的体躯、臀部的羽毛均以浅褐色为底，上具椭圆形黑色斑点，黑色斑点由头向体躯后部逐渐增大，颜色加深。在颈部下 2/3 处多有一白色颈圈。腹部为白色羽毛。麻褐色母鸭中颜色较深者称为"大麻鸭"，羽毛泥黄色，斑点较小者称为"黄麻鸭"，其他杂色羽毛约占5％。公鸭体形狭长，性羽2～4根，向背弯曲。公鸭羽色较为一致，常分为两种。一种"青头公鸭"，此公鸭的头和颈的上1/3或1/2处的羽毛为翠绿色，腹部羽毛为白色，前胸羽毛为赤褐色。另一种"沙头公鸭"，此种公鸭的头和颈的上1/3或1/2的羽毛为黑白相间的青色，不带翠绿色光泽，肩、背为浅黄色细芦花斑纹，前胸赤褐色，腹部绒羽为白色，性羽为灰色。

3. 生产性能

（1）产蛋性能　在放牧条件下平均年产蛋量在150枚左右，500日龄平均产蛋131枚，平均每枚蛋重72～75克。蛋形指数1.4。蛋壳以白色居多，少数为青壳蛋。

（2）繁殖力　母鸭开产日龄120天左右，孵化季节在3～8月。公、母鸭配种比例为1：10，受精率在90％左右，受精蛋孵化率一般为85％左右。公鸭的利用期为1年，母鸭利用年限2～3年。

（3）产肉性能　初生雏鸭体重40克左右，1月龄体重0.44千克，2月龄体重1.21千克，3月龄体重1.57千克。100日龄开始填肥，2周可增重540克，增重率39.58％，瘦肉率25.21％，皮脂率22.32％；90～100日龄的全净膛率63.1％，公鸭胸、腿肌占屠体比例为29.10％，母鸭为31.84％。胴体含水量为60.70％，粗脂肪为22.43％，粗蛋白为16.04％，灰分为0.83％。成年公鸭体重1.70千克，母鸭1.60千克。利用建昌鸭做父本、四川麻鸭做母本，其杂种一代在活重、平均日增重等方面具有明显的杂种优势。

三、大余鸭

1. 产地

大余鸭原产于江西省大余县及其周边地区，分布于江西西南的遂川、崇义、赣县、永新等和广东省的南雄市。该鸭是优良蛋肉兼用型品种，是加工板鸭的优质原料。大余古称南安，以大余鸭腌制的板鸭称为南安板鸭，具有皮薄肉嫩、骨脆可嚼、腊味香浓等特点。

2. 外貌特征

无白色颈圈，翼部有黑绿色镜羽。喙青色，胫、蹼青黄色，皮肤白色。公鸭头、颈、背、腹部羽毛红褐色，少数个体头部有黑绿色羽毛。母鸭全身羽毛褐色，有较大的黑色条斑，称为"大粒麻"。

3. 生产性能

（1）产蛋量　开产日龄 205 天，放牧补饲条件下 500 日龄可产蛋 180～220 枚，平均蛋重 70 克，蛋壳白色。

（2）繁殖力　190～220 天产蛋率达 50%。公、母鸭配种比例为 1∶10，种蛋受精率 81%～91%，受精蛋孵化率 92% 以上。

（3）产肉性能　成年鸭体重 2～2.2 千克。在放牧补饲的条件下，90 日龄体重 1.4～1.5 千克，再经 1 个月的育肥饲养，体重可达 1900～2000 克。公、母鸭半净膛率分别为 84.1% 和 84.5%，公、母鸭全净膛率分别为 74.9% 和 75.3%。

四、建昌鸭

1. 产地

主产于四川凉山彝族自治州安宁河谷地带的西昌、德昌、冕宁和会理等市县，德昌县古属建昌县，因而得名建昌鸭。建昌鸭是我国麻鸭类型中肉用性能、肥肝性能优良的品种，以生产大肥肝而闻名，故有"大肝鸭"的美称。建昌鸭在 2000 年、2006 年分别被列入《国家级畜禽遗传资源保护名录》。

2. 外貌特征

建昌鸭体躯宽阔、头大、颈粗为其显著特征。在自然群体中，建昌鸭主要有三种羽色，即浅麻、褐麻和白胸黑羽羽色，其中以浅麻羽色最多，一般占 60.70%，白胸黑羽约占 15%，褐麻羽色占 25%～30%。浅麻羽色的公鸭，头顶上部羽毛为墨绿色，有光泽，颈下部 1/3 处有一白色颈环，尾羽黑色，2～4 根黑色性指羽，前胸及鞍羽毛为红褐色，腹部羽毛银灰色，喙墨绿色。故有"绿头、红胸、银肚、青嘴公"的描述。胫、蹼橘红色。浅麻羽色的母鸭为浅麻雀色，喙为橘黄色，胫、蹼橘红色。白胸黑羽的公、母鸭羽色相同，前胸白色羽毛，体羽乌黑色，喙、胫、蹼黑色。

四川农业大学家禽研究室从建昌鸭自然群体中，分离选育出了建昌鸭白羽系。鸭全身白色羽，喙橘黄色，胫、蹼橘红色。该鸭白羽为隐性白羽，可与天府肉鸭、北京鸭、樱桃谷鸭等大型白羽肉鸭杂交配套，生产白羽商品肉鸭，放牧或圈养效果均好。

3. 生产性能

（1）产蛋量　年产蛋量 150 枚左右。蛋重 73～75 克/枚，青壳蛋占 60％左右。

（2）繁殖力　开产日龄 150～180 天。公、母鸭配种比例1：（7～8），受精率 90％左右，受精蛋孵化率 85％左右。

（3）产肉性能　初生雏鸭体重 37.4 克，一月龄体重 0.30 千克，二月龄体重 0.96 千克，三月龄体重 1.66 千克。成年公鸭体重 2.41 千克，母鸭 2.04 千克。经系统选育的建昌鸭生长速度显著提高，在放牧补饲饲养条件下，4 周龄体重约 0.4 千克，8 周龄体重约 1.3 千克。在舍饲条件下，4 周龄体重 0.5 千克，8 周龄体重约 1.5 千克。成年公鸭体重 2.50 千克，母鸭 2.45 千克。以建昌鸭白羽系为母本，与大型肉鸭组配生产的商品肉鸭，在放牧补饲颗粒饲料的饲养条件下 8 周龄体重可达 1.5 千克。

建昌鸭 6 月龄半净膛屠宰率公鸭 78.9％，母鸭 81.8％。6 月龄全净膛屠宰率公鸭 72.3％，母鸭 74.1％。建昌鸭填肥 3 周平均肝重 320 克，最重达 545 克。

五、巢湖鸭

1. 产地

巢湖鸭属蛋肉兼用的中型麻鸭品种，原产于安徽省中部，巢湖周围的庐江、巢湖、肥西、肥东、舒城、无为、和县、含山等县市。该品种具有体质健壮、行动敏捷、野外放牧抗逆性和觅食性能力强、适应性广、耐粗饲、潜水深、抗病力强等特点。该鸭是制作无为熏鸭和南京板鸭的良好材料。

2. 外貌特征

体形中等大小，体躯长方形、匀称、紧凑。公鸭的头和颈上部羽色墨绿，有光泽，前胸和背腰部羽毛褐色，缀有黑色条斑，腹部白色、尾部黑色。喙黄绿色，虹彩褐色，胫、蹼橘红色，爪黑色。母鸭全身羽毛浅褐色，缀黑色细花纹，称浅麻细花；翼部有蓝绿色镜羽；眼上方有白色或浅黄色的眉纹。

3. 生产性能

（1）产蛋性能　产蛋分为 2～7 月的春季产蛋期和 8～10 月的秋季产蛋期。年产蛋量 160～180 枚。平均每枚蛋重 70 克。蛋壳有白色、青色两种，以白色的居多，约占 87%。

（2）生长速度与产肉性能　成年公鸭体重 2100～2700 克，母鸭 1900～2400 克。肉用仔鸭 70 日龄体重 1500 克，90 日龄体重 2000 克。全净膛率 72.6%～73.4%，半净膛率 83%～84.5%。

（3）繁殖性能　母鸭在放牧为主的饲养条件下，140 日龄左右达到性成熟，当地习惯采用限制饲养，使前一年秋孵的母鸭到次年二月开产，把开产期推迟至七月龄。早春季节的公、母鸭配种比例为 1：25，清明以后可增加到 1：33。种蛋受精率在 90% 以上，受精蛋孵化率 90% 左右。公鸭利用年限 1 年，母鸭 3～4 年。

六、沔阳麻鸭

1. 产地

沔阳麻鸭是湖北省体形较大、生长较快、适应性强、产蛋较多的蛋肉兼用型育成鸭种。湖北省沔阳县畜禽良种场于 1960 年以当地的荆江鸭做母本、高邮鸭做父本进行杂交，杂种鸭自群繁殖 3 年后，再次用高邮鸭级进杂交，经 20 年选育的新品种。

2. 外貌特征

体躯长方形，背宽胸深。公鸭的头和颈上部羽墨绿色、有光泽，背部深褐色，臀部黑色，胸、腹和副主翼羽白色。虹彩红褐色。喙黄绿色，胫、蹼橘黄色。母鸭羽毛以褐色为基调，分深麻和浅麻两种，主翼羽都是黑色。喙青灰色，胫、蹼橘黄色。

3. 生产性能

（1）产蛋性能 开产日龄 140～150 天，年产蛋量 160～180 枚。平均蛋重，第一年 74.5 克/枚，第二年 79.6 克/枚。蛋壳白色占 93%，青色占 7%。

（2）生长速度与产肉性能 初生重 48.58 克，肉用仔鸭 90 日龄重 1500 克左右，成年公鸭体重为 1693 克，母鸭为 2088 克。屠宰测定：半净膛成年公鸭为 80.74%，母鸭为 80.33%，全净膛公鸭为 73.01%，母鸭为 75.89%。

（3）繁殖性能 公、母鸭配比为 1 :（20～25）。种蛋受精率在 91% 以上。受精蛋孵化率 85% 以上。利用年限：公鸭 1 年，母鸭 4～5 年。

七、桂西鸭

1. 产地

桂西鸭是大型麻鸭品种，主产于广西的靖西、德保、那坡等地。

2. 外貌特征

羽色有深麻、浅麻和黑背白腹 3 种。当地群众对这 3 种羽色的鸭分别叫"马鸭""凤鸭"和"鸟鸭"。

3. 生产性能

（1）产蛋性能 开产日龄 130～150 天。年产蛋量 140～150 枚，蛋壳以白色为主。蛋重 80～85 克/枚。

（2）生长速度与产肉性能 成年体重 2.4～2.7 千克。肉用仔鸭 70 日龄重 2 千克左右。

（3）繁殖性能 公、母鸭配比为 1 :（10～20）。

第三章　鸭的育种与繁殖

第一节　鸭的选种与育种

一、鸭的选择与引种

　　鸭的选择与引种是一项非常重要的工作，不仅关系到养鸭场的经济效益，还影响到鸭场的生存与发展。这是养鸭场的领导和管理者必须重视和认真对待的问题，做好鸭种的选择和正确引种，要从以下方面着手。

　　第一，引种要有针对性。根据本场的实际需要，去挑选和引进品种，不可盲目引种。例如，要引进一个蛋鸭品种，首先要从高产性能和适应性方面进行比较，初选出 2～3 个较为适合的品种，再考虑当地的特殊需要。例如，有的地区喜欢青壳鸭蛋，每枚售价比白壳蛋高出 0.1 元左右，综合起来看，经济效益差异很大，就应在相对高产的品种里选一个青壳的品种引进。又比如，引种后是在密植的水稻田里放牧，就从高产品种里挑选一个觅食性强、体形小和适于放牧的品种饲养。总之，引种的针对性和目的性必须明确。

　　第二，注意引进品种的适应性。引进地区的生态环境和饲养条件与原产地要有相似性，这样该品种才能适应当地的自然环境。比如北方地区（包括西北地区和东北地区）计划引进瘤头鸭饲养，就应考虑当地的设施情况，秋、冬季节的保温条件如何，因为瘤头鸭是热带禽种，适应不了北方的寒冷气候，冬天不好饲养，种鸭不能产蛋和正常配种，引到寒冷北方地区，饲养成本提高，生产性能下降，所以不能盲目引进；又如，把绍兴鸭和金定鸭引到东北地区或西北地区饲养，只能采用圈养的形式，特别是在气温较低的晚秋至翌年早春的半年多时间内，都不能放牧。建造棚舍时，必须保温性能良好，还需有加温设施，否则，就不能保持长年高产、稳产。

第三，要到正规的生产5家引种。必须摸清供种单位是否具备供种的资格（有没有种禽场的资格证书和营业执照）及其信誉度。对于相似的供种单位，要从技术条件、质量与价格等方面进行综合比较，从中选出较为理想的供种单位。引种时还要签定协议、合同，出具正式发票，以便在发生争议时取证或诉讼之用。

第四，要向供种单位索取该品种的饲养管理手册或指南等有关技术资料，以便结合本场实际制订具体可行的饲养管理方案。

第五，要严格检疫。一定要向供种单位了解免疫情况，特别是引进雏禽和种禽，必须了解哪些疫病已经免疫，哪些疫病还没有免疫，应该在什么时候补免，并且最好能让引种场家出具该引种群的血清学抗体水平检测报告单等，并详细记录下来。

第六，注意引种方法。首次引入品种数量不宜过多，引入后要先进行1～2个生产周期的性能观察，确认引种效果良好时，再适当增加引种数量，扩大繁殖；引种时应引进体质健康、发育正常、无遗传疾病、未成年的幼禽，因为这样的个体可塑性强，容易适应环境。

第七，不能从疫区引种。避免在引种的同时将传染病带进来，造成不可弥补的损失。

第八，注意引种季节。引种最好选择在两地气候差别不大的季节进行，以便使引入个体逐渐适应气候的变化。从寒冷地带向热带地区引种，以秋季引种最好，而从热带地区向寒冷地区引种以春末夏初引种为宜。

第九，做好运输组织工作安排。要提前设计好运输线路，避开疫区，尽量缩短运输时间。如运输时间过长，就要做好途中饮水、喂食的准备，以减少途中损失。

二、种鸭的选择

(一) 种鸭选择原则

种鸭的选择是进行纯种繁育和杂交改良工作必须首先要考虑的问题。选择种鸭主要根据生产性能表现，不断选留高产、优秀鸭，淘汰低产、劣质鸭。生产性能是权衡一个品种优劣的直接指标，种鸭的生产性能主要是产蛋力，构成产蛋力的主要因素是开产日龄、年产蛋数和蛋重等。由于鸭多为群养，又是在夜间产蛋，很难准确记录个体的生产成绩和根据记录成绩进行选择，因此，在生产实践中多采用大群选择的方法，主要是根据鸭的外貌性状、特征来进行选择。

1. 将较早熟的鸭留种

鸭的平均开产日龄 130～150 天（以母鸭从出生至产第一枚蛋的日龄统计，将所有记录资料加起来，所得平均数；群体以日产蛋率到达 50% 之日为该群平均开产期）。较好的鸭群，从个体最早开产到群体产蛋率达 50%，中间需 10～15 天，如果这时有的鸭开产时间拖得很迟，应予淘汰。种公鸭也要选择性成熟早的留种。

2. 选择产蛋多、蛋重大的鸭留作种用

计算产蛋量的方法有多种，有的统计年产蛋量，有的统计 500 天产蛋量。年产蛋量是指开产之日起连续统计 365 天内所产蛋数；500 天产蛋量是统计出壳至 500 天内所产蛋数。高产的鸭可以全年持久产蛋，而且可以保持数年高产。应选择年产蛋数 300 枚以上的个体留种，及时淘汰低产鸭；选种时要选择产蛋多而且蛋重高的个体留作种鸭。测定蛋重的方法，有的每月称 10 日、20 日、30 日三天所产的蛋重，或 42 周龄时连续称三天的蛋重，然后求其平均数，作为该鸭的平均产蛋重。

3. 选择换羽期内能继续产蛋的优秀个体做种

换羽是禽类进行自我更新的一种生理现象。一般低产鸭，换羽就停产，而且时间拖得长。高产鸭能边换羽边产蛋，有的换羽时停

现代养鸭关键技术精解

产几天，但换羽时间短、速度快，几天后又重新产蛋。像这种优良个体，要注意细心观察，留作种用。

4. 注意饲料报酬高、孵化率和雏鸭成活率高的留种

饲料报酬能够反映鸭的种质，是我们选种所要求的一种重要经济性状。一般要求将产蛋多、蛋大、省饲料的鸭留种。选种时，体重不宜愈选愈大。

受精率的高低是遗传力强弱的一项指标。受精率的测定计算公式是：

受精率＝受精蛋数/入孵蛋数×100％

孵化率常受种蛋质量、孵化技术和鸭群的饲养管理等条件影响，但也和种鸭的品质以及公、母鸭的配合力有关。有下面两种计算方法，用哪种方法统计，应加以说明，以便比较。

入孵蛋孵化率＝出雏总数/入孵蛋总数×100％

受精蛋孵化率＝出雏总数/受精蛋数×100％

雏鸭成活率（育雏率）的高低，不仅取决于育雏条件和技术的好坏，也反映鸭生活力的强弱，其计算公式是：

育雏率＝成活总只数/育雏总只数×100％

以上各项生产性能的测定，都要建立在记录资料的基础上。养鸭场和孵坊应建立必要的各种生产数据的记录制度，然后通过有关数据的统计分析，为选种留种提供科学依据。

（二）种鸭选择方法

优良种鸭的选择，通常采用两种方法：一是根据体形外貌和生理特征选择；二是根据记录的资料选择。有条件的地方，最好将两种方法结合起来进行。

1. 根据体形外貌进行选择

这种方法适合缺乏记录资料的养鸭场应用。外貌选择必须符合该品种特征的要求。

蛋用型种公鸭要选择体形大、身体长、头大颈粗、羽毛紧密、光泽好、喙、胫、蹼颜色鲜艳而柔和，脚粗而略长，蹼大而厚，两脚距离宽，站立稳健有力，性器官发育良好，雄性足，性欲旺盛，行动矫健灵活的种公鸭。蛋用型种母鸭要根据"一紧、二硬、三长"的特征进行选择。"一紧",即羽毛细密,紧贴身体,行动灵活,觅食能力强。"二硬",即肋骨硬而圆,龙骨硬而突出,说明鸭的骨骼发育好,体格健壮,生活力强。"三长",即嘴长、颈长和身长,再加上眼睛突出有神,这种母鸭较易获取水中的鱼虾和野外的昆虫。颈长而细,这是高产蛋鸭的固有特征,选种时要充分注意。身长,腹部方正,臀部丰满并略下垂的母鸭,说明其卵巢、输卵管等生殖器官发育良好,产蛋多。

肉用型种公鸭要求体大,身长,颈粗,背直而宽,胸骨正直,体躯长方形,与地面呈水平状,尾稍上翘,腿的位置近于体躯中央,站立雄壮稳健,阴茎发育良好,性羽发达而明显的公鸭。

肉用型种母鸭要选择头大而宽圆,喙宽而直,颈粗、中等长,胸部丰满向前突出,背长而宽,腹部深,脚粗而稍短,两脚间距宽的母鸭。

选择高产母鸭,还要触摸腹部,测量耻骨间的距离。高产鸭腹部柔软,泄殖腔大而湿润,耻骨薄而柔软,并有弹性,耻骨间距宽,起码可以并排容纳 4 个手指,耻骨与龙骨间的距离大,可以并排容纳 5 个手指以上;低产鸭的腹部绷紧,皮肤粗糙有皱褶,触摸时没有弹性和温暖的感觉。

羽毛的光泽与色素消退情况,也可以作为判断鸭子高产或低产的参考。群众中有"春鸭一枝花,秋鸭丑八怪"的经验。就是说,季节不同,观察的标准也不同。春季鸭群开产不久,产蛋性能好的母鸭,代谢旺盛,性腺机能活跃,羽毛细而有光泽,像"鲜花"一样。如果这时的鸭子,羽毛零乱,没有光泽,"粗毛大花",大多是健康不佳、产蛋不好的个体。到了秋季,高产的鸭子由于连续产蛋,营养消耗多,色素消退,羽毛零乱没有光泽,腹部也因产蛋下蹲的时间久,羽毛沾污,甚至部分脱毛,走起路来摇摇摆摆,像"丑八怪"。而产蛋少的鸭,由于较早就停产换羽,此时新羽已先后长齐,颈粗体胖腰身好,外观反而好看,实际上这些鸭大多是产蛋很差的个体,应从种群中淘汰。

2. 根据种蛋进行选择

种鸭选好后将会开始下蛋，种鸭品质是种蛋的保障，应该选择遗传性能稳定、生产性能优良、繁殖力高、健康状况良好的鸭群的蛋作为种蛋。根据该品种固有的要求，如蛋壳颜色、蛋重、蛋形，同时要将沙壳蛋、薄壳蛋和钢皮蛋剔除。

3. 雏鸭的选择

种蛋选好后，孵出小鸭时再进行一次挑选。选择雏鸭，一看绒毛颜色，二看喙的颜色，三看蹼、趾的颜色，把不符合本品种特殊要求的变种淘汰。此外，还要将硬脐（脐带收缩不好，腹部有硬块）的弱雏淘汰。

4. 青年鸭的选择

分两个阶段进行，第一阶段在育雏结束时，第二阶段在 10 周龄时（肉鸭可以稍晚几周），此时骨架已经长成，除主翼羽外，全身羽毛基本长好。这两个阶段的选择标准：一看生长发育水平，将生长慢、体重轻的不符合本品种要求的次鸭淘汰；二看体形外貌，将羽毛颜色和喙、蹼、趾的颜色不符合本品种要求的个体淘汰。

5. 开产前期的选择

此项选择，蛋鸭在 100 日龄左右、肉鸭在 150 日龄左右入舍时进行，将已经培育好的青年鸭，除根据本品种对体形外貌和体重的要求选择外，还要观察以下 5 个方面：一是羽毛着生紧密，毛片细致，有光泽；二是胸骨硬而突出，肋骨硬而圆，肌肉结实；三是嘴长、颈长、体躯长；四是眼睛突出有神，虹彩符合本品种标准；五是腹部发育良好，宽大柔软，耻骨间和耻骨与龙骨之间的距离要大。将符合要求的个体选进鸭舍饲养。

6. 根据系谱和记录成绩进行选择

在选种时根据以往有关经济性状，包括产蛋力、产肉力、繁殖力等记录进行选择。取得这些记录资料后，就可以根据系谱、本身、同胞和后裔成绩进行选择。

产蛋力主要体现在开产日龄、年产蛋量和蛋重上。一般来说，开产日龄早，说明该品种早熟，产蛋也多。年产蛋量的计数可用自闭产蛋箱，鸭进入产蛋箱后，箱门立即自动关闭。集蛋时先记录母鸭翅号或脚号在蛋的小端和产蛋记录表上，然后放走母鸭。也可摸蛋和产蛋箱相结合，即每天傍晚对母鸭摸蛋，有蛋的母鸭就放进产蛋箱里，产蛋后进行记录，把母鸭放出箱外。测定蛋重的方法是在每月 10 日、20 日、30 日称蛋重或连续称 3 天的蛋重，然后把每月所得的蛋重加起来，其平均数即为全年平均蛋重。

肉用鸭用产肉力进行选择，要求体重较大，生长速度快，肥育能力和肉的品质好，饲料报酬高。选择的种鸭体重必须超过品种标准，生长速度的测定可先称初生雏体重，以后每隔 10 天称重 1 次，2～6 月龄每月称重 1 次。肉用品种尤其应选择早期生长速度快的鸭。育肥力是根据肥育期增重速度、脂肪沉积、屠体等级、饲料报酬高低来评定。饲料报酬又称料肉（蛋）比，是指饲养期内所耗饲料的千克数与增重（产蛋）千克数之比。饲料报酬高的鸭好。

繁殖力指标有产蛋量、蛋的受精率、孵化率和雏鸭存活率。

（1）据系谱资料进行选择　就是根据双亲及祖代的成绩进行选择。尤其是公鸭，本身没有产蛋记录，在后代尚没有生产成绩记录的情况下，系谱就是主要依据，因为亲代或祖代的表现，在遗传上有一定相似性，可以据此对被选的种鸭作出大致的判断。在运用系谱资料时，血缘关系愈近影响愈大，亲代的影响比祖代大，祖代比曾祖代大。

（2）据本身成绩进行选择　系谱资料反映上代的情况，只说明生产性能可能怎么样，而本身的成绩说明其生产性能已经怎样了。这是选种工作的重要依据，每个育种场必须做好个体纪录。但是，依据本身成绩进行的选择，只适用于遗传性高的性状，这样选择才能取得明显的效果。

（3）据同胞姐妹的成绩进行选择　同父、母的兄弟姐妹叫全同胞，同父、异母或同母、异父的兄弟姐妹叫半同胞。它们之间有共同的祖先，在遗传上有一定的相似性，尤其在选择公鸭的产蛋性能方面，可以作为主要依据之一。

（4）据后裔的成绩进行选择　以上三项选择，可以比较正确地选出优秀的种鸭，但它是否能够真实稳定地将优秀性状遗传给下一代，还必须进行后裔测定，了解下一代子女的成绩，选择才能更准确、更有效。

三、配种年龄及性别比例

生产中，不同品种、类型的种鸭，公、母鸭配种年龄有差异。据研究，公鸭的睾丸发育和精子发生与鸡类似。如果公鸭配种年龄过早，则影响公鸭的生长发育，使其提前失去配种价值，而且受精率低，某些非常早熟的鸭品种，可在8～9周龄时出现精子，并在10～12周龄时即可采到精液。但在自然交配时，要得到满意的精液量和受精力一般都要到20～24周龄。一般早熟品种的公鸭应不早于120日龄，蛋用型公鸭配种适宜年龄为120～130日龄，樱桃谷鸭为140日龄。晚熟品种公鸭的适宜配种年龄，因品种来源不同而异，北京鸭为165～200日龄，樱桃谷超级肉鸭、狄高鸭为182～200日龄，瘤头公鸭为165～210日龄，引进的法国瘤头鸭性成熟期为210日龄，比本地番鸭迟20～30天。

品种类型不同配种比例差异较大，不同的生产季节和饲养管理水平的差异等都可影响配种比例。在冬季和早春，气候寒冷，鸭群都不活跃，需要适当增加公鸭数量，夏秋则要减少；饲养管理条件好，特别是公鸭体质好，荤食丰富时，可适当减少公鸭数量；水养，可减少公鸭只数，旱养则要增加公鸭只数。具体配种比例可参照下列组群参数：蛋用型鸭1：（10～25）；大型肉用型鸭1：（5～6）；瘤头鸭1：（5～8）；兼用型鸭1：（8～15）。

四、种鸭利用年限

公种鸭利用年限为一年。一般不用第二年的老公鸭配种。体质健壮、精力旺盛、受精率高、特别优秀的公鸭可适当延长使用时间。

母鸭的第一个产蛋年，产蛋量最高，第二年比第一年产蛋量会下降30%以上，所以，种母鸭的利用年限也是一年最为经济。母鸭年龄越大，畸形蛋、沙壳蛋及破壳蛋越多，种鸭蛋的品质差，孵化率也较低。除非是种蛋或鸭苗的价格高，利用第二个产蛋年才有实际意义。

五、配种方法

鸭的配种方法有自然配种和人工授精两种。

(一) 自然配种

1. 大群配种

就是在一定数量的母鸭群中，综合考虑公、母鸭配种比例以及其他因素，确定公鸭只数，将公、母鸭混合在一起饲养，让其自由交配。种鸭群的大小视鸭舍容积或当地放牧群的大小，从几百只到上千只不等。大群配种一般受精率高，尤其放牧鸭群受精率更高。这种配种方法多用于繁殖场。

2. 小间配种

这种方法常常被育种场采用。方法是：在一个小间内放一只公鸭，按不同品种类型要求的配种比例放入适量的母鸭。因此，在鸭的育种中，小间配种主要用于父系家系的建立。

3. 同雌异雄轮配

在育种中，为了获得配种组合或父系家系以及对公鸭进行后裔鉴定，消除母鸭对后代生产性能的影响，常采用同雌异雄轮配。采用这种方法可在1.5个月内，在同一配种间获得两只公鸭的后代。如采用两次轮配就可得3只种公鸭的后代。

(二) 人工授精

人工授精是养鸭生产中一项先进的繁殖技术，广泛用于半番鸭或骡鸭的生产。其优点是能提高优良种公鸭的配种量，扩大了优秀公鸭的利用率。生产中因为公、母鸭的体形大小相差悬殊，自然交配困难，采用人工授精可提高种蛋的受精率，增加养鸭场的经济效益。

1. 采精、输精的用具

当前，我国鸭的人工授精尚未普及，还没有规格化的采精输精用具投产。现将常用器具介绍如下，见图3-1～图3-3。

图 3-1　鸭用假阴道
（单位：厘米）
1—海绵；2—镀锌外壳；
3—内橡皮管；4—集精袋

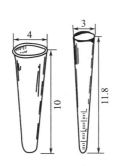

图 3-2　水禽集精杯
（单位：厘米）

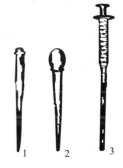

图 3-3　水禽输精器
1，2—有刻度的玻璃管；
3—注射器（前端接可
更换的塑料管）

2. 精液的稀释和保存

新鲜精液不易保存，在体外存活的时间较短，在常温下存放30分钟以上就会影响受精能力。稀释液不仅能将精液稀释，减少每只母鸭的用精量，而且对精子起到了保护作用，延长了保存时间又不影响受精能力，为人工授精技术的推广起到了重要作用。家禽常用精液稀释液的成分见表3-1。有的研究者建议，在精液的稀释保存液中，添加抗菌剂可以防止细菌繁殖。

精液稀释保存的操作：将稀释液的温度升到20～25℃；把采得的鲜精液用带刻度的玻璃吸管吸入试管中（注意：不能吸入污物）；而后另用吸管吸入与精液等量（或加倍）的稀释液（根据稀释倍数而定），徐徐地充分混匀。稀释完成，此时即可输精；如果需要保存一段时间，则将混匀的精液倒入量瓶中，将量瓶放入小铁筒中，再转存于冰箱中冷藏（0～5℃），或放入存有1/3冰块的保温瓶中，盖上清洁的纱布，静置备用。使用保存过的稀释精液时，只需轻轻地混匀几下即可输精。

表 3-1　家禽常用精液稀释液的成分

成分	Lake液	pH7.1的Lake缓冲液	pH6.8的Lake缓冲液	BPSE液	Brown液	BJJX(中国农科院)
葡萄糖		0.60	0.60		0.5000	1.4
果糖	1.00			0.50		
棉籽糖					3.8644	
肌醇					0.2200	
谷氨酸钠(H_2O)	1.920	1.520	1.320	0.867	0.2340	
氯化镁($6H_2O$)	0.068			0.034	0.0130	
醋酸镁($4H_2O$)		0.080	0.080			
醋酸钠($3H_2O$)	0.857			0.430		
柠檬酸钾	0.128	0.128	0.128	0.064		
柠檬酸钠($2H_2O$)					0.2310	1.4
柠檬酸					0.0390	
氯化钙					0.0100	
磷酸二氢钾				0.060		0.36
磷酸二氢钾($3H_2O$)				1.270		
1摩尔/升 NaOH		5.8毫升	9.0毫升			
BES		3.050				
MES			2.440			
TES				0.195	2.2350	

注：① 表中所列成分的单位除标明毫升者外，其余均为克，其数值均为加蒸馏水配制成 100 毫升稀释液用量。

② BES，即 N,N-二(2-羟乙基)-2-氨基乙烷磺酸；MES，即 2-(N-吗啉) 乙烷磺酸；TES，即 N-三(羟甲基) 甲基-2-氨基乙烷磺酸。

③ 每毫升稀释液加青霉素 1000 国际单位、链霉素 1000 微克。

现代养鸭关键技术精解

3. 采精方法

常用的采精方法有按摩法和电刺激法两种。较常用的是按摩法。

（1）按摩法　一般需两人合作完成。助手握住公鸭的两脚，坐在采精员右前方，将公鸭放在自己的膝上，尾部向外，头部夹于左臂下。采精员左手掌心向下紧贴公鸭的背腰部，并向尾部方向不断按摩；同时，用右手拇指和其他四指握住泄殖腔环按摩揉捏直到泄殖腔周围肌肉充血膨胀，感觉外突时，再改变按摩手法，用左手拇指和食指紧贴泄殖腔两侧，在泄殖腔上部轻轻挤压，右手拇指与食指紧贴于泄殖腔左右侧，两手交互有节奏地挤捏，阴茎即会勃起伸出。射精沟闭锁完全，精液沿着射精沟从阴茎的顶端快速射出，立即用集精杯接住精液。熟练的采精员也可单人操作。经过调教的公鸭，每次采精过程只需要半分钟即可。

这种方法要特别注意对公鸭的选择和调教，调教良好的公鸭只需在背部按摩即可顺利取得精液，可减少对腹部刺激引起的粪尿污染。

（2）电刺激法　采用专用的电刺激采精仪，用弱电流刺激公鸭射精。方法是先将公鸭固定，打开开关，把正电极探针（尖针）置于公鸭荐骨部的皮肤上，负电极探针（短轴杆）插入泄殖腔内，用30～80伏、40～80毫安的电流（一般开始时给予较弱的电流），每隔2～3秒钟刺激1次，每次持续3～5秒钟，重复4～8次，当公鸭阴茎勃起后，用手挤压泄殖腔，即可使阴茎伸出射精。也可将正极探针刺入公鸭的髂骨的皮肤下，负极探针入母鸭直肠约4厘米深处进行刺激，也可使公鸭射精。

公鸭每次射精量为0.6～1.2毫升，精子密度每毫升10亿～60亿。

4. 输精

助手将母鸭仰卧固定，泄殖腔向外朝上，输精员用左手挤压泄殖腔的下缘，迫使泄殖腔张开，产蛋期内的母鸭，泄殖腔宽松润滑，阴道口极易翻出。再用右手将吸有精液的输精器从阴道口插入（如阴道没有翻出，可向泄殖腔的左方徐徐插入，感到推进无阻挡时，输精器已准确进入阴道部），一般深入3～4厘米时，左手放松，右手将精液输入。输完1只后，输精吸管要用消毒药棉擦拭管尖，以防污染。

鸭的输精时间应在上午，以 7～10 时为宜，输精间隔 5～6 天，瘤头鸭公鸭与家鸭杂交，每隔 3～4 天输精 1 次。每次输精量用新鲜精液 0.1 毫升，应有 6000 万～8000 万个精子。第一次输精时，输精量可加大 1 倍。

5. 影响受精率的因素

采用人工授精技术，一般受精率较高，而且平稳，但有时也并不理想，主要是受到诸多因素的影响。

（1）精液品质不合格　若精液浓度低、没有足够的有效精子数、精子活力不高、死精和畸形精子多、精液被污染而死亡，则受精率不高。所以，要定期检测精液质量，每次输精前都要用肉眼仔细观察（精液的色泽、精液量、浓度），必要时通过显微镜观察（精子的活力、质量、数量等），采精和输精的器具必须清洁，以保证精液的质量。

（2）母鸭生殖器官疾病　有的母鸭生理上有缺陷，有的母鸭输卵管有炎症，此时输精大多不能受精。

（3）输精技术操作不当　主要表现在输精时输精器没有插入阴道内、两次输精间隔时间过长、输精量不足、不是在最佳的时间输精、精液保存的时间过长等，都可造成受精率不理想。

（4）恶劣气候环境的影响　天气过冷或过热，公鸭的精子质量会降低，母鸭产蛋率也会下降，采出的精液在常温下保存影响活力，在这种情况下受精率一定低。

（5）种鸭年龄过大　无论种公鸭或种母鸭，第一年身体健康，性功能健全，精子活力好，母鸭产蛋率高，此时受精率也高，随着年龄的增长，公鸭射精量减少，精子活力下降，母鸭产蛋率和蛋的品质也下降，受精率也随着降低。

六、鸭的育种

鸭的育种工作是整个养鸭行业的核心。现代化的商品鸭场，饲养水平都很高，在这种情况下，想要获得比较好的经济效益，品种的好坏起决定作用。现代家鸭的育种，强调群体的生产性能，要求

现代养鸭关键技术精解

提供商品生产的鸭群必须健康无病，生活力强，高产（蛋用鸭要求总产蛋量高，肉用鸭要求生长快，饲养周期短），饲料转化率高，比较早熟、整齐。因此，要在已有标准品种的基础上，选育出若干专门化的品系，选出优秀的配套组合，通过配套杂交，生产高性能的商品蛋鸭或肉鸭。

（一）选育方法

品系是指一个品种内，由于育种的方法和目的不同，形成具有一定特征或突出优点的群体，并能将这些特征或优点稳定地遗传下去。品系繁育的方法很多，常用的有近交系法、系祖系法、继代选育法、正反反复选择法和合成系法。其中近交系法因近交衰退严重，现在多不用此法建系。系祖系法因选出的符合育种目标的个体太单一，现在也较少采用。

1. 继代选育法

又称纯系选育法或闭锁群建系法。在建系之初，选集并组成基础群，然后把这个基础群封闭起来，在若干世代内，不再引入种鸭，只在基础群内，根据生产性能和外貌特征进行相应的选种选配，使鸭群中的优秀性状迅速集中，并转而成为群体共有的性状，因此又称品群系。它所采用的配种制度，一般是在避免近交前提下的随机交配，以减慢近交的进程，不致生活力迅速衰退。由于采用继代选育法，每一代选留的都是性状最理想的个体，它们基本上是同质的，故不必进行严格的选配，因此建系方法比较简单易行。进行闭锁群建系时，要注意以下 4 点。

（1）基础群应有一定的数量　基础群数量太少难以获得较理想的基因组合，影响建系的质量和进展，导致群体鸭近交程度的提高，增加了近交衰退的危险。一般认为，基础群的每一代数量以1000 只母鸭，200 只公鸭较理想。

（2）基础群应具有广泛的遗传基础　封闭以后的鸭群，将来建成的新品系性状，只限于基础群基因素材以内的范围，不可能出现基础群基因所控制范围以外的性状。因此，要根据建系的目标，将新品系预定的特征、特性汇集在基础群的基因库中，为建系打好基础。同时，群内各个体的近交系数应为零，至少大部分个体不是近交后代。

（3）选种目标和管理方法要保持一致　每一世代的选种目标和选种方法要一致，保持连续性，只有这样，才能使鸭群的基因频率朝同一方向改变。同时，各世代的饲养管理条件要尽可能一致，保持稳定，使各世代的性状有可比性，从而使选种更准确。

（4）要严格封闭　所有更新的后备种鸭，都必须从基础群的后代中选择，至少应封闭4～6代，如过早引入种鸭，会影响鸭群遗传稳定性，不利于品系的建成。

2. 合成系的选育和利用

合成系是由两个或两个以上的系（或品种）杂交，选出具有某些特点并能遗传给后代的一个群体。合成系选育的基本方法是杂交、选择和配合力测定。如以两系（或品种）杂交作为素材，杂交的亲本就是基础群，F_1（杂交第一代）就是零世代，F_2（杂交第二代）就是一世代。

合成系育种目的不是为了推广合成系本身，而是将它作为商品生产繁育体系中的一个亲本。选育合成系的重点是经济性状，不要求体形外貌和血统上的一致性。这与一般杂交育种不同，它不需从F_2的分离中再经多代的选优汰劣，就能育成在体型外貌和生产性能上都相当稳定的"纯系"，然后再投入使用。

合成系选育的最大特点是见效快，时间短，一般经过一两个世代选育即可，比通常培育一个纯系要节省一半以上的时间。目前多采用合成系选育技术生产新的品系，为产品更新和商品竞争赢得时间。

合成系的利用，可以两系配套，也可以三系配套和四系配套，但其中的合成系多为最终杂交的母本，即父母代的母体。

（1）二系配套　两个品系的公、母鸭杂交，子一代用于商品生产。如果两个品系的异质性强，每个品系的基因型纯合度又很好，那么这样的配套杂交优势最高。二系配套简便，成本低。其配套制种模式如图3-4所示。

（2）三系配套　两个品系的公、母鸭杂交，子一代再与第三品系的公鸭杂交。三系配套遗传基础比二系配套广，但杂交优势可能不如二系配套。三系配套制种模式见图 3-5。

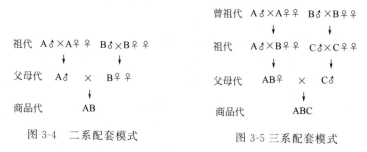

祖代　A♂×A♀♀　B♂×B♀♀
↓　↓
父母代　A♂　×　B♀♀
↓
商品代　AB

图 3-4　二系配套模式

曾祖代　A♂×A♀♀　B♂×B♀♀
↓　↓
祖代　A♂×B♀♀　C♂×C♀♀
↓　↓
父母代　AB♀　×　C♂
↓
商品代　ABC

图 3-5 三系配套模式

（3）四系配套　用四个品系两两杂交，生产的杂种之间又杂交配套生产，此法又称为双杂交，如图 3-6 所示。

曾祖代　A♂×A♀♀　B♂×B♀♀　C♂×C♀♀　D♂×D♀♀
↓　↓　↓　↓
祖代　A♂　×　B♀　♀C♂　×　D♀♀
↓　↓
父母代　AB♂　×　CD♀♀
↓
商品代　ABCD

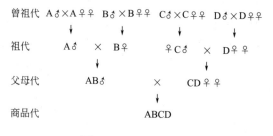

图 3-6　四系配套模式

合成系选育取得成功的关键是选好亲本，应将特点突出、生产性能优秀的系（或家系）作为基础群，使合成系的起点高，再与另一个高产纯系配套时，就有可能结合不同亲本的优点，获得杂交优势。

合成系的合成与纯系是相辅相成的，不是一成不变的。合成系育成后，如再经几个世代的选育，即可成为一个纯系。当纯系生产性能达到较高水平时，再进一步提高就比较困难，需要改变选种方法，或与其他纯系杂交，引入高产基因，又产生新的合成系。

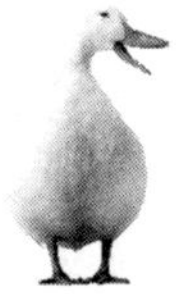

3. 正反反复选择法

此法在品系培育的过程中结合了杂交、选择和纯繁三个繁育阶段。既有杂交组合试验，可避免近交育种时大量淘汰造成的损失，又有方法简便，只要有两个亲本群（品种或品系）就可着手进行的优点。此法一举多得，很受欢迎。

正反反复选择法的具体步骤如下：先从基础群中按性能特点或来源不同，选出较优秀的 A、B 两个群体（品系），第一年进行杂交，即将鸭群分成两组配种，第一组正交，即 A 系公鸭配 B 系母鸭，第二组反交，即 B 系公鸭配 A 系母鸭。正交和反交各组又分成若干个配种小群，每个配种小群只放 1 只公鸭和 10～25 只母鸭，将种蛋做好标记，在同样条件下孵化，留足后裔，在相同的饲养管理条件下，进行生产性能测定。第二年进行纯繁，根据后裔测定的成绩，分别在第一组（正交组）和第二组（反交组）中各选出最高产的小组的亲本，将正交组中最高产的 A 系公鸭与反交组中最高产的 A 系母鸭，组群纯繁。将正交组中最高产的 B 系母鸭与反交组中最高产的 B 系公鸭组群纯繁，次高产的亲本也按同样方法组群纯繁。第三年，用第二年纯繁所得的 A、B 两系的亲本又按第一年的同样方法进行正反交，同样分成若干配种小群，然后进行后代生产性能测定，根据测定结果，选出优秀的亲本。第四年，重复第二年的方法。如此正反反复选择，经过一定时间，就可以形成两个新的品系，而且彼此之间具有很好的杂交优势，因为它是通过配合力测定结果而选留繁育的亲本。

正反反复选择法的缺点：一是耗时长，一年杂交，一年纯繁（现多将第一年和第二年的杂交和纯繁工作合并成一年完成，以缩短育种时间）；二是选择仅针对非加性效应，纯系本身生产性能得不到提高，违背育种原理的要求，若选择时间短则效果不明显，且只适用于二系杂交，可根据纯繁个体和杂种测定值进行选择，改进加性效应，提高纯系性能。

正反反复选择法多用于提高产蛋量和饲料效率，可以获得较好的结果，在长期选择中优越性越强，尤其用闭锁群选育法选择遗传力低的性状而进展停滞不前时值得一试。

(二)鸭的繁育体系

家鸭繁育体系包括育种体系和制种体系两大部分。育种体系由育种场、品种资源场和配合力测定站组成，承担纯系培育和品系配套任务；制种体系由原种场、祖代场、父母代场和孵化厂组成，担负两次（三系或四系配套）或一次（两系配套）制种任务，为商品鸭场的生产提供充足的高性能商品杂交鸭。建立完善的良种繁育体系，已成为发展现代化养鸭业的核心问题。现代商品鸭的繁育体系可参考图 3-7。

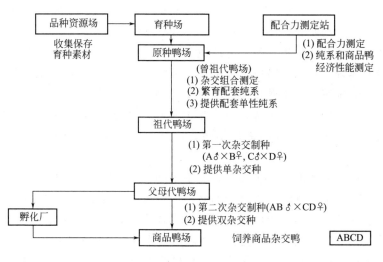

图 3-7 现代商品鸭的繁育体系

第二节 鸭的孵化

鸭的孵化方法可分为自然孵化和人工孵化两大类。自然孵化又叫天然孵化，利用母鸭的就巢性孵化种蛋。但现代饲养的家鸭早已失去就巢性，都不能孵化自己产下的种蛋，只有瘤头鸭还有就巢性，不少地方还在采用天然孵化法。我国的家鸭种蛋很早就使用人工孵化方法，历史悠久，经验非常丰富。近 20 年来，又普及了大型电机孵化法，使孵化的过程实现了自动化、电气化、标准化，孵化生产率达到了新的高度，成为养鸭生产中较先进的独立产业。

一、种蛋的选择和管理

（一）种蛋的收集和选择

1. 种蛋的收集

种蛋的收集应随不同的饲养方式而采取相应的措施。在放牧饲养条件下，因不设产蛋箱，蛋产在垫料或地面上，种蛋的及时收集显得十分重要。初产母鸭的产蛋时间集中在后半夜 1～6 时。随着产蛋日龄的延长，产蛋时间往后推迟，种鸭一般在凌晨 3 时左右产蛋，如不及时收集种蛋，易被种鸭践踏造成污染，所以收集种蛋应越早越好。在收集时应按种用蛋、非种用蛋（双黄蛋、破蛋、畸形蛋）分别装入专用鸭蛋篓。早晨 6 时 30 分产蛋基本结束，第一次集蛋完成后应尽快入库。有个别的种鸭产蛋（约占母鸭群的 3%）直到上午 8 时左右产蛋才结束，应将第二次集好的种蛋再送到蛋库。

产蛋后期的母鸭多数也在上午 10 时以前基本产完蛋。蛋产出后及时收集，既可减少种蛋的破损，也可减少种蛋受污染的程度，这是保持较好的种蛋品质，提高种蛋合格率和孵化率的重要措施。放牧饲养的种鸭可在产完蛋后才赶出去放牧。舍饲饲养的种鸭可在舍内设置产蛋箱，随时保持舍内垫料的干燥，特别是产蛋箱内的垫草应保持新鲜、干燥、松软。刚开产的母鸭可通过人为的训练让其在产蛋箱内产蛋，同时应增加捡蛋的次数，减少种蛋的破损。当气温低于 0℃时，如果种蛋不及时收集，时间过长种蛋易受冻；气温炎热，则种蛋更易受细菌污染。环境温度过高、过低，都会影响胚胎的正常生长发育。

2. 种蛋的选择

种蛋的选择对孵化率和雏鸭的质量均有很大的影响，也是孵化场（厂）经营成败的关键之一，而且对雏鸭及成鸭的成活率都有较大的影响。品质好的种蛋，胚胎的生活力强，供给胚胎发育的各种营养物质丰富。因此，必须根据种蛋的要求，进行严格的选择。

（1）种蛋选择的基本条件

① 种鸭质量好。这是首要条件，又是内在的质量，外观不易判断。因此，必须从合格的种鸭场引进种蛋。首先，种鸭必须是健康无病的，生产性能（产蛋或产肉）是优秀的，这就是遗传素质要好。其次，种鸭的饲养管理正常，日粮的营养物质全面，必需的营养素不能缺乏，以保证胚胎发育时期的营养需求。

② 种蛋质量好。种蛋越是新鲜越好，新鲜的种蛋，蛋内的营养物质变化损失少，各种病原微生物侵入也少。孵化用的种蛋，要求贮存时间越短越好，这样，胚胎生活力强，雏鸭出壳整齐、健壮活泼，孵化率高，成活率高。

（2）种蛋选择方法

① 感官法。感官法就是通过看、摸、听、嗅等人为感官来鉴别种蛋的质量，可做初步判别。其优点是鉴别速度较快。肉眼观察的内容包括：鸭蛋的外观、蛋壳结构、蛋的形状、大小、表面清洁情况如何等；手摸蛋壳光滑或粗糙等，手感蛋的轻重；用两手各拿3个蛋，转动5指使蛋互相轻轻碰撞，听其声音。完好无损的蛋其声音脆，有裂纹、破损的蛋可听到破裂声；闻蛋的气味是否正常，有无特殊气味等。

② 透视法。透视法是利用太阳光或照蛋器等光源通过光线检查蛋壳、气室、蛋黄、蛋白、血斑、肉斑等情况，对种蛋作综合鉴定，这种方法准确而简便。如果发现气室较大、系带松弛、蛋黄膜破裂、蛋壳有裂纹等，均不能做种蛋使用。

③ 剖检法。就是随机抽查一定比例的鸭蛋，将鸭蛋打开视检，多用于外出购蛋，观察陈蛋、血斑和钢皮蛋。

（二）种蛋的管理

1. 种蛋的消毒

从鸭栏收集的种蛋及蛋篓表面往往都附着有细菌，要在最短的时间内进行消毒。据研究，刚产出的蛋蛋壳表面细菌数为 100～

300 个，15 分钟后为 500～600 个，1 小时后达到 4000～5000 个，而且蛋壳表面的某些细菌会通过气孔侵入蛋内，影响孵化率。因此，蛋产出后，除及时收集种蛋外，应立即进行消毒处理，以杀灭蛋壳表面附着的病原微生物。

(1) 福尔马林熏蒸消毒法　福尔马林熏蒸消毒法是生产中经常用到的一种比较好的消毒方法，这种方法需有一个密封良好的消毒柜，每立方米空间用 30 毫升 40％的甲醛溶液、15 克高锰酸钾，熏蒸 20～30 分钟，熏蒸时关闭门窗，室内温度保持在 24～27℃，相对湿度为 75％～80％。如果温度、湿度低则消毒效果差。熏蒸后迅速打开门窗、通风孔，将气体排出。消毒时产出的气体具有刺激性，应注意防护，避免接触人的皮肤或吸入。

(2) 新洁尔灭消毒法　将种蛋排列在蛋架上，用喷雾器将千分之一的新洁尔灭溶液喷雾在蛋的表面，也可用配制好的溶液浸泡 3 分钟，溶液温度 43～50℃。消毒液的配制方法：取浓度为 5％的原液一份，加 50 倍的水，混合均匀即可配制成千分之一的溶液。注意在使用新洁尔灭溶液消毒时，切勿与肥皂、碘、高锰酸钾和碱并用，以免药液实效。

2. 种蛋的保存

蛋产出后尽管短时间贮存，也不可能立即入孵。种蛋在入孵前要经过短时间的贮存。即使种蛋来源于优秀的种鸭群，又经过严格的挑选，品质优良的种蛋，如果保存条件较差，保存方法不当，对孵化效果也会有不良影响，尤其在冬、夏两季更为突出。因此，应提供适宜的保存条件。

(1) 种蛋贮存室要求　大型的孵化场应有专门保存种蛋的蛋库。种蛋贮存室与鸭舍之间的距离越远越好，同时应便于清洗和消毒。贮存室要求是隔热性能良好、无窗式的密闭房间。此外，贮存室内还应配备恒温控制的采暖设备以及制冷设备。配备湿度自动控制器。

(2) 适宜的温度、湿度　鸭胚胎发育的临界温度是 23.9℃。当环境温度超过这一温度时胚胎就开始发育，低于这一温度则胚胎

现代养鸭关键技术精解

发育受到抑制，当环境温度低于零下2℃时，则种蛋因受冻而导致胚胎发生死亡，故种蛋应在低于胚胎发育的临界温度以下、高于胚胎死亡温度以上之间保存。种蛋保存的理想温度为12～15℃。保存时间的长短不同对温度的要求也有差异，如果保存时间在7天以内，温度控制在15℃较适宜；保存时间在7天以上以12℃为宜。高温对种蛋的孵化率影响极大，当保存温度高于23.9℃时，胚胎开始缓慢发育，尽管发育程度有限，但由于细胞的缓慢代谢容易导致胚胎的衰老和死亡。贮存前，如果种蛋的蛋温高于保存的环境温度，应逐步降温，使蛋温接近贮存室温度，然后将种蛋放入贮存室。

在种蛋的保存过程中湿度同样不容忽视，湿度过高，种蛋容易发霉变质；湿度过低，蛋内水分蒸发过多，影响孵化效果。种蛋保存湿度以接近蛋的含水量为最好，贮存室内相对湿度一般控制在70％～80％为宜。

（3）适宜的保存时间　种蛋保存的时间一般不超过7天，以2～5天为宜，实践证明种蛋保存7天后，每延长1天，出雏率会下降0.3％～0.5％。因为种蛋保存时间过长，种蛋内蛋白的杀菌作用急剧下降，且保存时间越长，则蛋内水分蒸发越多，导致内部pH值改变，各种酶活动加强，引起胚胎的衰老、营养物质的变化及残余细菌的繁殖，从而危害胚胎，降低孵化率。若不能控制温度，保存时间应根据季节的不同而定，夏天以保存3天为宜。

种蛋保存时间较长时，每天应该翻蛋一次，这样可以延缓孵化率的急剧下降。转蛋或翻蛋能够有效防止胚胎与蛋壳膜粘连，避免胚胎早期死亡。保存一周则不必翻蛋，超过1周，每天转蛋1～2次。方法就是早、晚轮流将蛋箱一侧垫高。种蛋小头向上也可达到翻蛋效果，从而保证孵化率。

若种蛋保存时间更长，可充氮保存，即将种蛋放入密封的塑料袋内，填充氮气，密封保存，阻止蛋内物质和微生物的代谢，防止蛋内水分的过分蒸发。经这种处理后，保存时间超过3～4周，仍可获得70％～80％的孵化率。

3. 种蛋的装运

装运种蛋是良种引进、交换和推广过程中不可缺少的一个重要环节，应给予高度重视。

（1）种蛋的包装　引进种蛋时常常需要长途运输，如果保护不当，往往引起种蛋破损和系带松弛、气室破裂等，导致孵化率降低。包装种蛋用专用的种蛋箱（规格为：长60厘米，宽30厘米，高40厘米，能容下250个种蛋）和塑料托盘。种蛋箱和托盘必须结实，能经受一定压力，并且要留有通气孔。装箱时必须装满，使用一些填充物防震。如果没有专用种蛋箱，也可用木箱或竹筐装运，此时可用废纸把种蛋逐个包好，装入箱（筐）内，各层之间填充锯末或刨花、稻草等填充垫料，防止撞击和震动，注意尽量避免蛋与蛋的直接接触。不论使用什么工具包装，尽量使大头向上或平放，排列整齐，以减少蛋的破损。

（2）种蛋的运输　种蛋运输时注意天气变化，避免日晒雨淋，影响种蛋的品质。夏季运输时，要有遮阴和防雨设备；冬季运输应注意保温，以防受冻。运输工具要求快速平稳，安全运送。装卸时轻装轻放，严防强烈震动。种蛋运到后，应立即开箱检查，剔除破损蛋，进行消毒，尽快入孵。

二、鸭蛋的孵化条件

（一）温度

温度是孵化过程中最重要的孵化条件。只有适宜的孵化温度才能保证胚胎正常生长发育，才能保证鸭蛋中各种酶的活动，从而保证胚胎正常的物质代谢。因为鸭蛋比鸡蛋大，以单位重量计算，蛋壳表面积相对比鸡蛋小，而且蛋壳和壳膜较厚。蛋黄中脂肪含量高于鸡蛋，孵化后半期由于脂肪代谢增强，必须向外排出大量的体热，以维持正常的物质代谢。因此，在鸭蛋孵化的中后期孵化温度应比鸡蛋低 $0.5℃$，而且在孵化后期应采取凉蛋措施。

鸭胚胎发育适宜的温度范围为 $37\sim38℃$。温度过高过低都会影响胚胎的正常发育，严重时会造成胚胎的死亡。温度偏高时，胚胎发育加快，孵化期缩短，超过 42℃ 后 2～3 小时就会造成胚胎的死亡。相反，温度偏低时，胚胎发育迟缓，孵化期延长，也会导致胚胎死亡。因此，在孵化过程中，可根据孵化场的具体情况和季节、品种以及孵化机的性能，制订出合理的施温方案。

1. 恒温孵化

应用恒温孵化时，种蛋分批入孵，通常孵化器内有 3～4 批种蛋。这种孵化的优点还在于孵化温度恒定不变，容易控制。适用于孵化机容量较大，而每批种蛋量少难以一次装满，或者供雏批次数多而每次只数较少时采用。室温过高时，孵化在中后期产生大量代谢热，分批入孵就可以充分利用代谢热作为热源，既可减少"自温"超温，又可节约能源。恒温孵化时，新、老蛋交错上盘，老蛋多余的热量才易被新蛋吸收，以避免同一温度下新蛋温度偏低、老蛋温度偏高的矛盾，使新、老胚蛋相互调节温度，即老蛋散发热充分，新蛋升温迅速，有利于胚胎的发育并能节约部分能源。通常机内温度控制在 37.8℃。如果室温较高，可适当降低孵化温度，但应注意，在孵化过程中，应随时检查机内的温度是否均匀，孵化机内上下、前后、左右的温差一般不超过 0.1～0.2℃，温差可通过调整进出气孔等方式得到解决。如果温差较大时，也应注意定时调盘，减少温差对孵化率的影响。

2. 变温孵化

变温孵化是种蛋来源充足时多采用的整批孵化，将整个孵化机内的种蛋同时入孵，同时出雏。变温孵化实质上是一次性入孵，阶段性降温，孵化温度前高后低，它符合胚胎发育生理上的要求，因此，孵化效果比较理想。适用于大型种鸭场或孵化场采用，但是要求孵化技术熟练，尤其要注意防止后期胚蛋超温。由于鸭蛋大，脂肪含量高，孵化 13 天后，代谢热上升较快，如不改变孵化机的温度，会造成孵化机内局部超温而引起胚胎的死亡。具体孵化温度可按如下标准设定：第 1 天温度为 39～39.5℃，第 2 天为 38.5～39℃，第 3 天为 38～38.5℃，第 4～20 天为 37.8℃，第 21～25 天为 37.5～37.6℃，第 26～28 天为 37.2～37.3℃。第 21 天以后可转入摊床孵化。变温孵化时，应尽量减少机内的温差，温度的调整应做到快速准确，特别是孵化的头 3 天。

3. 看胎施温技术

（1）看胎施温　指在人工孵化过程中，用灯光照蛋观察胚胎的发育情况或用眼皮试温感知胚蛋的温度，根据胚胎发育的快慢，采取相应的给温标准（即提供适宜的温度），确保胚胎发育始终正常，达到逐日发育的标准特征，从而获得良好的孵化成绩。看胎施温的原理在于：孵化率的高低实质上取决于胚胎发育的正常与否，而胚胎发育取决于外因（孵化条件）和内因（种蛋的品质）这两大因素。用同样的优质种蛋孵化时，孵化条件就起决定性的作用，而在各项孵化条件中，温度最为重要。胚胎发育的快慢主要取决于温度，温度稍高，胚胎发育就要加快，温度稍低，胚胎发育就会减慢，温度过高或过低还会导致胚胎死亡。因此，掌握好温度就成了提高孵化率的关键性措施。

（2）看胎施温的观察方法

① 测定温度，可用温度计，也可用眼皮试温，用眼皮试温时一定用小头试（因大头有空气），感觉微热时约 37.8℃，稍烫则大于 37.8℃，略凉则小于 37.8℃。

② 可用照蛋或剖检方法观察胚胎发育（见鸭胚的生物学照检），对质量差的蛋用低温养蛋。

（3）看胎施温技术要点

① 熟练掌握鸭胚在照蛋时看到的逐日发育标准。鸭胚在照蛋时看到的逐日发育标准前已述及，从事人工孵化的人员必须熟练掌握才能运用自如，正确对照。初学者要逐日照检胚胎发育情况。照蛋时间每天固定，要求在达到整日龄时进行，即从入孵后温度达到标准时开始，每经过 24 小时算一天。这样，看得多了就能逐渐掌握，记准特征。

② 抓住三个关键时间照蛋（见鸭胚的生物学照检），检查胚胎发育是否正常，以便准确调节温度。

③ 通过预检发现问题。预检在孵化的第 4 天进行。为了使第 6 天按时"起珠"，需要在第 4 天进行 1 次预检。如果第 4 天时明显出现"蚊虫珠"的特征，即表明前 4 天温度适宜，到第 6 天可以按时起珠；若预检时发现已有"小蜘蛛"和"钉壳"的特征，则表明温度偏高，要立即降温，假若预检时，"蚊虫珠"还看不清楚，则说明前 3 天温度不足，应该适当升温，争取在第 5 天时能达到"起珠"的标准。

（4）看胎施温的注意事项

① 照检或预检时，必须根据大多数胚蛋的发育情况来做出判断并采取措施。因此，每次都必须多照些，以防局部不正常的胚蛋干扰对全局采取措施的准确性。

② 看胎施温技术的熟练掌握和正确运用对提高孵化率十分重要，但是主要适用于"封门"之前，尤其在"合拢"之前。在以后几天，"看胎施温"技术的效果就不显著了。

③ "封门"后最容易出现问题，往往是由于孵化室温度高、孵化机通风不良或者凉蛋不够而使胚蛋积热散发不出，从而导致胚胎死亡。为了防止后期出现自温超温，在孵化后期，尤其是在孵化 15 天后应该坚持经常用"眼皮感温"法直接感测蛋温。一般情况下，如果前期发育正常，并能按时封门，结合眼皮感温法，可防止后期蛋温超高，就可使孵化率达到正常水平。

④ 为了能切实查明"起珠""合拢"和"封门"的准确时间，除这几次照蛋必须按时进行外，还应提前 8～12 小时抽查一两次。这样做虽较麻烦，但是较为准确可靠。

（二）湿度

孵化机内湿度的高低影响蛋内水分的蒸发。孵化过程中，蛋内水分不断蒸发，湿度过低，水分蒸发过快；反之，则水分蒸发过慢，两种情况都会影响胚胎发育，影响孵化率和雏鸭质量。立体孵化器具有风扇装置，空气流动速度快，加上蛋内脂肪含量高，含水量低，代谢热高，蛋内水分容易蒸发。湿度过低，蛋内水分蒸发较快，胚胎易与壳膜粘连，影响正常出壳。

湿度控制总的原则是"两头高，中间低"。孵化初期，胚胎产生羊水和尿囊液，并从空气中吸收一些水蒸气，相对湿度控制在65%～70%。孵化中期，胚胎要排出羊水和尿囊液，相对湿度控制在60%为宜。孵化后期，即出雏期，为使有适当的水分与空气中的二氧化碳作用产生碳酸，使蛋壳中的碳酸钙转变为碳酸氢钙而变脆，有利于胚胎破壳而出，并防止雏鸭绒毛粘壳，相对湿度宜控制在70%～75%为宜。在鸭蛋孵化后期，如果湿度不够，可直接在蛋壳表面喷洒温水，以增加湿度。

（三）通风

通风的目的主要是控制二氧化碳的含量，改善空气质量。孵化机内胚胎对氧气的需要随胚龄的增加而增加。孵化初期，胚胎的物质代谢处于初级阶段，氧气需要量较少，胚胎通过卵黄囊血液循环利用蛋黄中的氧气。孵化中期胚胎的代谢作用加强，氧气需要量增加。尿囊形成后，通过气室气孔利用空气中的氧气，排出二氧化碳。孵化后期胚胎的呼吸转为肺呼吸，每昼夜氧气需要量为孵化初期的110倍以上。

通风和温度、湿度之间有着密切的关系。如果机内空气流通量大，通风良好，散热快，则湿度较小；反之，湿度就大，余热增加。通风量过大，机内温度和湿度难以保持。因此，这三者之间应互相协调，在控制好温度、湿度的前提下，调整好通风量。一般孵化机内风扇的转速为150～250转/分，每小时通风量以1.8～2.0米^{3}为宜。同时，根据孵化季节、种蛋胚龄大小，调节进出气孔，以保持孵化机内空气新鲜，温度、湿度适宜。

（四）翻蛋（或转蛋）

翻蛋（或转蛋）在孵化过程中（特别是孵化的前、中期）具有十分重要的意义。一是可以防止壳膜粘连，胚胎比重最轻，浮在蛋黄表面，长期不动易与壳膜粘连，导致胚胎死亡。二是有利于受热均匀，翻蛋经常改变蛋的相对位置，使机内不同部位的胚蛋受热与通风更加均匀，有利于胚胎的生长发育。三是有利于胚胎营养物质的吸收，适时翻蛋能扩大卵黄囊血管与蛋黄、蛋白的接触面积，有利于胚胎营养物质的吸收。最后，翻蛋可促进胚胎活动，保持胎位正常。立体孵化机具有翻蛋装置，翻蛋不会影响孵化机的正常温度。以勤翻为宜，翻蛋的角度应达到90度。大型肉鸭种蛋的孵化除每2小时翻蛋一次外，每天早、晚结合凉蛋增加一次手工翻蛋，角度为180度，有利于提高孵化率。翻蛋在前期、中期对孵化率的影响较大，到孵化后期特别是在出壳的前几天，可不再翻蛋，因胚胎全身已覆盖绒毛，不翻蛋不致引起胚胎与壳膜粘连。

（五）凉蛋

1. 凉蛋的意义

胚胎发育到中期以后，由于脂肪代谢能力增强而产生大量的生理热，其温度比周围高，对空气的需要量增多，必须向外排出过剩的热和保持足够的空气。因此，定时凉蛋有助于胚胎的散热，促进气体代谢，提高血液循环系统的机能，增加胚胎体温调节的能力，有利于提高孵化率和雏鸭质量。胚胎发育到中期以后，凉蛋有利于生理热的散发，可防止胚蛋超温，对提高孵化率有良好的作用。这点对大型肉鸭种蛋的孵化更为重要。凉蛋也因胚胎较早受到低温度刺激，可增加胚胎出壳后对外界气温的适应能力。因此，种蛋在孵化14天以后宜开始凉蛋。

2. 凉蛋措施

凉蛋措施有定时停机，每天2次，多在最初开始使用；打开机门，通入冷空气，多在封门后开始使用；拖出蛋盘，甚至喷上40℃左右的温水。一般14天后，每天凉蛋两次，每次凉蛋20～30分钟，但每次凉蛋的时间不能超过40分钟。一般用眼皮试温，感觉既不发烫又不发凉即可放到孵化机内。夏天外界的气温较高，只采用通风凉蛋不能解决问题，可将25～30℃的水喷洒在蛋面上，表面见有露珠即可，以达到降温目的，如果喷一次水不能解决问题，可喷2次，以缩短凉蛋时间。凉蛋时间不能太长，否则易使胚蛋长期处于低温，影响胚胎的生长发育，必须根据具体情况灵活应用。

三、鸭的胚胎发育过程

1. 鸭的孵化期

鸭的孵化期为 28 天。孵化期受许多因素的影响,肉用型比蛋用型的孵化期长,小蛋比大蛋孵化期短,种蛋保存时间较长孵化期会延长,孵化温度高孵化期就缩短。孵化期过长或过短,都不利于孵化率和雏鸭品质。

2. 胚胎发育过程

鸭卵巢上的卵子成熟后,进入输卵管漏斗部受精,之后开始发育,到蛋产出体外为止,约经 24 小时的不断分裂,形成一个多细胞的胚盘。受精蛋的胚盘呈白色圆盘状,胚盘中央较薄的透明部分为明区,周围较厚的不透明部分为暗区。明区部分发育后形成两个不同的细胞层,外层为外胚层,内层为内胚层,胚蛋在形成两个胚层之后蛋即产出,因环境变冷而暂时停止发育。将受精蛋置于孵化器内,胚胎继续发育,在前两个胚层之间形成第 3 个胚层,即中胚层,而后从这 3 个胚层形成胚胎的各种组织和器官。外胚层形成皮肤、羽毛、神经系统、眼、耳及各种组织和器官;内胚层形成消化道、呼吸器官的上皮和内分泌腺体;中胚层形成肌肉、生殖器官、呼吸器官的上皮和内分泌腺体、排泄器官及胚胎期的结缔组织间充质,再由间充质形成骨骼、循环系统和结缔组织。用灯光照蛋时可见鸭胚胎发育的标准特征(表 3-2)。

表 3-2　孵化期间鸭胚胎发育特征

胚龄/天	照蛋时看到的特征(俗称)	鸭胚内部发育特征
1~1.5	"鱼眼珠""白光珠"	胚盘重新开始发育,器官原基出现
2.5~3	"樱桃珠"	血液循环开始,卵黄囊血管出现,胚胎心脏跳动
4	"蚊虫珠"	胚胎头尾分明,内脏器官形成,尿囊开始发育。卵黄由于蛋白水分的继续渗入而明显扩大
5	"钉壳""扎根""落盘""小蜘蛛"	卵黄囊血管贴靠蛋壳,容易通过蛋壳的气孔进行气体代谢,胚胎头部明显增大,并与卵黄分离,尿囊从脐带向外凸出,形成一个有柄的囊状

胚龄/天	照蛋时看到的特征(俗称)	鸭胚内部发育特征
6	"起珠""单珠"	胚胎眼珠内大量黑色素沉积,胚胎极度弯曲,四肢开始发育
7	"双珠""双起见"	胚胎的躯干部增大,羊膜开始收缩,胚胎开始活动
8	"沉"	羊水显著增多,胚胎已出现明显的鸟类特征,颈伸长、翼、喙明显。卵黄增大达最大重量,蛋白重量相应下降
9	"浮""边口发硬"	胚胎发育逐渐加强,像在羊水中浮游一样。四肢形成,用放大镜容易看到羽毛原基
10~11	"晃得动""发迹"	尿囊迅速向小头伸展,胚胎的羽毛突起明显。腹腔愈合,软骨开始骨化
13~14	"合拢""长足"	尿囊合拢,胚胎体躯生长羽毛
15	血管开始加粗,颜色开始加深	各器官进一步发育
16	血管加粗、颜色加深,背面左右两边卵黄在大头连接	卵黄扁圆状。煮熟胚蛋观察,卵黄在上,卵白在下(8天前卵黄、卵白为前后位置),故照蛋时看到左右两边卵黄连接。小头蛋白由一管状道(浆羊膜道)输入羊膜囊中,发育快的胚胎开始吞食蛋白
17~19	小头发亮的部分随着胚龄的增长而逐日缩小	小头蛋白不断由浆羊膜道输入羊膜囊中,胚胎大量吞食稀释蛋白,尿囊中的白絮状排泄物出现。这阶段的蛋白吸收,不但通过血液循环系统,也通过消化系统同时进行。胚胎生长迅速,骨化作用急剧。绒毛明显覆盖全身
20~21	"封门""关门"	小头蛋白已全部输入羊膜囊中,故照蛋小头看不到亮的部分。这时解剖胚胎,蛋壳与尿囊极易剥离
22~23	"斜口""转身"	胚胎转身,喙开始转朝气室端。胚胎吞食蛋白结束,煮熟胚蛋观察,胚胎全身已无蛋白粘连,绒毛清爽,卵黄已有少量由卵黄茎进入腹中
24~25	"闪毛"	胚胎大转身,颈部及翅部突入气室内,卵黄绝大部分甚至全部进入腹中。尿囊柄逐渐萎缩
26~27	"起嘴""见嘌""啄壳"	喙进入气室,容易听到声音(叫声),肺呼吸开始,尿囊血管萎缩,有少量雏鸭已出壳
27.5~28	"出壳"	出壳雏鸭出生重一般为蛋重的65%~70%,雏鸭腹中尚有约5克卵黄,这是正常现象,一般饲养约5天卵黄全部吸收完毕

四、鸭胚的死亡和生物学照检

1. 胚胎的生物学照检

鸭胚胎发育有三个关键时期：6 天"单珠"，13.5 天"合拢"（用变温法在 13～13.5 天，用恒温法在 13.5～14 天），20～21 天"封门"。可根据这三个关键时期进行胚胎的生物学照检。

（1）头照　主要目的是检出无精蛋和中死蛋。观察胚胎发育情况，在孵化满 6 天时进行。正常发育的胚胎血管网鲜红，无精蛋则透明，死蛋无血管扩散，颜色淡。发育正常的胚胎能明显看到"起珠"的特征。如果看到的特征是"双珠"，即前 6 天发育快了，说明温度偏高，需要适当降温；假若只看到"小蜘蛛"和"钉壳"的特征，即表明发育慢了，是温度偏低的结果，需要适当升温。

（2）二照　这次照蛋主要观察尿囊是否合拢，并据此为调整孵化条件提供参考。用恒温孵化时，在第 14 天时进行，若用变温孵法则在第 13.5 天进行。发育正常的胚胎应该刚好达到"合拢"标准。如果尚未合拢，小头仅剩一点白亮部分，并无血管充血或烧伤痕迹，则表明发育慢了（再过半天至一天才可以合拢），这是温度偏低的结果。若发现提前合拢，说明温度偏高，应该略微降温。

（3）三照　主要观察胚胎发育，为移盘和出雏环境控制提供参考，在第 20.5 天时进行。这时正常胚蛋的特征是刚好"封门"，这表明前 20 天发育都很正常，如果以后不发生问题，这个胚蛋就可以孵出小鸭。如果尚未封门，但无烧伤痕迹，表明发育较慢，温度偏低，这时不可升温，只是出雏时间会推迟。因为这时升温极易烧伤胚蛋，其损失比迟出的损失更大。假若提前封门了，表明发育稍快，温度略高，应该适当降温，以免以后烧伤胚蛋。

2. 胚胎的死亡

一般胚胎在孵化过程中会出现死亡情况，这种情况的发生随时期不同而有差异，鸭胚在各个不同发育时期的死亡率不一致且有规律性，整个孵化期出现两个死亡高峰：第一次死亡高峰为入孵后的

2～5 天，死亡率约 1.5％；第二个死亡高峰在孵化期的 25～28 天，死亡率约 3％。第一个死亡高峰出现于胚膜血管形成时，主要原因是种蛋品质不好或是保存不当引起死亡，也有早期孵化温度不适、翻蛋不足的原因。第二个死亡高峰与肺呼吸是否成功有关，多与通气不良、种鸡不好、营养供给有关。影响孵化成绩的三大因素有种鸡质量、种蛋管理和孵化条件。

五、鸭蛋的机器孵化过程

随着养鸭业的规模化、集约化的不断发展以及科学技术的进步，传统的孵化方法已不能满足新的市场要求。因此，机器孵化法得到推广和普及，且孵化容量逐渐增大，目前生产中使用的孵化机主要有箱体式孵化机（图 3-8）和巷道式孵化机（图 3-9）。

图 3-8　箱体式孵化机

图 3-9　巷道式孵化机

（一）孵化机简介

1. 孵化机的类型

孵化机按其结构形式可分为平面与立体两种类型。按供热来源，有油用、电用和油电两用等各种类型。

（1）平面孵化器　这是较早使用的一种孵化器，容量很小，通常放 100～600 个蛋不等。机内只能容纳 1 层蛋盘，适于小型试验和专业户自繁自养时使用。热源为电热，也可用水管热。

（2）立体孵化器　容量有大有小，但内部结构和性能差异甚大，在自动控温、控湿、通风、翻蛋等方面，有良好的控制系统，误差更小。

2．孵化机的基本结构和要求

（1）机壳　做成夹层，中间填满隔热材料。机门设双层玻璃小窗，以便观察机内的温、湿度。

（2）蛋盘　蛋盘过去都用木料做框架，中间装两排铅丝，上面一排距离较宽，主要用于隔蛋，下排距离较密，主要用于托蛋。新式孵化机不用蛋盘，而用镂空的塑料蛋托。

（3）翻蛋系统　翻蛋装置有的是手工操作，有的是电动装置，自动进行，且自动翻蛋失控时都可手工操作。

（4）热源与温度调节系统　大都用电热丝供温。电热丝由温度调节器控制。

（5）通风系统　电孵机的出气孔一般都安排在机体的顶部，进气孔安置在鼓风板下的周围，我国目前生产的孵化机，风扇多安装在蛋盘架的两端，使胚蛋能均匀受温。

（6）供湿系统　一般在孵化器的底侧部自动甩水或手工放置 2～4 个水盆，通过水分蒸发供给机内湿度。

（7）报警系统　也是用温度调节器控制，但控制的不是热源，而是警铃。设有高低温报警，在机温偏离规定温度±(0.5～1.0)℃时，即响起警铃，以便管理人员及时排除故障。

（二）机器孵化过程

1．孵化前的准备

（1）孵化室的准备　孵化室内必须保持良好的通风和适宜的温度，因此须做好孵化前孵化室的准备工作。一般孵化室的温度为 22～26℃，湿度 55%～60%。为保持这样的温、湿度，孵化室应

现代养鸭关键技术精解

严密，保温良好。如为开放式的孵化室，窗应小而高，孵化室天棚距地面 4 米以上，以便保持室内有足够的新鲜空气。孵化室应有专用的通风孔或风机。现代孵化厂一般有两套通风系统，孵化机放出的空气经过上方排气管道，直接排出室外，孵化室另有正压通风系统，将室外的新鲜空气引入室内，如此可防止从孵化机排出的污浊空气再循环进入孵化机内，保持孵化机和孵化室的空气清洁、新鲜。孵化机要离开热源，并避免日光直射。孵化室的地面要坚固平坦，便于冲洗。

（2）孵化器的检修　种蛋入孵前，孵化人员应熟悉和掌握孵化机的各种性能，全面检查孵化机各部分配件是否完整无缺，通风运行时，整机是否平稳；孵化机内的供温、鼓风部件及各种指示灯是否正常；各部位螺丝是否松动，有无异常声响；特别要检查控温系统和报警系统是否灵敏。先将孵化机试运转 1～2 天，未发现异常情况方可入孵。

（3）孵化温度表的校验　所有的温度表在入孵前要进行校验，即将孵化温度表与标准温度表水银球一起放到 38℃ 左右的温水中，观察它们之间的温差。温差太大的孵化温度表不能使用，没有标准温度表时可用体温表代替。

（4）孵化机内温差的测试　因机内各处温差大小直接影响孵化成绩的好坏，在使用前要弄清该机内各个不同部位的温差情况。即在机内蛋架装满空的蛋盘，用 27 支校对过的体温表固定在机内的上、中、下，左、中、右，前、中、后 27 个部位，然后将蛋架翻向一边，通电使鼓风机正常运转，机内温度控制在 37.8℃ 左右，恒温半小时后，取出温度表，记录各点的温度，再将蛋架翻转至另一边去，如此反复各 2 次，弄清孵化机内的温差及其与翻蛋状态间的关系。

（5）孵化室、孵化器的消毒　为了保证雏鸭不受疾病感染，孵化室的地面、墙壁、天棚均应彻底消毒。孵化室墙壁的建造，要能经得起高压冲洗消毒。每批孵化前机内必须清洗，并用福尔马林熏蒸，也可用药液喷雾消毒。

（6）种蛋消毒　种蛋入孵前后 12 小时内应熏蒸消毒一次，方法如前所述。

（7）入孵前种蛋预热　种蛋预热的目的是使静止的胚胎有一个缓慢的苏醒适应过程，这样可减少突然高温造成死胚偏多，并缓减入孵时孵化器温度下降，防止蛋表凝水，有利于提高孵化率。预热方法是在 22～25℃ 的环境中放置 12～18 小时或在 30℃ 环境中预热 6～8 小时。

（8）码盘入孵　将种蛋大头向上放置在孵化盘上称为码盘，码盘同时挑出破蛋。一般整批孵化，每周入孵 2 批；分批孵化时，3～5 天入孵一批。整批孵化时，将装有种蛋的孵化盘插入孵化蛋架车推入孵化器内。分批入孵，装新蛋与装老蛋的孵化盘应交错放置，注意保持孵化架重量的平衡。为防不同批次种蛋混淆，应在孵化盘上贴上标签。

2. 孵化管理

（1）温度　调节孵化机的温度调节器，在种蛋入孵前已经调好定温，之后不要轻易变动。一般要求每隔 1～2 小时检查箱温一遍，并记录一次温度。判断孵化温度适宜与否，除观察门表温度，还应结合照蛋观察胚胎的发育状况。

（2）湿度　孵化器湿度有两种控制方式，一种是非自动调湿的，靠孵化器底部水盘内水分的蒸发，对这种供湿方式，要每日向水盘内加水。另一种是自动调湿的，靠加湿器提供湿度，这要注意水质，水应经滤过或软化后使用，以免堵塞喷头。湿球温度计的纱布在水中易因钙盐作用而变硬或者沾染灰尘或绒毛，影响水分蒸发，应注意清洗或更换。

（3）翻蛋　翻蛋的目的在前面已经叙述过，是孵化过程中的关键技术措施，对提高孵化率非常重要。从种蛋入孵后数小时起直至移盘，每昼夜翻蛋 12 次。有自动翻蛋设备者，翻蛋角度有限，而且方向、角度一定，没有什么变化；而手动翻蛋角度大，每次翻蛋的方向多变化。因此，自动翻蛋要比手翻蛋每昼夜多翻 3～4 次。翻蛋的角度不得少于 45 度，以 90 度为最好。

有自动翻蛋设备的孵化器，可适当添加手工翻蛋的次数。如每次照蛋时和13日胎龄时将鸭蛋逐个翻转180°，即原来蛋的底面翻身朝上，这样有利于胚胎发育。

（4）通风　整批入孵的前3天（尤其是冬季），进出气孔可不打开，随着胚龄的增加，逐渐打开进出气孔，出雏期间进出气孔全部打开。分批孵化，进出气孔可打开1/3～2/3。

（5）照蛋　照蛋之前，先适当提高孵化室温度（气温较低的季节），目的是防止照蛋时间长引起胚蛋受凉和孵化机内温度下降幅度太大。照蛋时要注意时间控制，操作技术要熟练，做到稳、准、快。从蛋架车取下和放上蛋盘时动作要慢、轻，放上的蛋盘一定要卡牢，防止翻蛋时蛋盘脱落。

照蛋时，将蛋架放平稳，抽取蛋盘摆放在照蛋台上，迅速而准确地用照蛋器按顺序进行照检，并将无精蛋、死胚蛋、破蛋捡出，空位用好胚蛋填补或拼盘。照蛋过程中发现小头向上的蛋应倒过来。抽、放蛋盘时，有意识地上、下、左、右地调蛋盘，因任何孵化机，上、下、左、右存在温差是难免的。整批蛋照完后对被照出的蛋进行一次复查，防止误判。同时，检查是否有遗漏该照的蛋盘。最后，记录无精蛋、死精蛋及破损蛋数，计算出种蛋的受精率和头照的死胚率。

孵化过程中的照蛋有2～3次，第1次在6天，为头照。第2次在落盘前，即第20～22天，为二照。在13～14天要抽查部分蛋盘，观察胚胎的发育情况，叫抽验。生产中，往往头照是必不可少的，二照和抽验也是必要的，但一般仅抽照一部分胚蛋。抽验的目的是"看胎施温"，二照的目的是决定落盘时间。

（6）落盘　落盘是把胚蛋从孵化器的孵化盘移到出雏器的出雏盘的过程。孵化鸭蛋的落盘时间一般在第26天。具体落盘时间应根据二照的结果来确定，当观察到鸭胚中有1‰开始出现啄壳，即可落盘。落盘前要提高室温，操作时动作要轻、快、稳。落盘方法有两种：一种是将胚蛋从孵化盘捡到出雏网盘内，把蛋横放，不要重叠；另一种是扣盘（把出雏盘扣在孵化盘上，同时向一个方向反转，就把一孵化盘的胚蛋加入出雏盘内）。落盘后，最上层的出雏盘要加盖网罩，以防雏鸭出壳后窜出。对于分批孵化的种蛋，落盘时不要混淆不同批次的种蛋。落盘前，要调好出雏器的温、湿度及进、排气孔。出雏器的环境要求是高湿、适温、通风好、黑暗、安静。

（7）出雏与记录　胚胎发育正常的情况下，落盘时即开始有破壳鸭，孵化的第 27 天陆续开始出雏，27 天半出雏进入高峰，28 天出雏全部结束。在成批出雏后，一般每隔 4 小时拣雏 1 次。为节省劳力，可以在出雏 $30\%\sim40\%$ 时拣第 1 次雏，出雏 $60\%\sim70\%$ 时拣第 2 次雏，最后再拣 1 次即可。也有等全部出雏后一次性拣雏的。拣雏时要手脚要轻、快，尽量避免碰破胚蛋。为缩短出雏时间，可将绒毛已干、脐部收缩良好的雏迅速拣出，再将空蛋壳拣出，以防蛋壳套在其他胚蛋上引起闷死。对于脐部突出呈鲜红光亮，绒毛未干的弱雏应暂时留在出雏盘内待下次再拣。到出雏后期，应将已破壳的胚蛋并盘。在出雏后期，可把内膜已枯黄或外露绒毛已干，雏在壳内无力挣扎的胚蛋轻轻剥开，分开粘连的壳膜，把头轻轻拉出壳外，令其自己挣扎破壳。若发现壳膜发白或有红的血管，应立即停止人工助产。

每次孵化应将入孵日期、品种、种蛋数量与来源、照蛋情况记录表内，出雏后，统计出雏数、健雏数、死胎蛋数，并计算种蛋的孵化率、健雏率。及时总结孵化的效果。

（8）清扫消毒　出雏结束后，抽出出雏盘、水盘，捡出蛋壳，彻底打扫出雏器内的绒毛、污物和碎蛋壳，再用蘸有消毒水的抹布或拖把对出雏器底板、四壁清洗消毒。出雏盘、水盘洗净，消毒，晒干，干湿球温度计的湿球纱布及湿度计的水槽要彻底清洗，纱布最好更换。全部打扫、清洗彻底后，再把出雏用具全部放入出雏器内，熏蒸消毒备用。

3. 应急预案和措施

孵化过程中最怕的是突然停电，所以事先一定要做好应急预案和应对措施。孵化厂最好自备发电机，遇到停电立刻发电。并与电业部门保持联系，以便及时得到通知，做好停电前的准备工作。没有条件安装发电机的孵化厂，遇到停电的有效办法是提高孵化出雏室的温度。停电后采取何种措施取决于停电时间的长短和胚蛋的胚龄及孵化、出雏室温度的高低。原则是胚蛋处于孵化前期以保温为主，后期以散热为主。若停电时间较长，将室温尽可能升到33℃以上，敞开机门，半小时翻蛋1次。若停电时间不超过1天，将室温升至27～30℃，胚龄在10天前不必打开机门，可每小时翻蛋1次。胚龄处于孵化中后期或在出雏期间，要防止胚胎自温超温，热量扩散不掉而烧死胚胎，所以要打开机门，上、下蛋盘对调。若停电时间不长，冬季只需提升室温，若是夏季不必加温。

六、雏鸭的管理

（一）雏鸭的分级

孵化后应根据雏鸭体质强弱进行分级、分拣。孵化总会有一些弱雏和畸形雏，孵化成绩愈差，弱雏和畸形雏愈多。雏鸭经性别鉴定后，即可按体质强弱进行分级，将畸形雏（如弯头、弯趾、跛足、关节肿胀、瞎眼、顶脐、大肚、残翅等）予以淘汰，弱雏单独饲养。这样，可使雏鸭发育均匀，减少疾病感染机会，提高育雏率。健雏与弱雏的挑选可参考表3-3。

表3-3　鸭的健雏与弱雏

项目	健雏	弱雏
出壳时间	正常出壳时间	过早或最后出壳
绒毛	绒毛整洁,长短适合,色素鲜浓	蓬乱污秽,缺乏光泽,绒毛短缺
体重	体态匀称,大小均匀	大小不一,过重或过轻
脐部	愈合良好,干燥,其上覆盖绒毛	愈合不好,脐孔大,触摸有硬块,有黏液,或卵黄囊外露,脐部裸露
腹部	大小合适,柔软	特别膨大
精神	活泼,腿干结实,反应快	痴呆,闭目,站立不稳,反应迟钝
鸣声	响亮而清脆	嘶哑或鸣叫不休
感触	有膘,饱满,挣扎有力	瘦弱,松软,无力挣扎

（二）雌雄鉴别

肉用型商品肉鸭经雌雄鉴别后，可以将公、母鸭分群饲养。公鸭可按营养要求给料，促进快速肥育，缩短饲养期；蛋用型鸭，出雏后须拣出公雏另行处理，可节约育雏的房舍、设备和饲料；种鸭必须雌雄鉴别，以便在出售时可以按性别比配套销售。因此，现代养鸭业非常重视鉴别雌雄。

雏鸭性别的鉴别主要有翻肛鉴别法和捏肛鉴别法。另外，我国民间总结了一些根据体形、鼻孔位置、额毛形状和位置、鸣管大小等外貌鉴别法和据雏鸭腰部被按压时的反应进行性别鉴定，但翻肛和捏肛鉴别法快捷、准确、适用。

1. 翻肛鉴别法

雏公鸭有螺旋形阴茎，在泄殖腔开口部下端中央有一个很小的突起，称为生殖突起。在生殖突起的两旁各有一个皱襞，斜向内呈八字形，称为八字皱襞。生殖突起和八字皱襞构成生殖隆起。公雏泄殖腔开口部可见生殖突起，生殖突起充实，长1～2毫米，像芝麻，表面紧张，有弹性，有光泽，轮廓鲜明，手指压迫不易变形；母雏泄殖腔开口部一般无生殖突起，有残留生殖突起者，多呈萎缩状，突起柔软，无弹性，无光泽，手指压迫易变形。翻肛时以左手提鸭，中指与无名指夹住雏鸭的两只脚，使鸭头朝下，以食指压住雏鸭背腰部，拇指压住腹部尾端，右手的拇指、食指即翻开肛门及泄殖腔。如有芝麻大小、树立的小突起阴茎则是公鸭，若只是皱劈而无小突起就是母鸭。

2. 捏肛鉴别法

此法是所有雌雄鉴别法中速度最快、准确率很高的鉴别法。雏鸭出壳干毛后即可进行。捏肛者，左手拇指、食指在雏鸭的颈前分开，托住雏鸭。右手拇指、食指将肛门两侧捏住，上下或前后稍一揉搓，就有时会感到有芝麻粒大的小突起，尖端可以滑动，根端固定，即是阴茎。若肛门边有干粪，则往往粗糙，揉搓时不滑动；有稀粪，则一摸就泻出。不管怎么揉搓，母鸭也只有肛门口和泄殖腔肌肉随拇指、食指的揉搓而柔和、平滑地摩擦，没有突起阻手的

现代养鸭关键技术精解

感觉。

3. 鸣管法

在鸭颈基部两锁骨内，气管分叉处有球状软骨，称为鸣管，是鸭的发声器官。公鸭的鸣管较大，直径有 3～4 毫米，横圆柱形，稍偏于左侧。母雏鸭的鸣管较小，仅在气管的分叉处。触摸时，左手大拇指和食指抬起鸭头部，右手从腹部握住雏鸭，食指触摸颈的基部，如有直径 3～4 毫米大的小突起，则为公雏鸭。

（三）初生雏鸭的运输

雏鸭经雌雄鉴别、分级装箱后，应尽快运到客户、场家育雏舍（最好在出壳后 24 小时内运到）。如果是远距离运输，时间不宜超过 48 小时，以避免中途死亡。远距离可用飞机航运。

装雏最好选用专用的雏鸭箱，如长 60 厘米、宽 45 厘米、高 18 厘米的厚瓦楞纸箱，或塑料箱，箱的四周和上壁均有通气孔，内分为四格，底垫纸屑，每格可容 25 只雏鸭，每箱 100 只。也可利用废弃商品纸箱或木箱代替，但箱内应设置分隔和通气孔。

运雏最好用备有空调设备的专用运输车，运输前要提前做好清洗消毒；装箱要平稳、牢靠，不能倾斜，不能排列过紧，留好通气孔道。如用无空调的专用车辆时，早春运雏要携带御寒的棉被，夏季要携带防雨工具，谨防雨淋，并尽可能在早晚凉爽时行车。运输雏鸭的基本要求是迅速及时、安全舒适，并注意卫生。

无论何时运雏，途中都要不断检查，发现过冷、过热或通风不良时，应及时采取措施。内河航运方便的地区，如时间允许，则以船运比较安全。雏鸭运到目的地后，应放在育雏室休息 1～2 小时，再开食饮水。

第四章　鸭的营养与饲料

第一节　鸭的营养需要

鸭具有生长发育快、代谢旺盛、体温高、产蛋多、易肥育、单位体重产品率高等特点。熟悉、了解鸭的营养需要和常用饲料特性，并根据鸭不同阶段的生长发育特点和生活习性，科学配合日粮，是鸭饲养管理工作的核心工作。满足鸭正常生长发育所需的营养物质有几十种，任何一种营养物质的不足或缺乏都可能影响鸭生长或导致鸭生病。鸭的营养需要具体包括能量、蛋白质、维生素、矿物质和水分。

一、能量

（一）能量的功能与代谢

能量是评价饲料的重要指标，鸭正常的生长发育离不开能量的供应，鸭要不断地从外界吸收能量，以维持机体的各项机能和体内各种物质的合成与代谢。鸭的能量主要从饲料中获得，它采食饲料主要是为了满足对能量的需要。鸭采食的能量并不全部用于生长，其中有一部分能量随粪尿等排出而没有被利用，而另有少部分由于体内代谢被消耗掉。

鸭的采食量主要与饲料的能量浓度有关，在一定能量范围内，鸭可通过调节采食量来控制能量的摄入量。当日粮能量浓度提高时，鸭采食量降低；当日粮能量浓度降低时，鸭的采食量提高。如果摄入的能量过多，多余的能量则以脂肪的形式在皮下或其他组织贮存起来，以备不时之需；如果摄入的能量不能满足需要，则首先动用贮备的脂肪来供能。如果仍不能满足需要，就需要动用体蛋白来供应能量。这时，鸭生长速度下降、机体消瘦，严重的可引起死亡。

（二）供能物质

鸭通过采食饲料来获得能量，饲料中主要有三种供能物质：碳水化合物、脂肪和蛋白质。其中碳水化合物是主要的供能物质，脂肪和蛋白质作为补充供能物质。

1. 碳水化合物

碳水化合物在鸭体内有非常重要的作用。一是构成体组织的必需成分，如五碳糖是细胞核酸的成分，半乳糖是神经组织的组成成分等；二是鸭体内的主要能量来源，鸭的各种机能活动、生长和代谢等所需的能量基本由碳水化合物来供应；三是形成体脂肪和糖原，起到保护内脏器官、维持体温以及改善肉质的作用；四是非必需氨基酸合成的原料。鸭体内可以合成多种非必需氨基酸，而非必需氨基酸合成时所需的碳链必须由碳水化合物来提供。

植物性饲料中，碳水化合物的含量十分丰富，它在植物性饲料干物质中的含量可达 70%～80%。碳水化合物分为无氮浸出物和粗纤维两大类。其中，无氮浸出物主要包括淀粉和糖，易被鸭消化利用，是主要的能量来源。谷物类饲料以及块根、块茎饲料中含量丰富。粗纤维又包括纤维素、半纤维素和木质素，难被鸭消化吸收，日粮中粗纤维含量过高影响其他营养物质的消化吸收。谷壳和秸秆中含量较多。国家饲料标准规定，0～8 周龄鸭日粮中粗纤维含量应在 6% 以下。日粮中的粗纤维并不全是有害的，适量的粗纤维对鸭也有好处，它可刺激肠道黏膜分泌，促进肠胃蠕动，有利于粪便排泄等。

2. 脂肪

脂肪也是鸭体的重要成分之一，脂肪在鸭体内的重要作用。一是构成体组织，鸭体内肌肉、皮肤、血液、神经、内脏器官等一切体组织都含有脂肪，所有细胞膜都是由蛋白质和脂肪按一定比例构成；二是供能，当体内能量不能满足需要时，就会动用体脂肪分解产生能量以满足需要；三是鸭体内某些物质的溶剂，例如脂溶性维生素和胡萝卜素，它们只有溶于脂肪中才能进行运输，当脂肪缺乏时就不能很好地吸收利用；四是保护作用，贮存在皮下、肌肉、肠系膜、肾脏周围的脂肪起到保护内脏器官、防止体热散发的作用；五是鸭必需脂肪酸的来源，油脂中含有一种不饱和脂肪酸，叫亚油酸，鸭体内不能合成，亚油酸是鸭生长发育中不可缺少的营养素，必须通过油脂来提供，不饱和脂肪酸缺乏时，表现为雏鸭生长缓慢、易患呼吸道疾病和脂肪肝、种鸭的产蛋量下降、孵化率降低等。

在鸭的日粮中添加适量油脂很有必要，既可以提高鸭的生长速度，又可以提高饲料的利用率，改善饲料的适口性，增加鸭的采食量，还可以减少饲料加工中的粉尘。由于目前国内油脂价格较高，在鸭饲料中添加还要量力而行。

二、蛋白质

蛋白质是生命物质的基础，是构成鸭体肌肉、血液、皮肤、羽毛、激素和抗体的基本成分，构成蛋白质的基本单位是氨基酸。鸭对蛋白质的需要实质上是对组成蛋白质的各种氨基酸的需要。现已知组成世界上千万种蛋白质的氨基酸有 20 种。这 20 种氨基酸从营养学角度分为必需氨基酸和非必需氨基酸两大类。

（一）必需氨基酸

是指在鸭体内不能自身合成，必须通过饲料提供的氨基酸。据研究，鸭的必需氨基酸有 13 种，它们分别是：蛋氨酸、赖氨酸、色氨酸、苏氨酸、缬氨酸、亮氨酸、异亮氨酸、苯丙氨酸、组氨酸、精氨酸、甘氨酸、酪氨酸和胱氨酸。其中，蛋氨酸可转化为胱氨酸，苯丙氨酸可转化为酪氨酸。饲料配合时应注意保持饲料中胱氨酸充足，避免通过蛋氨酸转化为胱氨酸，使蛋氨酸添加量和饲料成本增大。

1. 限制性氨基酸

限制性氨基酸是指一定饲料或饲粮中所含必需氨基酸的量与动物所需的蛋白质必需氨基酸的量相比，比值偏低的氨基酸。由于这些氨基酸的不足限制了动物对其他必需和非必需氨基酸的利用。其中，比值最低的称第一限制性氨基酸，以后依次为第二、第三、第四……限制性氨基酸。以饲粮所含可消化（可利用）氨基酸的量与动物可消化（可利用）的氨基酸的需要量相比，确定的限制性氨基酸的顺序更准确，与生长实验的结果也更接近。在生产实践中，饲料或饲粮限制性氨基酸的顺序可指导饲粮氨基酸的平衡和合成氨基酸的添加。对玉米-豆粕型日粮而言，蛋氨酸和赖氨酸分别为第一和第二限制性氨基酸，如果含量不足或缺乏，就会严重影响其他氨基酸和蛋白质的利用率，在生产中应注意添加。

2. 必需氨基酸的相互关系

必需氨基酸间存在相互拮抗作用，如赖氨酸-精氨酸、苏氨酸-色氨酸、亮氨酸-缬氨酸间均存在相互拮抗作用，如果其中一种氨基酸水平提高过大，就会导致另一种氨基酸缺乏加剧或需要量显著增大。比如说，饲料中亮氨酸已能满足需要，而缬氨酸不能满足需要。如果再加大亮氨酸水平，则缬氨酸缺乏就进一步加剧，在日粮配合时应注意避免这一现象。

（二）非必需氨基酸

指鸭体内可以合成或由其他氨基酸转化而得到，不一定非从饲料中获得不可的氨基酸。这类氨基酸包括谷氨酸、丙氨酸、甘氨酸、天冬氨酸、胱氨酸、脯氨酸、丝氨酸和酪氨酸等。有些非必需氨基酸在鸭体内可由必需氨基酸转化而来。如果日粮中非必需氨基酸不足，就需要动用必需氨基酸进行合成，这个在生产上不经济。在配制日粮时，要保持必需氨基酸和非必需氨基酸的适当比例。

第四章 鸭的营养与饲料

（三）蛋白质与氨基酸的消化率

鸭所需的蛋白质和氨基酸主要来源于饲料，不同饲料的蛋白质和氨基酸的含量不同。过去在饲料生产中，我们只注意到饲料蛋白质和氨基酸的含量与组成，而忽视了一个十分重要的指标，那就是饲料蛋白质和氨基酸的消化率。饲料种类不同，蛋白质和氨基酸的消化率就不相同。收割季节和加工方法等不同，一种饲料的蛋白质和氨基酸的消化率也相差很大。如果蛋白质和氨基酸不能被鸭消化，饲料中含量再高也不能利用。如血粉和羽毛粉中蛋白质含量均高于80%，但消化率都很低，均不超过50%，说明血粉和羽毛粉中的蛋白质多半是不能被鸭利用的。氨基酸也是如此，机榨棉籽饼的赖氨酸含量约为1.56%，但由于机榨过程中的高温高压使赖氨酸被破坏，赖氨酸的消化率通常只有70%～75%，表明1.56%的赖氨酸中只有1.09%～1.16%的赖氨酸可被利用。如果以1.56%的赖氨酸含量配合日粮势必会导致赖氨酸缺乏。所以，在日粮配合时，应考虑到饲料蛋白质和氨基酸的消化率。

（四）理想蛋白质和理想氨基酸模式

鸭体内的氨基酸组成比较稳定，它在生长时对各种氨基酸的需要也有一定比例。如果我们提供的日粮中氨基酸的组成与鸭生长所需要的氨基酸比例相同时，鸭能最大限度地利用日粮蛋白质，现在人们把这种蛋白质称为"理想蛋白质"，理想蛋白质的氨基酸组成称为"理想氨基酸模式"。如果给鸭提供的日粮中氨基酸的比例越接近理想蛋白质或理想氨基酸模式，蛋白质的利用率越高，鸭生长也越快，日粮氨基酸的比例与理想蛋白质或理想氨基酸模式相差越大，蛋白质的利用率越低，鸭生长越缓慢。根据上述观点，无论饲料蛋白质水平的高低，只要蛋白质中各氨基酸的比例与理想氨基酸模式相同，这种蛋白质就是理想蛋白质。

（五）能量蛋白比

能量蛋白比是指日粮中能量浓度与蛋白质浓度的比值，通常用

"焦耳能量/克蛋白质"来表示。由于鸭的采食量是由日粮能量浓度决定的,日粮能量浓度的变化会影响鸭的采食量,进而影响蛋白质的摄入量。如果提高日粮能量而不改变蛋白质浓度,由于鸭采食量降低,蛋白质的摄入量相应减少,势必影响鸭生长。在日粮配合时应注意保持能量、蛋白的适当比例。

三、维生素

维生素是维持身体健康所必需的一类微量有机物,它的种类很多,化学结构各不相同,大多数是某些酶的辅酶(或辅基)的组成成分。这类物质在体内既不是构成机体组织的原料,也不是能量的来源,而是一类调节物质,是调节和控制鸭体正常代谢的重要营养物质,在物质代谢中起重要作用。鸭对维生素的需要量十分微量,但作用很大。如果维生素不能满足鸭需要,就会造成鸭的代谢紊乱,产生疾病甚至死亡。维生素根据其特性可分为脂溶性维生素和水溶性维生素两大类。其中,脂溶性维生素包括维生素 A、维生素 D、维生素 E、维生素 K 四种;水溶性维生素包括 B 族维生素和维生素 C。

(一)脂溶性维生素

可在鸭体内贮存,短期内供应不足对鸭健康无不良影响,长期过量供给可能有害。

1. 维生素 A

是一种环状不饱和一元醇,为淡黄色晶体。已知维生素 A 有维生素 A_1 和维生素 A_2 两种,维生素 A_1 存在于动物肝脏、血液和眼球的视网膜中,又称为视黄醇,天然维生素 A 主要以此形式存在。维生素 A_2 主要存在于淡水鱼的肝脏中。维生素 A 的前体物质又叫维生素 A 原或类胡萝卜素,它们本身没有活性,在动物体内可转化为有活性的维生素 A。维生素 A 很不稳定,遇热容易氧化,在饲料加工或贮存中易被破坏,鸭饲料中通常需要添加。黄玉米、苜蓿粉、青绿饲料以及鱼肝中,维生素 A 的含量丰富。维生素 A 是以国际单位（IU）来表示的。

维生素 A 是鸭机体必需的一种营养素，它以不同方式几乎影响机体的一切组织细胞。维生素 A 可维持机体上皮组织的正常功能，保持消化道、呼吸道、生殖器官等器官黏膜的健康与完整；参与视网膜中感光物质视紫质的合成，维护正常视力；参与骨骼的生长发育，维持繁殖机能和神经系统的正常机能；加强免疫能力，维生素 A 有助于维持免疫系统功能正常，能加强对传染病特别是呼吸道感染及寄生虫感染的身体抵抗力。

维生素 A 缺乏时，鸭生长缓慢，抗病力减弱，种鸭的产蛋率和孵化率降低。

2. 维生素 D

属类固醇衍生物，有维生素 D_2 和维生素 D_3 之分，维生素 D_3 对鸭的营养作用是维生素 D_2 的 50 倍。维生素 D_3 是由皮肤中的 7-脱氢胆固醇经紫外线照射转化而成。维生素 D 以维生素 D_3 进行度量，用国际单位（IU）表示，有时也写作国际雏鸡单位（ICU）。1IU＝1ICU＝0.25 微克结晶维生素 D_3。

维生素 D 可促进钙和磷从肠道的吸收，促进骨骼的生长发育。雏鸭缺乏维生素 D 就会发生佝偻病，生长停滞和严重的腿疾。成鸭则出现骨质疏松、骨骼变形、两腿无力等症状。

鸭对维生素 D 的需要主要取决于钙、磷的比例。钙磷的最适比例通常是 2 份钙比 1 份可利用磷。日粮钙磷比例大于或小于这一最适比例，维生素 D 的需要都将增大。如果选用利用率较低的磷用于饲料，维生素 D 的需要相应也将增大。

3. 维生素 E

维生素 E 是所有具有 α-生育酚活性的生育酚和生育三烯酚及其衍生物的总称，又名生育酚，是一组化学结构相近的酚类化合物。维生素 E 为微带黏性的淡黄色油状物，在无氧条件下较为稳定，甚至加热至 200℃ 以上也不被破坏。但在空气中维生素 E 极易被氧化，颜色变深。维生素 E 易于氧化，故能保护其他易被氧化的物质（如维生素 A 及不饱和脂肪酸等）不被破坏。其主要功能

现代养鸭关键技术精解

是作为抗氧化剂，防止易氧化物质尤其是维生素 A 和不饱和脂肪酸在饲料、消化道以及内源代谢中的氧化；维持肌肉的正常代谢，保持机体的正常繁殖机能。维生素 E 缺乏可导致生长迟缓、肌肉萎缩、繁殖机能下降。为防止维生素 E 的缺乏症所需的维生素 E 的数量，在很大程度上与微量元素硒的供给量有关。日粮中过氧化的脂肪及短链脂肪酸等含量增加，维生素 E 缺乏的可能性增大。

4. 维生素 K

由于它具有促进凝血的功能，故又称凝血维生素。常见的有维生素 K_1 和维生素 K_2。维生素 K_1 是由植物合成的，如苜蓿、菠菜等绿叶植物；维生素 K_2 则由微生物合成，现代维生素 K 已能人工合成，如维生素 K_3，为临床所常用。主要功能是维持凝血正常。缺乏时鸭易发生内出血、皮下出现紫斑、外伤出血不止或凝血时间延长。通常鸭不易缺乏维生素 K。

（二）水溶性维生素

很少或几乎不在鸭体内贮存，短时间的缺乏或不足就可导致鸭体内某些酶的活性降低，从而阻碍体内代谢过程，影响鸭的生长发育。

1. 维生素 B_1

又称硫胺素抗脚气病维生素或抗神经炎素。在碱性溶液中加热极易被破坏，是许多酶的辅酶，参与体内碳水化合物的代谢。维生素 B_1 缺乏时，易造成神经系统、消化系统和血液循环的机能障碍，鸭腿、颈等发生痉挛，头向后弯曲呈"观星状"瘫痪，卧地不起等。生鱼和软体动物内脏含有硫胺素酶，它可使维生素 B_1 失去活性，从而导致维生素 B_1 缺乏，所以不能生喂。

2. 维生素 B_2

又称核黄素，是构成黄腺嘌呤二核苷酸的重要成分。维生素 B_2 与能量的产生直接有关，促进生长发育和细胞的再生，增进视力，参与蛋白质和碳水化合物的代谢，对机体内氧化、还原、细胞调节以及呼吸有重要作用。鸭缺乏维生素 B_2 时表现为生长迟缓，食欲不振，严重时会导致鸭跗关节触地。

3. 维生素 B_3

又称烟酸或维生素 PP，耐热，能升华。烟酸是少数存在于饲料中相对稳定的维生素。缺乏时，雏鸭生长缓慢，羽毛粗糙，出现皮炎、口痂和眼黏性分泌物、腹泻等症状。

4. 维生素 B_5

又称泛酸、遍多酸。多存在于酵母、谷物、动物肝脏、蔬菜。维生素 B_5 为体内脂肪、碳水化合物和蛋白质代谢所必需。鸭缺乏时表现为食欲减退，羽毛松乱，生长迟缓。有时出现腿骨弯曲等症状。

5. 维生素 B_6

又称吡哆醇，是氨基酸脱羧酶和转氨酶的辅酶成分，参与蛋白质的代谢。鸭缺乏维生素 B_6 时表现为食欲不振，生长缓慢，羽毛粗糙，神经系统紊乱，繁殖机能降低。

6. 维生素 B_7

维生素 B_7（也称为生物素）是 B 族维生素的一部分。参与蛋白质和脂肪代谢。缺乏时鸭易出现皮炎、骨骼畸形、运动失调、生长缓慢等症状。

7. 维生素 B_9

又称叶酸，在细胞中有多种辅酶形式，负责单碳代谢利用，用于合成嘌呤和胸腺嘧啶，细胞增生时作为 DNA 复制的原料，提供甲基使半胱氨酸合成甲硫氨酸，协助多种氨基酸之间的转换；与维生素 B_{12} 共同参与核酸代谢和核蛋白的形成，能促进正常红细胞生成，防止恶性贫血。雏鸭缺乏叶酸时生长迟缓，羽毛生长不良，出现贫血、骨短粗等症状。

8. 维生素 B_{12}

又称抗贫血维生素，含有 4.5% 的金属钴。参与核酸合成和脂肪、碳水化合物的代谢，有促进生长和防止贫血的作用。缺乏时表现为生长迟缓、贫血等症状。

9. 胆碱

是卵磷脂的组成成分，参与脂肪代谢。鸭缺乏胆碱时生长缓

现代养鸭关键技术精解

慢，出现脂肪肝。如果同时缺钙，则易出现滑腱症。

10. 维生素 C

又称抗坏血酸，参与细胞间质的形成和物质代谢，能促进肠道内铁的吸收，有利于治疗贫血。鸭体内可以合成，一般不缺乏。但当鸭处于高温、生理紧张等应激状态时，维生素 C 的需要量增加，适当添加有助于提高鸭对逆境的抵抗力。

四、矿物质

矿物质是动物体内无机物的总称，是鸭正常生长发育等生命活动中不可缺少的元素。矿物质占鸭体重的 3％～5％，主要功能是构成骨骼、维持体内渗透压和酸碱平衡，此外，体内氧的运输、酶的激活、正常体温的维持等都离不开矿物质。

根据矿物质元素在鸭体内的含量可分为常量元素（占体重的 0.01％以上）和微量元素（占体重的 0.01％以下）两大类。常量元素有钙、磷、钠、镁、氯、钾、硫等；微量元素有铜、铁、锰、锌、碘、硒、钴等。

（一）常量元素

1. 钙

钙是构成骨骼的主要成分，99％的钙沉积在鸭的骨骼中，1％分布在细胞和体液中，对维持神经和肌肉的正常功能及凝血有重要作用。雏鸭缺钙可引起佝偻病、生长迟缓、采食量下降、肌肉痉挛抽搐甚至死亡。

2. 磷

磷也是构成骨骼的主要成分，在能量代谢、神经组织代谢、维持体内酸碱平衡以及脂肪酸等运输方面起重要作用。鸭体内 85％的磷存在于骨骼中，其余部分构成软组织，少量存在于体液中。鸭磷缺乏时很快导致食欲减退、生长停滞，有时出现佝偻病。

影响钙、磷吸收和利用的因素如下。

（1）钙磷比例　钙和磷的吸收利用相互影响，其中任何一种不足或过量均可影响另一种的吸收利用。对生长鸭而言，日粮钙与有效磷的比例以（1.5～2）：1较为适宜。

（2）草酸　植物性饲料中的草酸可与钙结合生成鸭不能利用的草酸钙，绿色草类饲料中含有大量的草酸，应注意其在日粮中的用量。

（3）铁、镁、铝　日粮中铁、镁和铝含量过量时，可与磷结合生成不溶性磷酸盐，从而降低磷的利用率。

（4）饲料中植酸和植酸盐含量　饲料中的植酸可与磷结合生成不溶解的植酸磷。谷实类与糠麸类等植物性饲料中有 2/3 的磷是不能利用的植酸磷，在日粮配方计算时应注意扣除该部分。

3. 钠、钾、氯

钠和钾主要存在于鸭的血液和体液中，其中钠主要分布在细胞外液，钾主要分布在细胞内液，两者的主要功能是维持渗透压、调节体内电解质和酸碱平衡。氯是胃液的主要成分。鸭缺乏钠和氯将会导致食欲减退，饲料利用率降低，有时可能出现啄羽等症状，严重者可导致死亡。钠和氯主要以食盐的形式补充，鸭对食盐较敏感，过量可引起中毒。我国现行饲料工业标准对有关饲料产品质量标准中的食盐含量规定如下：生长鸭、产蛋鸭、肉用仔鸭等的配合饲料和肉用仔鹅精料补充料均为 0.30％～0.80％。

4. 镁

70％的镁分布于鸭骨骼中，部分分布在软组织细胞中，少量存在于细胞外液。主要功能是构成骨骼和牙齿，对体内酶起激活作用。鸭缺乏镁时生长迟缓、昏睡，尤其是在受惊吓时会出现短时的昏迷，有时可能出现震颤、肌肉痉挛等症状。

（二）微量元素

1. 铁与铜

铁主要存在于血红蛋白中，是各种氧化酶的组成成分，参与血液中氧的运输和细胞生物氧化。铁缺乏时，会产生缺铁性贫血，血液中血红蛋白含量减少，雏鸭生长受阻；铁过量时，则鸭的食欲会下降，影响肉鸭生长，铁过量还会降低磷的吸收，导致佝偻病的发生。铜是一些酶的组分，参与多种酶的活动，铜可以促进铁的吸

现代养鸭关键技术精解

收，当铜缺乏时可导致铁的吸收率降低，引起贫血和生长迟缓，铜缺乏时还可引起钙、磷沉积下降，导致雏鸭出现骨质疏松症。

2. 硒

硒是谷胱甘肽抗氧化物酶的组成成分，硒与维生素 E 相互依赖，充足的硒供应可以节省维生素 E，但是不能完全代替维生素 E，同时充足的维生素 E 可以降低硒的需要。饲料中缺硒时，会导致鸭出现贫血、水肿、肝坏死、肌肉萎缩、心脏与骨骼肌溃疡等症状。注意，硒是剧毒物质，过量使用可引起鸭中毒，导致生长受阻或死亡。在饲料中添加硒应特别注意拌匀。

3. 锌

锌是多种酶的辅酶，与骨骼、羽毛等的生长发育有关，雏鸭缺锌时表现为：食欲减退，生长缓慢，踝关节肿大，羽毛生长不良，饲料利用率降低等。日粮中过量的钙和植酸都会影响锌的吸收。

4. 碘

碘是甲状腺素的组成成分。缺碘时，鸭甲状腺肿大，甲状腺功能亢进，生长速度减慢，体重下降。

5. 锰

主要存在于骨骼中，为骨中发育所必需。饲料中缺锰，鸭骨骼发育受阻，易患脱腱症，表现为骨畸形，关节肿大，腱脱落和长骨变粗。饲料中钙、磷过量可加剧锰的缺乏，因为钙与磷过量使得小肠对锰的吸收率降低。

五、水分

水是生命之源，是鸭体内各种组织、器官的重要组成部分，是维持鸭正常生长发育所必需的营养物质。缺水时，鸭生长速度下降，饲料转化率降低，严重时可导致鸭机体代谢紊乱，自体中毒或死亡。水在鸭体内主要有四个方面的功能。一是构成鸭体的重要组成。据测定，鸭体内水分含量在 60% 左右，其中肌肉含水达 70%～80%，血液含水在 90% 以上，骨骼含水也高达 50% 左右，通常鸭失水 20% 即可引起死亡。二是各种营养物质输送和代谢的媒介。在鸭体内，各种营养物质的输送以及代谢废物的排出都需要借助水来完成，而营养物质在体内的代谢也需要在水环境下进行。三是维持体内正常的渗透压和酸碱平衡。四是调节体温，维持体温稳定。水还有维持鸭体正常形态、润滑鸭体组织和器官等重要作用。因此，在饲养过程中，应重视鸭的饮水供应，一般来讲，鸭的饮水量是采食量的2～3倍，气候炎热时可达4～5倍，而且鸭若受到病菌的侵害，首先表现为饮水量减少，其次才是采食量减少，因此生产中要特别注意饮水量的变化。

第二节　鸭的常用饲料

鸭的饲料种类很多，常用的饲料有能量饲料、蛋白质饲料、矿物质饲料、维生素饲料及添加剂等。

一、能量饲料

能量饲料是指在绝对干物质中粗纤维<18%、粗蛋白<20%的饲料，一般干物质中消化能高于12.55兆焦/千克的为高能量饲料，低于12.55兆焦/千克的为低能量饲料，能量饲料主要包括谷实类、糠麸类、块根、块茎、瓜果类和其他类（油脂、糖蜜、乳清粉等）。这类饲料是鸭日粮中用量最多的，为鸭体能量的主要来源。

（一）谷实类

谷实类饲料基本上都属于禾本科植物成熟的种子，如玉米、稻谷、大麦、小麦及其加工产品。

1. 营养特点

（1）富含无氮浸出物　无氮浸出物约占干物质的71.6%～80.3%，而且其中主要是淀粉，占无氮浸出物的82%～92%，消化率很高。

（2）粗纤维含量低　玉米、高粱、小麦的粗纤维含量在5%以内，燕麦、带壳大麦、稻谷的粗纤维含量在10%左右。

（3）蛋白质含量低、品质较差　粗蛋白约为10%左右，且品质不佳，氨基酸组成不平衡，赖氨酸和蛋氨酸较少，尤其是玉米中含色氨酸低，麦类中苏氨酸含量低。

（4）脂肪含量少　玉米、高粱含脂肪 3.5% 左右，且以不饱和脂肪酸为主，亚油酸和亚麻酸的比例较高；其他谷实饲料含脂肪少。

（5）矿物质中钙、磷比例极不合理　谷实饲料钙的含量在 0.2% 以下，而磷的含量在 0.31%～0.45%。这样的钙、磷比例对任何家禽都是不适宜的。但磷为植酸磷，单喂动物对其利用率低。

（6）维生素含量低　其中黄色玉米含胡萝卜素较为丰富，其他谷实饲料中含量极微；谷实饲料富含维生素 B_1 和维生素 E，但维生素 B_2、维生素 C 和维生素 D 的含量少。

2. 主要的谷实类饲料

（1）玉米　玉米的有效能值高（代谢能达 13.39 兆焦/千克），号称能量之王，玉米含无氮浸出物 74%～80%，以易消化的淀粉为主，其消化率达到 90% 以上，是鸭的优质饲料。但玉米中粗蛋白含量低，只有 7.2%～8.9%，且赖氨酸、蛋氨酸、色氨酸、胱氨酸较缺乏，蛋白质的品质较差。玉米含脂肪较高，含胡萝卜素较为丰富；矿物质钙含量很低。目前已培养出高赖氨酸玉米品种，黄色玉米与白色玉米比较，前者胡萝卜素和叶黄素含量丰富，喂黄色玉米的鸭其皮肤、喙、脚和蛋黄呈现黄色，其着色效果较好。玉米中矿物质含量较少，含钙极少，铁、铜、锰、锌、硒等微量元素含量也较低，含维生素 A、维生素 E 较多，而缺乏维生素 D 和维生素 K，维生素 B_2 和烟酸也比较少。每 100 克玉米中含蛋白质 8.5 克，脂肪 4.3 克，淀粉 72.2 克，钙 22 毫克，磷 120 毫克，铁 1.6 毫克，还含有维生素 B_1、维生素 B_2、维生素 B_6、维生素 E、维生素 A 原、烟酸和微量元素硒、镁等，其胚芽含 52% 不饱和脂肪酸。

玉米的用量占日粮的 35%～65%，夏季饲养蛋鸭时，玉米的比例应适当减少，否则会使蛋鸭过于肥胖，影响产蛋量，特别是在动物性蛋白不足时，更易发生。玉米应磨碎或磨成粉状饲喂。注意，不应使用霉变的玉米作为饲料来源。玉米容易产生黄曲霉，对鸭危害极大。

（2）小麦　小麦所含的能量与玉米相近，富含淀粉、蛋白质（10％～12％）、脂肪、矿物质、钙、铁、硫胺素、核黄素、烟酸及维生素 A 等，且氨基酸比其他谷实类完全，B 族维生素丰富，易消化，缺点是维生素 A、维生素 D 和矿物质含量较少、黏性大。一般用量占日粮的 10％～30％。

土面是面粉厂小麦加工的副产品，里面含一部分尘土，是填鸭最好的饲料之一。用量可占日粮的 15％～20％。

（3）大麦、燕麦　大麦、燕麦的能量较小麦低，B 族维生素含量丰富，粗蛋白含量比玉米高。大麦发芽后，可提高消化率，增加核黄素的含量，适于在配种季节喂饲。一般用量占日粮的10％～20％。

麦秕即未成熟的小麦，籽粒不充实，比小麦的蛋白质含量高，价格便宜，用量可占日粮的 10％～30％。

（4）高粱　高粱主要养分含量：粗脂肪 3％、粗蛋白 8％～11％、粗纤维 2％～3％、淀粉 65％～70％。高粱蛋白质略高于玉米，但是品质不佳，缺乏赖氨酸和色氨酸，亮氨酸和缬氨酸的含量略高于玉米，而精氨酸的含量略低于玉米。其他各种氨基酸的含量与玉米大致相等。蛋白质消化率低，原因是高粱醇溶蛋白质的分子间交联较多，而且蛋白质与淀粉间存在很强的结合键，致使酶难以进入分解。钙、磷含量与玉米相当，磷 40％～70％，为植酸磷。维生素中维生素 B_1、维生素 B_6 含量与玉米相同，泛酸、烟酸、生物素含量多于玉米，但烟酸和生物素的利用率低。

现代养鸭关键技术精解

籽实中含有丹宁，也称鞣酸或丹宁酸。丹宁具有强烈的苦涩味，影响适口性，且对肠道有收敛作用，易引起便秘，高粱含钙少，饲喂时应与含钙多、且有轻泻作用的饲料如麦麸等搭配，且要粉碎、水浸或发芽。丹宁能与蛋白质和消化酶结合，影响蛋白质和氨基酸的利用率。用量可占日粮的 10％～15％。

（5）稻谷　稻谷的蛋白质含量一般为 8％～10％。稻谷的脂肪含量约为 2％，磷脂占稻谷全脂的 3％～12％。粗纤维含量高达9％，粗蛋白含量不及玉米，适宜磨成粉状喂饲，用量占日粮的

$20\%\sim30\%$。

糙米为去壳的稻谷，糙米碾磨成白米及筛出的碎玉米，粗纤维含量减少至1%左右，糙米、碎米对鸭的营养价值和玉米相近，在盛产稻谷的地区，可用糙米、碎米代替部分玉米，用量可占日粮的$30\%\sim50\%$。

（6）小米　中国古称稷或粟，中国北方通称谷子，小米易消化，适口性强，富含胡萝卜素，多用于幼雏作为开食料，用量可占日粮的$20\%\sim40\%$。

（二）糠麸类

糠麸类饲料是谷物的加工副产品，制米的副产品称为糠，制粉的副产品称作麸。糠麸类是鸭的重要能量饲料原料，主要有米糠、小麦麸、大麦麸、燕麦麸、玉米糠、高粱糠及谷糠等，其中以米糠与小麦麸占主要位置。

1. 糠麸类的营养特点

蛋白质含量为15%左右，比谷实类饲料（平均蛋白质含量10%）高$3\%\sim5\%$；B族维生素含量丰富，尤其是硫胺素、烟酸、胆碱和吡哆醇较多，维生素E含量也较多；物理结构疏松，含有适量的粗纤维和硫酸盐类，有轻泻作用；可作为载体、稀释剂和吸附剂；消化能或代谢能水平比较低，仅为谷实类饲料的一半；含钙量低，含磷量很高，磷多以植酸磷形式存在，但鸭对它的吸收利用率很差。

2. 主要的糠麸类饲料

（1）米糠　米糠的营养价值受大米精制加工程度的影响，精制程度越高，则米糠中混入的胚乳越多，其营养价值也就越高。米糠的粗蛋白质含量比麸皮低，但比玉米高，品质也比玉米好，赖氨酸含量高达0.55%。米糠的粗脂肪含量很高，可达15%，比同类饲料高得多，约为麦麸、玉米糠的3倍多，因而能值也位于糠麸类饲料之首。其所含脂肪酸多为不饱和脂肪酸，油酸和亚油酸占79.2%，脂肪中还含有$2\%\sim5\%$的天然维生素E。米糠除富含维生素E外，B族维生素含量也很高，但缺乏维生素A、维生素D、维生素 C。米糠粗灰分含量高，但钙磷比例极不平衡，磷含量高，但所含磷约有 86% 属植酸磷，利用率低且影响其他元素的吸收利用。此外，米糠中锰、钾、镁较多。米糠中含有胰蛋白酶抑制因子，加热可使其失活，否则采食过多易造成蛋白质消化不良。米糠中脂肪酶活性较高，长期贮存易引起脂肪变质。

（2）统糠　是稻谷加工的副产品，含较多的粗纤维，粗蛋白的含量低，难消化，营养价值低。在雏鸭及育肥鸭日粮中不应添加，中鸭及后备鸭日粮中用量宜低于 10%。

（3）精米糠　是糙米加工成白米时碾磨出来的，糠饼为脱脂米糠，其脂肪含量降低，蛋白质含量较高，可长期贮存。

（4）玉米糠　玉米糠是碾玉米后的副产品，含 B 族维生素丰富，因其中脂肪含量较多，易变质，不易久存。其粗纤维含量较多，在高产鸭和肉鸭日粮中不超过 15%～20%，停产鸭和后备鸭可适当增加。价格便宜，用量可占到日粮的 10%～30%。

（5）小麦麸　小麦麸俗称麸皮，是以小麦为原料加工面粉时的副产品。小麦籽实由种皮、胚乳和胚芽三部分组成，其中种皮占 14.5%，胚乳占 83%，胚芽占 2.5%。加工面粉的质量要求不同，出粉率也不一样，麸皮的质量相差也很大。如生产的面粉质量要求高，麸皮中来自胚乳糊粉层成分的比例就高，麸皮的质量也相应较高。反之，则麸皮的质量较低一般来讲，优质麸皮的代谢能可达 1.9 兆卡/千克，而质量差的麸皮代谢能仅为 1.5～1.7 兆卡/千克。

麸皮的消化能、代谢能较低，麸皮中 B 族维生素及维生素 E 的含量高，可以作为动物配合饲料中维生素的重要来源，因此，在配制饲料时，麸皮通常都作为一种重要原料。因质量轻、单位质量容积大，有轻泻作用，喂鸭时用量不宜过多。高产鸭和肉鸭用量应不超过 10%，停产鸭和后备鸭可适当增加。

（三）块根、块茎和瓜类

1. 块根、块茎和瓜类的营养特点

根茎瓜类容积大，水分含量高，可达 70%～90%，因而干物

质含量低，这一点与青饲料相似。水分含量高，使其他营养物质的含量降低，如鲜样中消化能含量只有 1.797～4.682 兆焦/千克。它们仍具备能量饲料的一些营养特点，如粗纤维含量较低，一般为0.4%～2.2%。蛋白质含量很低，一般为 0.5%～2.2%。无氮浸出物含量高，且多为易消化的淀粉或糖分，能值也较高，故应属于能量饲料。在国外，这类饲料有不少被制成干粉后用作能量饲料原。

2. 主要的块根、块茎和瓜类饲料

（1）马铃薯　含碳水化合物丰富，适口性好，易贮藏，可以代替日粮中 30% 的谷实类。马铃薯的幼芽及未成熟块茎中含有毒物质——龙葵素，喂前应将青绿部分及芽眼挖去。熟马铃薯毒性小，且营养价值高，冬天喂鸭可以刺激母鸭提前开产。

（2）甘薯粉　由甘薯块根经切片、晒干、粉碎而成，富含淀粉。粗纤维含量低，粗蛋白含量约为 3.8%，只可作为能量来源的一部分，且需搭配较高的蛋白质补充料。

（3）南瓜　南瓜含丰富的胡萝卜素，味甜，适口性好，营养价值高，可占日粮的 50%～60%，一般应煮熟后喂饲。

（4）胡萝卜　胡萝卜含丰富的淀粉和胡萝卜素，适口性好，红色的比黄色的营养价值高。用量可占日粮的 30%～50%，切碎后喂给。

（5）甜菜　甜菜为优良多汁饲料，易消化，一般可占日粮的20%～30%，喂时切碎，每次切好的要一次喂完，不然很快就会烂掉。

二、蛋白质饲料

蛋白质饲料是指自然含水率低于 45%，干物质中粗纤维低于18%，干物质中粗蛋白质含量达到或超过 20% 的饲料。这类饲料粗纤维含量低，有机物易消化，能值高。按照主要来源不同，蛋白质饲料可分为植物性蛋白质饲料、动物性蛋白质饲料、单细胞蛋白饲料和非蛋白氮饲料四大类，其中单细胞蛋白饲料正在试用推广阶段，非蛋白氮饲料在反刍动物牛、羊饲养中应用较普遍，鸭饲料中不能添加。

（一）植物性蛋白质饲料

植物性蛋白质饲料可分为三类，即豆科籽实、油料饼粕类和其他制造业的副产品。

1. 植物性蛋白质饲料的营养特点

蛋白质含量高、品质好，粗脂肪含量变化大，油料籽实在30%以上，粗纤维含量较低，矿物质含量与谷类籽实近似，钙少磷多，且主要为植酸磷，维生素中B族维生素较丰富，而维生素A、维生素D较缺乏。此类饲料大多含一些抗营养因子，经适当加工调制，可以提高其饲喂价值。

2. 主要的植物性蛋白质饲料

（1）大豆及其饼粕　大豆富含蛋白质，粗纤维少，4%左右，但蛋氨酸含量相对较少。适当的热处理可以破坏抗营养因子，提高蛋白质的利用率。热处理后，大豆的用量可占日粮的10%～20%。

豆饼、豆粕均系大豆榨油后的副产品，大豆类为养鸭优良的植物性蛋白质饲料，其品质接近于动物性蛋白，含赖氨酸较多，但蛋氨酸、胱氨酸含量不足，添加合成蛋氨酸后，可代替部分鱼粉。其用量可占日粮的10%～20%。

（2）蚕豆和豌豆　这两种豆类的蛋白质含量不如大豆，且粗纤维含量较高，喂前宜蒸煮或炒熟，用量可占日粮的6%～10%。

（3）菜籽饼（粕）　含较高的蛋白质，氨基酸组成较平衡，含硫氨酸较丰富，且精氨酸含量低，精氨酸与赖氨酸之间较平衡。但赖氨酸含量低。粗纤维含量高，影响其有效能值。微量元素中含铁较丰富，而其他元素含量较少。因含多种抗营养因子，适口性差，饲喂价值低于豆类，用量不宜超过日粮的5%，且用前必须经去毒处理。

（4）花生饼（粕）　营养价值与大豆饼基本相同，略有香甜味，适性极好。因含脂肪高，易变质，不宜久存。用量可占日粮的10%～20%。

（5）棉籽饼（粕） 含粗蛋白较高，粗纤维含量较高，粗脂肪含量较高，是维生素 E 和亚油酸的良好来源，但不利于贮存。其蛋白质中的氨基酸，精氨酸的含量高，但蛋氨酸、赖氨酸含量低，容易产生精氨酸与赖氨酸的拮抗作用，矿物质含量与大豆饼（粕）类似。含有抗营养因子棉酚等，加入 0.5% 硫酸亚铁，可减轻棉酚对鸭的毒害作用。棉籽饼粕的用量不宜超过日粮的 5%。

（6）葵花饼、葵花粕 脱壳后的葵花饼（粕）蛋白质含量高达 41%，与豆饼相当，但若壳脱不净，则粗纤维含量较高，有效能值低，属于低档蛋白质饼粕饲料，饲喂价值较低。

（7）芝麻饼 粗蛋白质含量达 40% 以上，蛋氨酸含量最高，色氨酸含量也较高。但赖氨酸含量低，精氨酸含量高，芝麻饼通常具有苦涩味，适口性差，用量不宜超过日粮的 5%，雏鸭应避免使用。将芝麻饼、棉籽饼和花生饼合用，按 15% 比例添加，效果较好。

（二）动物性蛋白质饲料

1. 动物性蛋白质饲料的营养特点

粗蛋白质含量高，在 40%～90%，氨基酸含量比较平衡，生物学价值较高，利用价值也较高；碳水化合物含量较少，一般不含粗纤维，消化率极高；粗脂含量变化大；矿物质含量较丰富，而且比较平衡，利用率也高，饲料中钙、磷含量都比植物性蛋白质饲料高，如鱼粉钙可达 5% 以上，磷可达 3.0% 以上；维生素含量比较丰富，特别是 B 族维生素含量都比较高，鱼粉中脂溶性维生素 A、维生素 D 含量也较高；一些动物蛋白中含有未知生长因子，有利于动物生长。

2. 主要的动物性蛋白质饲料

（1）鱼粉 是最好的蛋白质饲料之一。优质的鱼粉，蛋白质品质好，氨基酸含量高，比例平衡。

鱼粉是蛋白质、矿物质、部分微量元素和维生素的良好来源，新鲜鱼粉适口性好，因此其饲用价值比其他蛋白质饲料高，且鱼粉中含有未知因子，能促进动物生长。用鱼粉喂鸭，可使鸭增重快、产蛋多。由于鱼粉价格昂贵，用量受到限制，通常在日粮中含量低于10%。

使用鱼粉时必须克服使用不当带来的问题。使用含糜烂素的鱼粉，可使鸭患肌胃糜烂症，出现嗉囊肿大、肌胃糜烂、溃疡及穿孔、腹膜炎等症状。

鱼粉中含较高的脂肪，久存易发生氧化酸败，一般添加抗氧化剂来延长贮藏期。长期使用含脂肪高的鱼粉，可使肉质变差。

（2）血粉 血粉是畜禽被屠宰后所得鲜血，经干燥而制成，血粉呈红褐色直至黑色，除用于调节日粮蛋白质外，还可用于补铁。普通血粉蛋白质含量在80%～93%，但蛋白质品质差，且其中纤维蛋白不易消化。赖氨酸含量较高，达6%～8%，比鱼粉高近一倍，但蛋氨酸、精氨酸含量低，异亮氨酸含量几乎为零，钙、磷含量很少。

用发酵法制成的血粉，蛋白质含量在60%～65%，赖氨酸含量在3.5%～4.3%。血粉中铁含量很高，每千克血粉含铁可达1000毫克，是补铁的重要饲料。血粉蛋白质与氨基酸的利用率受血粉加工工艺的影响，用喷雾法和发酵法制成的血粉，消化率较高，但用普通干燥法制成的血粉，消化率较低，适口性也不好，日粮中的使用量不宜过高，用量不宜超过5%，否则可能引起腹泻。

（3）肉骨粉 以屠宰场副产品中除去可食部分之后的残骨、皮、脂肪、内脏、碎肉等为主要原料，经过熬油后再干燥粉碎而得的混合物。含磷量在4.4%以上的为肉骨粉，在4.4%以下的为肉粉。氨基酸消化利用率低。但肉骨粉中钙、磷含量高，比例平衡，B族维生素含量高，维生素A、维生素D少。肉骨粉用量不宜超过鸭日粮的6%。

除上述三种外，动物性蛋白质饲料还有羽毛粉、蚕蛹粉、河蚌、螺蛳、蚯蚓、小鱼、昆虫等。

三、青绿饲料

青绿饲料主要包括牧草类、叶菜类、水生类、根茎类等，具有来源广泛、获取容易、成本低等优点。青绿饲料是鸭喜欢吃的饲料。

这类饲料的营养特点是干物质中蛋白质含量高，品质好；含钙量高，钙、磷比例适宜；粗纤维含量少，消化率高，适口性好；富含多种 B 族维生素及胡萝卜素。这些营养特点对鸭的健康和生产都很重要，在鸭的生产饲养中不可或缺。在饲喂青绿饲料前应进行适当调制，如清洗、切碎或打浆，这有利于鸭的采食和消化。在饲料的加工处理过程中还要注意避免有毒物质的影响，如氢氰酸、亚硝酸盐、农药残留以及寄生虫感染等。在利用过程中，应考虑植物不同生长期对养分含量及消化率的影响，适时收割。春、夏季是青绿饲料最丰富的季节，要充分利用。为了保证常年供应，可选择人工栽培的牧草或蔬菜，满足鸭的采食需求。

常用的栽培牧草、水生饲料类和瓜菜类主要有以下几种。

1. 紫花苜蓿

紫花苜蓿被誉为"牧草之王"，为苜蓿属多年生豆科植物，原产伊朗，是当今世界分布最广的栽培牧草，在我国已有两千多年的栽培历史，主要产区在西北、华北、东北、江淮流域，也是我国分布最广、经济价值最高的豆科牧草。紫花苜蓿不仅含有丰富的蛋白质、矿物质和维生素等重要的营养成分，并且含有动物所需的氨基酸、微量元素和未知生长因子。种一次可利用 10 年左右，可春播，更适于秋播，每年刈割 3～5 次，每公顷产 75～90 吨，一般在花前期刈割，此时粗纤维含量少，粗蛋白质含量高，适口性也好。紫花苜蓿可鲜喂，也可制成干草、干草粉与饲料混合饲喂。

2. 黑麦草

黑麦草为多年生禾本科牧草，鲜草柔嫩多汁，适口性好，营养丰富，消化率高。目前国内外栽培利用最广泛的黑麦草有三类，即一年生黑麦草、多年生黑麦草和杂交黑麦草。一年生黑麦草又叫意大利黑麦草或多花黑麦草，多年生黑麦草又叫宿根黑麦草，杂交黑麦草是黑麦草与其他品种牧草杂交的后代。

我国从 20 世纪 80 年代中后期开始从国外引进黑麦草进行栽

培、繁殖和利用，各地也逐渐培育出了与本地区气候土壤条件相适应的优良品种。经过二十多年的摸索，逐步掌握了黑麦草的高产栽培技术和在养殖业中的有效利用技术。黑麦草喜温暖湿润气候，宜秋播，生长快，分蘖多，茎叶柔软光滑，品质好。一年可刈割 3～4 次，每公顷产 45～60 吨。

3. 聚合草

聚合草适应性和耐荫性强、利用期长、产量高，一年可刈割 3～5 次，每公顷产 110～150 吨。营养丰富，并富含多种维生素。主要利用其叶，但通常带有粗硬的短刚毛，饲喂鸭时应打浆使用。

4. 三叶与白三叶

为豆科牧草，在我国种植也较广泛，可春、秋季播种。在现蕾前期叶多茎少，草柔嫩，品质较好，应在此时刈割，每年可刈割 3～4 次，每公顷产 75 吨左右。

5. 苦荬菜

苦荬菜鲜嫩多汁，味稍苦，对鸭来说适口性好，干物质中粗蛋白质含量较高。其特点是生长快，产量高，再生能力强，每年可刈割 3～5 次，每公顷产量可达 90 吨左右。

6. 菊苣

菊苣叶质柔嫩，再生性好，利用期长，产量高，适应性广。一般在 40 厘米时刈割，每年收 6～8 次，每公顷产量可达 300 吨。

7. 水生饲料

水生饲料具有生长快、产量高、不占耕地等优点，利用河流、湖泊、水库等水面种植。常见的有水花生、水葫芦、绿萍、水芹菜等。水生饲料水分含量高，干物质少，能量低，应与精料配合使用。

8. 瓜菜类

各种瓜菜通常作为人的蔬菜，但在缺乏青绿饲料的冬、春季节，也可切碎或打浆拌料饲喂鸭，如胡萝卜、南瓜、白菜等。瓜菜类由于水分含量较高，其喂量不宜过大，一般占精料的5％～10％。

在放牧饲养时，田间地头、河渠两岸生长的野草、野菜也是养

现代养鸭关键技术精解

鸭良好的饲料来源。

四、营养性饲料添加剂

饲料添加剂通常分为营养性饲料添加剂和非营养性饲料添加剂两大类。营养性饲料添加剂指在鸭的配合饲料中加入的各种可以促进鸭生长和健康、提高饲料利用率、增强鸭抵抗力的微量成分。

1. 氨基酸添加剂

根据配合饲料不足而补加的人工合成氨基酸，主要是赖氨酸和蛋氨酸。蛋氨酸在一般的植物性饲料中含量很少，以大豆饼为主要蛋白质来源的日粮，若配合饲粮不使用鱼粉等动物性饲料，必须要添加蛋氨酸，添加蛋氨酸可以节省动物性饲料的用量，豆饼不足的日粮添加蛋氨酸和赖氨酸，可以大大强化饲料的蛋白质营养价值，在杂粮含量较高的日粮中添加氨基酸可以提高日粮的消化利用率。

赖氨酸也是限制性氨基酸，它在动物性蛋白质饲料和豆科饲料中含量较多，而在谷实饲料中含量较少。在粗蛋白质水平较低的饲粮中添加赖氨酸，可提高饲粮中蛋白质的利用率。据试验，在一般饲粮中添加赖氨酸后，可减少饲粮中粗蛋白质用量的 $3\% \sim 4\%$。一般赖氨酸在饲粮中的添加量为 $0.1\% \sim 0.3\%$。

2. 微量元素添加剂

鸭比较容易缺乏的几种微量元素有锰、锌和硒，目前市售产品大多是复合微量元素，配料时注意添加。添加微量元素制剂时，按药品说明决定用量，饲料中原有的含量只作为安全域量，不予考虑。

3. 维生素添加剂

主要是指维生素含量较高的饲料和含维生素的制剂。青饲料中的蔬菜类、水草类以及干草粉等维生素含量较丰富、全面，给鸭饲喂这些饲料可以部分满足鸭的维生素需要。喂青绿饲料时应注意它的质量，并要两三种搭配喂给。青菜的适口性好，用量可达 $10\% \sim 30\%$，青绿时期收割的牧草、苦荬菜的菜叶等维生素含量也很丰富，用量可占精料的 30%。含单一制剂的添加剂有维生素 B_1、维

生素 B_2、维生素 E 等，也有复合维生素制剂。饲喂青绿饲料不太方便时，配合饲粮中要注意添加各种维生素制剂，添加时严格按使用说明决定用量，饲料中原有的含量只作为安全用量，不予考虑。鸭处于应激生理状态时，如高温、运输、转群、注射疫苗等需要适当加大用量。

4. 食盐

食盐，为供给钠和氯的原料。在以植物性饲料为主的日粮中，尤其需要补充食盐，用量一般占 0.3%～0.37%，用鱼粉的日粮，应将其中的含盐量计算在内。

五、非营养性饲料添加剂

非营养性饲料添加剂它不是饲料内的固有营养成分。非营养性饲料添加剂种类很多，它们的共同点是通过各自不同的作用提高饲料的效率。根据它们的作用，大致可归纳为促生长与保健添加剂、饲料品质改善添加剂和其他添加剂。

（一）促生长与保健添加剂

促生长与保健添加剂指用于刺激动物生长、提高增重速率、改善饲料利用率、驱虫保健、增强动物健康的一类非营养性饲料添加剂。它包括抗生素、驱虫药物等。

1. 抗生素类

饲用抗生素饲料添加剂，具有有效防治细菌性疾病和促进动物快速生长等作用，它们是一些特定微生物在生长过程中的代谢产物或是用化学合成法制造的相同或相类似的物质。尤其在鸭舍环境卫生条件和饲养管理不良的情况下添加使用效果更好。在育雏阶段或处于逆境，如高密度饲养时，加入低剂量，可提高鸭的生产水平，改善饲料报酬，促进健康，常用的有土霉素、金霉素、杆菌肽锌、多黏菌素、恩拉霉素、泰乐菌素、维吉尼霉素、北里霉素等。

2. 合成类抗菌药物及驱虫保健药物

磺胺类如磺胺噻唑、磺胺嘧啶、磺胺脒等，用于疾病治疗和保健。驱虫保健剂有越霉素 A、氨丙琳、氯苯胍、莫能霉素钠、盐霉素钠、克球粉等，还有一些抗菌促生长药物如喹乙醇、砷制剂等。日粮中添加这类药物应经常更换药物种类，否则会产生抗药性，使用药量越来越大。

（二）饲料品质改善添加剂

1. 抗氧化剂

常用的抗氧化剂有乙氧基喹啉（又称乙氧喹、山道喹）、BHA（丁羟基茴香醚）、BHD（二丁基羟基甲苯），用来防止饲料中脂肪氧化变质，保存维生素的活性。一般在配合饲料中的添加量为150克/吨。

2. 防霉剂

常用的防霉剂有丙酸、丙酸钠和丙酸钙。高温高湿季节，饲料容易霉变，不仅影响饲料的适口性，降低饲料的营养价值，还会引起动物中毒，因此在贮存的饲料中应添加防霉剂。

（三）其他添加剂

其他添加剂有着色剂、调味剂等。在饲料中添加香甜调味剂，有增加鸭采食量和提高饲料利用率的功效，常用的调味剂有糖精、谷氨酸钠（味精）、柠檬酸等。在饲料中添加着色剂能提高鸭产品的商品价值，如在饲料中添加叶黄素和胡萝卜素，可使鸭和蛋黄色泽鲜艳。一般每吨饲料添加 10～20 克。

添加剂种类很多，应根据鸭不同生长发育阶段、不同生产目的、饲料组成、饲养水平与饲养方式及环境条件，灵活选用，添加剂应与载体或稀释剂配合制成预混料，再添加到饲粮中。

第三节　鸭的饲养标准及日粮配合

一、鸭的饲养标准

为了科学地饲养鸭，既要满足其营养需要，又要降低饲料消耗，充分发挥其生产潜力，得到最好的生产性能，并且不浪费饲料，降低成本，取得最大的经济效果，就必须根据鸭的种类、年龄、生产目的与生产水平以及生产实践中积累的经验，结合代谢试验和饲养试验的结果，科学地制定鸭的饲养标准。饲养标准在养鸭生产中起重要作用，但没有一个饲养标准是放之四海而皆准的，不同的饲养标准适应于不同的国家和地区。因此，在参考应用某一饲养标准时应根据本地具体条件灵活运用。

饲养标准种类很多，大致可分为两类。一类是国家规定和颁布的饲养标准，称为国家标准。如我国的饲养标准，美国 NRC 饲养标准，英国 ARC 饲养标准等。另一类是大型育种公司根据各自培育的优良品种或品系的特点，制定的符合该品种或品系营养需要的饲养标准，称为专用标准。从国外引进品种时应包括这方面的资料。

鸭的饲养标准中主要包括能量、蛋白质、必需氨基酸、矿物质和维生素等多项指标。每项营养指标都有其特殊的营养作用，缺少、不足或超量均可能对鸭产生不良影响。能量的需要量以代谢能表示，蛋白质的需要量用粗蛋白质表示，同时标出必需氨基酸的需要量，以便配合日粮时使氨基酸得到平衡。配合日粮时，能量、蛋白质和矿物质的需要量一般按饲养标准中的规定给出。

维生素的需要量是按最低需要量制订的，也就是防止鸭发生临床缺乏症所需维生素的最低量。鸭在发挥最佳生产性能和遗传潜力时的维生素需要量要远高于最低需要量，一般称为"适宜需要量"或"最适需要量"。各种维生素的适宜需要量不尽一致，应根据动物种类、生产水平、饲养方式、饲料组成、环境条件及生产实践经验给出相应数值。实际应用时，考虑到动物个体与饲料原料差异及加工贮存过程中的损失，维生素的添加量往往在适宜需要量的基础上再加上一个保险系数（安全系数），以确保鸭获得定额的维生素并在体内有足够贮存，这一添加量一般就叫"供给量"。

表 4-1～表 4-5 列出部分鸭的饲养标准。

现代养鸭关键技术精解

（一）北京鸭、樱桃谷鸭的饲养标准

北京鸭的营养需要量（参考标准）见表 4-1、表 4-2，樱桃谷鸭的饲养标准分别见表 4-3。

表 4-1　我国北京鸭的营养需要量（参考标准）

营养成分	0～3 周	4～6 周	7～24 周	填鸭	种鸭
代谢能/(兆焦/千克)	11.72	11.72	10.88	12.13	11.72
粗蛋白质/%	20	18	15	14	19
赖氨酸/%	1.1	0.95	0.72	0.65	0.85
蛋氨酸/%	0.3	0.24	0.26	0.29	0.29
胱氨酸/%	0.3	0.29	0.25	0.18	0.26
色氨酸/%	0.27	0.26	0.24	0.22	0.24
维生素 A/(国际单位/千克)	4000	4000	4000	2400	5400
维生素 D/(国际单位/千克)	220	220	220	400	500
维生素 E/(国际单位/千克)	6	6	—	—	—
维生素 B_2/(国际单位/千克)	4	4	2	2	4.5
泛酸/(毫克/千克)	11	11	11	11	7
烟酸/(毫克/千克)	55	55	50	50	40
吡哆醇/(毫克/千克)	2.6	2.6	2.6	2.6	3
钙/%	1	1	0.9	2	2.25
磷/%	0.6	0.5	0.5	0.8	0.5
锰/(毫克/千克)	60	60	40	10	40

表 4-2　北京鸭的营养需要量（NRC，1994）

营养物成分	0～2 周龄	3～7 周龄	种用
代谢能/(兆焦/千克)	12.13	12.55	12.13
粗蛋白质/%	22	16	15
精氨酸/%	1.1	1.0	1.0
异亮氨酸/%	0.63	0.46	0.38
亮氨酸/%	1.26	0.91	0.76
赖氨酸/%	0.90	0.65	0.60
蛋氨酸/%	0.40	0.30	0.27
蛋氨酸＋胱氨酸/%	0.70	0.55	0.50

营养物成分	0～2周龄	3～7周龄	种用
色氨酸/%	0.23	0.17	0.14
缬氨酸/%	0.78	0.56	0.47
钙/%	0.65	0.60	2.75
有效磷/%	0.40	0.36	0.40
铜/(毫克/千克)	8	6	6
碘/(毫克/千克)	0.40	0.40	0.40
铁/(毫克/千克)	80	80	60
锰/(毫克/千克)	50	40	40
硒/(毫克/千克)	0.20	0.15	40
锌/(毫克/千克)	60	60	0.15
维生素 A/(国际单位/千克)	2500	2500	4000
维生素 D_3/(国际单位/千克)	400	400	900
维生素 E/(国际单位/千克)	10	10	10
维生素 K/(国际单位/千克)	0.3	0.5	0.5
烟酸/(毫克/千克)	55	55	55
泛酸/(毫克/千克)	11.0	11.0	11.0
吡哆醇/(毫克/千克)	2.5	2.5	3.0
核黄素/(毫克/千克)	4.0	40	4.0
维生素 B_{12}/(毫克/千克)	0.01	0.005	0.01
生物素/(毫克/千克)	0.15	0.10	0.15
胆碱/(毫克/千克)	1300	1000	1000
叶酸/(毫克/千克)	0.5	0.25	0.5
硫胺素/(毫克/千克)	2	2	2

表4-3 樱桃谷鸭的饲养标准

项目	肉鸭		种鸭	
	雏鸭 (0～2周龄)	生长鸭 (3周～屠宰)	育成鸭 (5～24周)	产蛋鸭 (25周～屠宰)
代谢能/(兆焦/千克)	13.00	13.00	12.67	12.00
粗蛋白质/%	22.0	16.0	16.0	18.0
钙/%	0.8～1.0	0.65～1.0	0.6～1.0	2.75～3.0
可利用磷/%	0.55	0.52	0.35	0.46

项目	肉鸭		种鸭	
	雏鸭 (0～2周龄)	生长鸭 (3周～屠宰)	育成鸭 (5～24周)	产蛋鸭 (25周～屠宰)
蛋氨酸/%	0.50	0.36	0.34	0.39
蛋氨酸+胱氨酸/%	0.82	0.63	0.57	0.66
赖氨酸/%	1.23	0.89	0.73	0.96
色氨酸/%	0.28	0.22	0.18	0.22
苏氨酸/%	0.92	0.74	0.64	0.75
亮氨酸/%	1.96	1.68	1.54	1.66
缬氨酸/%	1.17	0.95	0.83	0.96
异亮氨酸/%	1.11	0.87	0.72	0.86
苯丙氨酸/%	1.12	0.91	0.79	0.9
精氨酸/%	1.53	1.2	1.03	1.2
甘氨酸+丝氨酸/%	2.4	1.9	1.68	2.0
代谢能/(兆焦/千克)	12.33	12.33	10.87	10.87
粗蛋白/%	12～21	16.5～17.5	14.5	15.5

（二）肉用鸭、蛋用鸭及番鸭的饲养标准

肉用鸭和蛋用鸭的营养需要量见表 4-4，番鸭的饲养标准见表 4-5。

表 4-4　肉用鸭和蛋用鸭的饲养标准

营养成分	肉用鸭			蛋用鸭		
	0～3周	3周以上	种鸭	雏鸭	育成鸭	产蛋期
代谢能/(兆焦/千克)	12.134	12.552	11.385	11.715	10.880	11.715
粗蛋白质/%	20	18	17	20	15	18
钙/%	1.0	1.0	2.25	1.0	0.6	3.25
磷/%	0.6	0.5	0.5	0.6	0.6	0.6
食盐/%	0.3	0.3	0.3	0.3	0.3	0.3
蛋氨酸/%	0.3	0.25	0.29	0.4	0.3	0.3
蛋氨酸+胱氨酸/%	0.6	0.53	0.55	0.6	0.5	0.7
赖氨酸/%	1.1	0.95	0.85	0.9	0.7	0.9

营养成分	肉用鸭			蛋用鸭		
	0~3周	3周以上	种鸭	雏鸭	育成鸭	产蛋期
色氨酸/%	0.27	0.26	0.24	0.26	0.24	0.26
维生素 A/(国际单位/千克)	4000	4000	4000	4000	4000	4000
维生素 D/(国际单位/千克)	220	220	500	220	220	500
维生素 E/(毫克/千克)	6	5	8	6	6	8
维生素 B$_2$/(毫克/千克)	4	4	4.5	4	2	4
泛酸/(毫克/千克)	11	11	7	11	11	10
烟酸/(毫克/千克)	55	55	40	55	50	40
吡哆醇/(毫克/千克)	2.6	2.6	3.0	2.6	2.6	3.0

表 4-5　番鸭的饲养标准

营养成分	肉用鸭			产蛋种用鸭	
	0~3周	4~7周	8周后	10~24周	24周后
代谢能/(兆焦/千克)	11.715	11.715	11.715	11.296	11.296
粗蛋白质/%	19	16	14	15	17
蛋氨酸+胱氨酸/%	0.75	0.63	0.46	0.6	0.67
赖氨酸/%	0.9	0.73	0.51	0.7	0.75
钙/%	0.9	0.8	0.7	0.8	2.5
磷/%	0.65	0.65	0.65	0.65	0.7
食盐/%	0.28	0.28	0.28	0.28	0.28
锌/(毫克/千克)	40	20	—	20	40
铜/(毫克/千克)	2	2	—	—	2
铁/(毫克/千克)	15	15	—	15	15
锰/(毫克/千克)	60	60	—	60	60
碘/(毫克/千克)	1	1	—	1	1
钴/(毫克/千克)	0.2	0.2	—	0.1	0.2
维生素 A/(国际单位/千克)	8000	8000	4000	4000	8000
维生素 D$_3$/(国际单位/千克)	1000	1000	500	500	1000
维生素 E/(毫克/千克)	20	15	—	15	20
维生素 K/(毫克/千克)	4	4	—	1	4
维生素 B$_1$/(毫克/千克)	1	1	—	1	1
维生素 B$_2$/(毫克/千克)	4	4	2	2	4
泛酸/(毫克/千克)	5	5	—	5	5
叶酸/(毫克/千克)	0.2	—	—	0.2	0.2
维生素 B$_{12}$/(毫克/千克)	0.003	0.001	—	—	0.001

现代养鸭关键技术精解

二、鸭的日粮配合

鸭的日粮，是指满足一只鸭一昼夜所需各种营养物质实际采食的各种饲料总量。生产上很少为一只鸭单独配制日粮，而是把日粮中各种原料组分换算成百分含量，并按这一百分比配制成能满足一定生产水平鸭营养需要的大量混合饲料，称为饲粮。依据营养需要量所确定的饲粮中各饲料原料组分的百分比构成，就称为饲料配方。按照饲料配方的要求，选择不同数量的若干种饲料互相搭配，使其所提供的各种养分都符合鸭饲养标准所规定的数量，这个设计步骤，称为日粮配合。

合理地设计饲料配方是科学饲养鸭的一个重要环节。设计饲料配方时既要考虑鸭的营养需要及生理特点，又要合理地利用各种饲料资源，才能设计出获得最佳的饲养效果和经济效益的饲料配方。设计饲料配方是项技术性及实践性很强的工作，不仅应具有一定的营养和饲料科学方面的知识，还应有一定的饲养实践经验。实践证明，根据饲养标准所规定的营养物质供给量饲喂鸭，有利于提高饲料的利用效果和畜牧生产的经济效益。在生产实践中设计饲料配方时，应根据所饲养鸭品种、生长期、生产性能、环境温度、疫病应激以及所用饲料的价格、实际营养成分、营养价值等特定条件，对饲养标准所列数据作相应变动，以设计出全价、能充分满足鸭营养需要的配方。

（一）饲料配方设计的原则

1. 符合鸭的营养需要

设计饲料配方时，应首先明确饲养鸭不同生长阶段，不同的生产方向，选用适当的饲养标准。在此基础上，可根据饲养实践中鸭的生长或生产性能等情况作适当的调整。

2. 符合鸭的消化生理特点

配合日粮时，饲料原料的选择既要满足鸭需求，又要与鸭的消化生理特点相适应，包括饲料的适口性、容重、粗纤维含量等。选用的饲料要适口性好，适口性差影响采食量。麸皮粗纤维含量高，有轻泻作用，不宜多喂。

3. 符合饲料卫生质量标准

按照设计的饲料配方配制的配合饲料要符合国家饲料卫生质量标准，这就要求在选用饲料原料时，应控制一些有毒物质、细菌总数、霉菌总数、重金属盐等不能超标。霉变的饲料，即使价格低廉也不能使用。存放过久的饲料，营养成分有损失，特别是维生素有效含量降低，应尽量选用新鲜的饲料。

4. 符合经济原则

因地制宜，充分利用当地饲料资源，饲料原料应多样化，并要考虑饲料价格，力求降低配合饲料的生产成本，提高经济效益。

5. 选用的饲料品种尽可能多一些

如玉米，能量比较高，蛋白质不够，豆饼的蛋白质含量高，但必需氨基酸不平衡，其他饲料也都有类似的问题。配料时，尽可能多用几种饲料，以便在营养上互相补充，才能充分发挥营养素的作用。

6. 选用的饲料应货源多、供应稳定

鸭对饲料比较敏感，饲料变动大，容易引起应激反应，如有变动，应逐渐过渡，切忌大的调整。

7. 配制时搅拌应充分、均匀

特别是对多种维生素、微量元素等各种添加剂，因为量少，应先与另一种饲料充分预混扩大，再拌入全部饲料中，如不先预混扩散，就不易拌匀，造成鸭子采食时，某种营养物质过多，而另一种营养物质缺乏。

8. 严格控制配制量

每次配制饲料，数量不宜过多，尤其是在夏季，以 7～10 天能吃完为宜，确保饲料新鲜。

（二）配合日粮时必须掌握的参数

（1）相应的营养需要量（饲养标准）。

（2）所用饲料的营养价值含量（饲料成分及营养价值表）。

（3）饲用原料的价格。

（4）对各种饲料在鸭不同生长阶段配合饲料中的大致配比应有所了解。表 4-6 列出鸭常用饲料的大致配比范围。

表 4-6　鸭日粮中各类饲料的大致比例

饲料种类比例	大致比例/%
谷类饲料（玉米的比例可高些，大麦、稻谷的比例可低些）	40～60
植物性蛋白质饲料（豆饼、菜籽饼等，菜籽饼比例应控制在 8%以下）	15～25
动物性蛋白质饲料（鱼粉、肉骨粉、蚕蛹干粉等）	3～10
糠麸类饲料	5～15
无机盐饲料（食盐、石粉、骨粉等）	2～6
微量元素、维生素添加剂（按说明书添加）	0.1～0.5
干草粉	2～5

（三）日粮配合的方法

日粮配合的方法很多，有手算法和电算法。

电算法即利用电脑来设计出全价、低成本的饲料配方，这方面的软件开发很快，技术也很成熟，有关人员只要掌握基本的电脑知识即可操作。但电脑代替不了人脑，利用电脑配方必须首先掌握动物营养与饲料科学知识，这样才能在电脑配方设计过程中，根据具体情况及时调整一些参数，使配方更科学、更完美。

手算法有试差法、联立方程法和十字交叉法等。其中试差法是目前较普遍采用的方法，又称为凑数法。这种方法的具体做法是：首先根据饲养标准的规定初步拟出各种饲料原料的大致比例，然后用各自的比例去乘该原料所含的各营养成分的百分含量，再将各种原料的同种营养成分之积相加，即得到该配方的每种营养成分的总量。将所得结果与饲养标准进行对照，若有任一种营养成分超过或者不足时，可通过减少或增加相应的原料比例进行调整和重新计算，直至所有的营养指标都基本满足要求为止。

计算步骤举例如下。

（1）查阅饲养标准，确定使用的原料并查出各种营养成分的含

第四章　鸭的营养与饲料

量，列表计算（表4-7）。

表 4-7　各种饲料的营养成分

饲料	代谢能/(兆焦/千克)	粗蛋白质/%	钙/%	磷/%
稻谷	10.969	7.8	0.05	0.26
玉米	13.356	9.0	0.03	0.28
小麦	12.142	12.6	0.06	0.32
麦麸	8.667	16.0	0.34	1.05
花生饼	10.132	47.4	0.22	0.61
鱼粉	11.148	60.8	6.78	3.59
贝壳粉	—	—	46.46	—

（2）确定限制饲料的比例，如鱼粉价格较高，不能超过5%；高粱含有单宁，不能超过10%；草叶粉适口性差且粗纤维含量高，不要超过8%。

（3）按代谢能和粗蛋白质的需求量试配，用含代谢能及含粗蛋白质高的玉米和饼类来平衡这两类指标，最后用矿物质饲料平衡钙、磷水平。如有条件，可用氨基酸、微量元素和维生素等补充物（表4-8）。

表 4-8　试配日粮组成

饲料	组成比例/%	代谢能/(兆焦/千克)	粗蛋白质/%	钙/%	磷/%
玉米	30	4.006	9.0×0.3=2.70	0.03×0.30=0.009	0.28×0.30=0.084
稻谷	20	2.193	7.8×0.20=1.56	0.05×0.20=0.010	0.26×0.20=0.052
小麦	20	2.428	12.6×0.20=2.52	0.06×0.20=0.012	0.32×0.20=0.064
麦麸	10	0.866	16.0×0.10=1.60	0.34×0.10=0.034	1.05×0.10=0.105
花生饼	10	1.013	47.4×0.10=4.74	0.22×0.10=0.022	0.61×0.10=0.061
鱼粉	5	0.5574	60.8×0.05=3.04	6.78×0.05=0.339	3.59×0.05=0.1795
贝壳粉	5			46.46×0.05=2.323	
合计	100	11.0634	16.16	2.749	0.5455
要求	100	11.304	16	钙磷比例5∶1	
相差	0	−0.2406	+0.16		

现代养鸭关键技术精解

（4）各种营养物质分别相加后与要求（或饲养标准）相比较，再加以调整。通过表 4-8 的计算得知，与要求相比，代谢能少 0.2406 兆焦/千克，粗蛋白质多 0.16%，因此应提高玉米的比例，相应降低其他饲料的比例。

经调整后的日粮中能量和蛋白质的含量与要求基本符合，见表 4-9。

表 4-9　调整后的日粮组成

饲料	组成比例/%	代谢能/（兆焦/千克）	粗蛋白质/%	钙/%	磷/%
玉米	35	4.675	9.0×0.35＝3.15	0.03×0.35＝0.011	0.28×0.35＝0.098
稻谷	19	2.084	7.8×0.19＝1.404	0.05×0.19＝0.01	0.26×0.19＝0.049
小麦	22	2.671	12.6×0.22＝2.772	0.06×0.22＝0.013	0.32×0.22＝0.070
麦麸	5	0.433	16.0×0.05＝0.8	0.34×0.05＝0.017	1.05×0.05＝0.0535
花生饼	9	0.912	47.4×0.09＝4.266	0.22×0.09＝0.02	0.61×0.09＝0.055
鱼粉	5	0.013	60.8×0.05＝3.04	6.78×0.05＝0.339	3.59×0.05＝0.180
贝壳粉	5			46.46×0.05＝2.323	
合计	100	11.330	15.43	2.733	0.502
要求	100	11.304	16.00	钙磷比例 5∶1	
相差	0	＋0.026	−0.56	钙磷比例实际 5.4∶1	

三、配合饲料的分类

（一）按营养成分进行分类

1. 全价配合饲料

全价配合饲料也叫全日粮配合饲料，是由能量饲料、蛋白质饲料、矿物质饲料、维生素饲料及各种添加剂所组成，营养成分和能量均衡、全面，能满足动物的各种营养需要，不需再添加任何成分就可以直接饲喂动物的一种饲料类型。

2. 配（混）合饲料

配（混）合饲料也叫基础日粮或初级配合饲料，是由能量饲料、蛋白质饲料、矿物质饲料按一定比例配制而成的饲料。它基本

第四章　鸭的营养与饲料

上能满足动物的营养需要，但是营养还不够全面，需搭配一定量的青饲料进行饲喂，因为在其组成中缺乏维生素类饲料。

3. 浓缩饲料

浓缩饲料是指全价饲料中除去能量饲料的剩余部分，国外有的称为平衡用配合饲料，也有的称为蛋白质-维生素补充饲料。浓缩饲料主要由三部分原料构成，即蛋白质饲料、常量矿物质饲料和添加剂预混合饲料。

浓缩饲料由动植物蛋白、钙、磷、食盐和添加剂预混料组成，用户只需按比例加一些能量饲料如玉米、糠麸等原料即可配制成全价饲料。实践证明，使用浓缩饲料，可以充分利用当地饲料资源，较好地提高饲料利用效率，降低饲养成本，增加农户养鸭的经济效益。

4. 预混合饲料

这种饲料是由营养性添加剂和非营养性添加剂所组成，并以玉米粉、豆饼粉或面粉等饲料原料为载体，根据动物的不同品种和生产能力，均匀配制成的一种饲料半成品，它不可以直接用来饲喂动物。一般来说，它是饲料加工厂常用的一种半成品。

（二）按饲料物理性状进行分类

1. 粉状饲料

粉状饲料是最普遍应用的一种，把混合好的饲料粉碎成颗粒大小较均匀的一种料型，细度一般在 2.5 毫米以上，加工成本较低，在运输过程中易产生分级现象，但其价格较低。

2. 颗粒饲料

颗粒饲料是以粉料为基础，经过蒸汽、加压处理而制成的，形状有圆柱形和块状等，这种饲料的密度较大，体积小，改善了饲料的适口性，增加了动物的采食量，避免因挑食而造成浪费，特别是在制粒过程中的加热、加压处理，破坏了饲料原料中部分有毒成分，起到杀虫、灭菌作用，但成本高且在加热、加压过程中可使部分维生素及酶等活性成分遭到破坏。总的来说，颗粒饲料以其营养浓度高、动物的采食性能好、易贮存及运输等优点，被广泛地应用于动物养殖业中。

颗粒饲料的优点如下。

（1）颗粒饲料营养全面，适口性好，可避免动物的挑食行为，且可缩短动物的采食时间，有利于提高动物的生产性能。

（2）通过制粒工艺可提高淀粉水解程度及淀粉的物化度，提高其消化率。

（3）制粒过程中使氧化菌及脂肪酶失活，减少了饲料中脂肪酸特别是不饱和脂肪酸的氧化分解。

（4）制粒过程可以有效地杀死沙门菌等病菌，减少动物发病，提高生产性能。

（5）在水分、温度和压力的综合作用下，蛋白酶抑制剂和其他抗营养物质被纯化，如生大豆粉制粒后，其抗胰蛋白酶因子由27.36毫克/克降至14.30毫克/克，提高了蛋白质的消化利用率。

3. 碎粒饲料

碎粒饲料是把颗粒饲料再经破碎加工成细度为 2～4 毫米的碎粒，与颗粒饲料相比，动物的采食速度较慢，不至于因采食过多而过肥，特别适用于鸭早期的饲养。

第五章　蛋鸭的饲养与管理

蛋鸭的饲养管理是根据鸭的不同生长阶段，对环境的要求和生长发育的营养需要具体制定，要想确保产蛋鸭群的稳产、高产，必须充分满足母鸭对蛋白质、矿物质和维生素等营养物质的需要，饲养管理的要点是抓好育雏、放牧、补料、光照和温度管理，并做好淘汰与更新工作。在蛋鸭的养殖过程中，提高饲料利用率，降低成本，实现高产稳产，是饲养蛋鸭场家最关心的问题。根据蛋鸭的生长、生产和饲养周期，将蛋鸭的养殖可划分为三个阶段，即育雏期（0～28 日龄）、育成期（28 日龄至产蛋开始）和产蛋期（从开始产蛋至产蛋结束）。

第一节　雏鸭的饲养管理

一、育雏季节的选择

育雏季节的选择具体根据生产季节来合理安排。人工圈养蛋鸭时，一年四季均可，需要注意的是鸭的产蛋高峰期时最好避开盛夏或严冬；而全期或部分靠放牧觅食天然饲料和农田的落谷，就要根据自然条件和农田茬口来安排育雏的最佳时期。因此，育雏期的季节性很强。根据育雏期不同，饲养的雏鸭一般可分为以下几种。

1. 春鸭

从春分到立夏、甚至到小满之间，即 3 月下旬至 5 月份饲养的雏鸭为春鸭，而清明至谷雨前，即 4 月 20 日前饲养的雏鸭为早春鸭。这个时期育雏天气较冷，要注意保温。育雏期结束后天气日趋变暖，自然饲料丰富，又正值春耕播种阶段，放牧场地很多，室外放牧的雏鸭可以充分利用觅食水生动植物，如蚯蚓、螺蛳以及各种水草和麦田的落粒，不但节省饲料，且生长快、开产早，早春鸭可为秋鸭提供部分种蛋，其他春鸭可提供大量鸭蛋腌制成咸蛋和皮蛋。其优点是，当年饲养的春鸭，当年可得效益。

2. 夏鸭

从芒种至立秋前所饲养的雏鸭称为夏鸭。这段时期，气温高、雨水多，农作物生长旺盛，雏鸭育雏期短，不需特别保温，可节省大量育雏设备和保温费用。6 月上、中旬饲养的夏鸭，早期可以在秧稻田放牧，帮助稻田中耕锄草，可充分利用早稻收割后的落谷，节省部分饲料，而且开产早，当年可以得效益。由于前期气候闷热，给夏鸭的管理带来困难，重点注意防潮湿、防暑和防病工作。开产前要注意补充光照。有养鸭经验的人常说："春季养鸭可赚钱，夏季养鸭可还本"。

3. 秋鸭

从立秋至白露饲养的雏鸭称为秋鸭。这个时期秋高气爽，气温由高到低，逐渐转凉，是育雏的好季节。由于正值秋收，秋鸭可以充分利用杂交稻和晚稻的稻茬地放牧，放牧的时间长，可以节省很多饲料，降低饲养成本。但是，秋鸭的育成期正值寒冬，气温低，天然饲料少，放牧场地有限，要特别注意防寒和适当补料。过了冬天，日照逐渐变长，有利于鸭的性成熟，但仍然要注意补充光照，促进早开产，开产后的种蛋可以全年孵化鸭苗。我国长江中下游大部分地区都是利用秋鸭为种鸭。

二、育雏准备工作

准备好育雏舍和放牧棚舍及地点，育雏和放牧的用具、饲料、饲料添加剂及常备药品、保温设施、垫料。在进雏前 2～3 天，育雏舍先清扫干净，然后用 10％～20％ 石灰水或草木灰水喷洒，所有用具均要洗刷干净后晒干或用高锰酸钾水浸泡消毒后备用，最后用福尔马林进行熏蒸消毒。饲料和垫料必须干燥无霉变，以防感染曲霉菌病，进雏前预温。

三、育雏的饲养管理

（一）接雏

运雏车进场后应迅速将装雏箱搬运到育雏舍，将雏鸭平均分配到各个饲养区间，空雏鸭盒搬出育雏舍并销毁。

（二）饮水

雏鸭出壳后第一次饮水叫"开饮"。开饮通常在雏鸭绒毛较干，能够站立和行走时进行，时间在雏鸭出壳后24～26小时。雏鸭一边饮水，一边嬉戏，雏鸭受到水的刺激后，生理机能处于兴奋状态，促进了新陈代谢，促使胎粪排泄，有利于"开食"和生长发育。给雏鸭开饮可使用较浅的圆盘或方盘，盘中盛放约1厘米深的水，水温在15～20℃为宜。将雏鸭放入盘中，自由饮水和冲洗绒毛。待雏鸭在盘中饮水、嬉戏3～5分钟后，将它提起放入围栏内，让其自由理毛。另一种方法是在幼雏身上喷洒些水，促使相互啄食身上水珠。第一次饮水通常加入0.02％土霉素，以抑制雏鸭肠道内有害病原菌繁殖，促进雏鸭健康。开饮后雏鸭可自由饮水。

（三）喂料

1. 开食

第一次给雏鸭喂食叫"开食"。雏鸭饲养过程中，及时给小鸭开食非常重要。雏鸭"开食"过早不行，过迟也不行。"开食"过早，一些体弱的雏鸭，活动能力差，本身无吃食要求，往往被吃食好的雏鸭挤压，受伤，影响今后"开食"；而"开食"过迟，因不能及时补充雏鸭所需的营养，致使雏鸭因养分消耗过多、疲劳过度而成"老口"，降低雏鸭的消化吸收能力，造成雏鸭难养，成活率也低。雏鸭开食一般在开饮后进行。现代集约化饲养中，为节约时间与人力，开食与开饮通常同时进行，但通常建议开饮后3小时再

现代养鸭关键技术精解

124

开食。给雏鸭开食时要注意雏鸭的消化生理特点。雏鸭出壳后消化器官发育还不健全，消化系统还没有受到饲料的刺激和锻炼，消化器官肌肉还不强健有力，贮存和消化饲料的能力都较差，所以开食一定要选用易消化、营养丰富的饲料。传统喂法是用焖热的大米饭或碎米饭，或用蒸熟的小米、碎玉米、碎小麦粒，这种开食料往往较为单一。现代养鸭提倡用配合饲料制成颗粒料直接开食，最好用破碎的颗粒料，更有利于雏鸭的生长发育，大型鸭场多使用雏鸭料开食。开食时饲料要撒放均匀，面积要足够大，保证让每只雏鸭都能吃到充足的饲料。对于体质弱小的雏鸭，要耐心诱食，必要时可以捉出来隔离饲养或人工喂食。

2. 喂料

第一周，雏鸭相对生长速度最快，应为雏鸭提供充足的饲料和饮水，让其自由采食和饮水。料槽内不能断料，但饲料也不宜过多，避免饲料发生霉变。如果饲料发生腐败或被粪便等脏物污染，应及时铲除并更换。

开食三天后残留在鸭体内的卵黄已基本消化吸收完毕，此时采食量增加，对营养的要求也高了。喂食次数应按雏鸭消化能力、饲养方式而定。这一时期提倡少食多餐。最初三天内喂八分饱，否则易引起消化不良，其后以雏鸭吃饱为原则。这样可以使食管扩大，促进消化系统发育，为以后粗饲打好基础。考察雏鸭生长发育的方法很多，其中较为实用易行的是根据雏鸭体形变化来判别。如果育雏期前3～5天雏鸭颈部开始出现食管膨大，腹部开始下垂，尾部开始上翘，说明雏鸭的饲喂和生长发育良好；否则，就说明雏鸭饲喂不好，应及时查明原因，加以纠正。

（1）饲喂次数及饲喂量　10日龄内的雏鸭每昼夜5～6次，白天喂4次，晚上1～2次；11～20日龄的雏鸭白天喂3次，夜晚喂1～2次；20日龄以后，白天喂3次，夜晚喂1次。如果是放牧饲养的雏鸭，则应视觅食情况而定。放牧地野生饲料多，中餐可以不喂，晚餐可以少喂，早晨放牧前适当补点精料即可。

若没有专门的雏鸭料，则每1000只雏鸭第1天喂2.5千克的夹生饭；第2天喂5千克碎米，第3天喂7.5千克配合饲料。以后每天增加2.5千克，直到50日龄为止。到达50日龄时，每1000只鸭，每天消耗配合饲料125千克（每只125克）。以后维持这一水平，不再增加。

（2）开青与加腥 "开青"即开始喂给雏鸭青绿饲料。饲养量少的养鸭户为了节约维生素添加剂的支出，往往采用补充青绿饲料的办法，弥补维生素的不足。青绿饲料一般在雏鸭"开食"后3～4天喂给。雏鸭可吃的青绿饲料种类很多，如各种水草、青菜、苦荬菜等。一般单独饲喂经切碎的青绿饲料，也可拌喂，以单独喂给好，以免雏鸭先挑食青绿饲料，影响精饲料的采食量。

俗话说："鹅要青，鸭要腥"。所谓"加腥"，是指给雏鸭加喂动物性蛋白质饲料。雏鸭生长速度很快，需要大量的蛋白质以满足生长发育的需要。动物性蛋白质饲料的蛋白质含量高，氨基酸组成较好，易被雏鸭消化吸收。此外，动物性蛋白质饲料中矿物质含量也很丰富，适口性好，雏鸭十分爱吃。常用的动物性蛋白质饲料除鱼粉外，通常还包括蚕蛹、鱼、虾、蚯蚓、螺蛳、河蚌等。在饲喂这类动物性蛋白质饲料时一定要注意保持饲料新鲜，不能使用腐败变质的，以免雏鸭食后引发消化道疾病。

一般在5日龄左右就可加腥，先以黄鳝、泥鳅为主，日龄稍大些以小鱼、螺蛳和蛆为主。将鱼带血剁肉泥状，抖入饲料内喂食，开始每100只鸭喂150～250克，以后随日龄增加，每天上、下午各一次。喂后让鸭下水洗浴，饮水后休息。如没有鲜料，亦可加入5%的淡鱼粉或骨肉粉，还有小鱼、蚯蚓、蝇蛆等优良荤料。以后，随雏鸭的生长，可逐渐加大饲喂量。在河蚌丰富的地区，不宜给雏鸭饲喂过量的河蚌，时间也不宜过长，否则可能会引起雏鸭维生素缺乏。

（四）育雏鸭舍内的保温工作

雏鸭的保温与雏鸡差不多，唯一的不同就是要求的温度不同。通常第一星期27～30℃，第二星期24～26℃，第三星期20℃左右，其后30日龄的鸭舍温度保持在15～18℃为宜。采用低温育雏的，从27℃开始，每星期降低2～3℃。但不论采用何种给温方法，温度必须逐天渐降，不能忽高忽低。农家养少量鸭，可用稻草编成圆形草囤或以木条、柳条等编成箩筐，底部铺短稻草，再垫上塑料布，每只筐装30只左右，上面盖旧衣服，雏鸭互相以体温取暖，平常要经常查看筐内的温度是否正常，以防挤压或闷死。

（五）育雏鸭舍内的通风换气

鸭舍应避风向光并向南开门窗，当给喂食、放牧雏鸭或处于高温季节时应打开全部门窗通风换气，以保持舍内干燥。

（六）育雏密度

雏鸭饲养密度是否恰当，与雏鸭发育和充分利用鸭舍有很大关系。饲养密度过大，舍内空气污浊潮湿，影响雏鸭生长，严重时雏鸭容易发生挤压而受伤，而饲养密度过小，单位面积上雏鸭饲养数减少，鸭舍利用率低，成本高，生产上不经济，不宜采用。雏鸭饲养密度一般随鸭日龄大小、饲养方式、饲养条件、品种、季节等进行调整（合理的育雏密度见表5-1）。

表5-1　雏鸭饲养密度　　　　　单位：只/米²

周龄	地面平养	网上饲养
1	20～25	30～40
2	10～15	15～25
3	6～10	10～15

（七）放牧管理

从雏鸭可以自由下水的6日龄起，就可以进行放牧训练。放牧训练的原则是：距离由近到远，次数由少到多，时间由短到长。放牧的时间应从短到长，逐步锻炼。开始放牧20～30分钟，以后逐渐延长，最长不能超过1.5小时。开始放牧宜在鸭舍周围，不能走远，时间不能太长，每天放牧两次，每次20～30分钟，就让雏鸭回育雏室休息。随着日龄的增加，待雏鸭适应后，放牧时间可以延长，放牧路程也慢慢延长，次数也可以增加。放牧次数一般上、下午各一次，中午休息。放牧后雏鸭宜在清水中游洗一下，后上岸梳理羽毛并入舍休息。选择水草茂盛、昆虫滋生、浮游生物多的场地放牧。作物长高封垄的田块（水稻田），不宜放鸭进去。适合雏鸭放牧的场地有稻田、荸荠田、水芋头田以及浅水沟、塘等，这些场地水草丰盛，浮游生物、昆虫较多，便于雏鸭觅食。放牧的稻秧田，必须等稻秧返青活苗以后，在封行之前、封行后，不能放牧。其他水田作物也一样，茎叶长得太高后，不能放牧。施过化肥、农药的水田、场地均不能放牧，以免中毒。

（八）分群饲养管理

分群饲养管理是提高成活率和鸭群整齐度的重要工作环节，分两次进行。

第一次分群是在雏鸭进育雏舍后"开饮"前，根据出雏的迟早和强弱分群。笼养雏鸭，将弱雏放在笼的上层、温度较高的地方。平养则根据保温形式来进行，强雏放在近门口的育雏室，弱雏放在一幢鸭舍中温度最高处。

第二次分群是在"开食"以后，一般吃料后3天左右，要逐只检查，将吃食少或不吃食雏鸭放在一起饲养，适当增加饲喂次数，比其他雏鸭的环境温度适当提高 $1\sim2℃$。同时，查看是否有疾病，对有病的个体要对症采取措施，如将病雏分开饲养或淘汰。再是根据雏鸭各阶段的体重和羽毛生长情况分群，各品种都有自己的标准和生长发育规律，各阶段可以抽称 $5\%\sim10\%$ 的雏鸭体重，结合羽毛生长情况，未达到标准的要适当增加饲喂量，超过标准的要适当减少部分饲料。

（九）卫生管理

随着雏鸭的日龄增大，粪便不断增多，造成垫料污染。同时污秽、潮湿的环境，既易将雏鸭的绒毛沾潮、弄脏，也有利于病原微生物的繁殖。因此，必须及时清除粪便，勤换垫草，保持舍内干燥清洁。喂料用具每次喂饲后清洗干净，晒干后备用，保持饮水卫生。育雏舍门口设消毒池，进出必须消毒，舍内环境做到每天消毒一次（做疫苗当日不消毒）。育雏舍周围的环境也要经常打扫，四周的排水沟必须畅通，以保持干燥、清洁、卫生的良好环境，至少每周消毒一次。

第二节　育成期蛋鸭的饲养管理

一、育成期蛋鸭的生理特点

育成期蛋鸭（青年蛋鸭、中蛋鸭）是开始长粗毛到粗毛长齐这个阶段的鸭（28 日龄至产蛋开始）。育成期蛋鸭的生理特点如下。

1. 体重增长快

28 日龄以后体重的绝对增长快速增加，42～44 日龄达到最高峰，56 日龄起逐渐降低，然后趋于平稳增长，至 16 周龄体重已接近成年体重。

2. 羽毛生长迅速

以绍鸭为例，育雏期结束时，雏鸭身上还掩盖着绒毛，棕红色麻雀羽毛才将要长出，而到 42～44 日龄时胸腹部羽毛已长齐，平整光滑，达到"滑底"，48～52 日龄青年鸭已达"三面光"，52～56 日龄已长出主翼羽，81～91 日龄蛋鸭腹部已换好第二次新羽毛，102 日龄蛋鸭全身羽毛已长齐，两翅主翼羽已"交翅"。

3. 适应性强

青年鸭随着日龄的增长，体温调节能力增强，对外界气温变化的适应能力也随之加强。同时，由于羽毛的着生，御寒能力也逐步加强。因此，青年鸭可以在常温下饲养，饲养设备也较简单，甚至可以露天饲养。青年鸭随着体重的增长，消化器官也随之增大，贮存饲料的容积增大，消化能力增强。此期的青年鸭表现出杂食性强，可以充分利用天然动植物性饲料。在育成期，充分利用青年鸭的特点，进行科学的饲养管理，加强锻炼，提高生活力，使生长发育整齐，开产期一致，为产蛋期的高产稳产打下良好的基础。

4. 性器官发育快，内脏器官发育基本趋于成熟

青年鸭到 10 周龄后，在第二次换羽期间，卵巢上的滤泡也在快速长大，到 12 周龄后，性器官的发育尤其迅速，有些青年鸭到 90 周龄时才开始产蛋。为了保证青年鸭的骨骼和肌肉的充分生长，必须严格控制青年鸭过速的性成熟，对提高今后的产蛋性能是十分必要的。这时期内，鸭生长发育很快，需要营养物质很多，采食力很强，鸭的运动量也很大。育成鸭是鸭生长的重要阶段。在这一阶段，育成鸭的绝对增重最快，骨骼迅速增大，肌肉大量沉积。育成鸭由于消化系统发育的逐步完善，它对饲料的消化能力和适应能力进一步提高。

二、育成期蛋鸭的饲养方式

1. 放牧

育成期蛋鸭的放牧饲养是我国传统的饲养方式。由于鸭的合群性好，觅食能力强，能在陆上平地、山地和水中的浅水、深水中潜游觅食各种天然的动植物性饲料。因此，可利用农田、湖荡（塘）、河塘、沟渠放牧和海滩放牧饲养，以节约大量的饲料，降低成本，同时使鸭群得到很好的锻炼，增强鸭的体质。大规模生产时，采用放牧饲养的方式已越来越少。

2. 全舍饲

育成期蛋鸭的整个饲养过程始终在鸭舍内进行称为全舍饲养或关养。鸭舍内采用厚垫草（料）饲养，或是网状地面饲养，或是栅状地面饲养。由于吃料、饮水、运动和休息全在鸭舍内进行，所以饲养管理较放牧饲养严格。舍内必须设置饮水和排水系统。采用垫料饲养的，垫料要厚，要经常疏松，必要时要翻晒，以保持垫料干燥。采用网状地面或栅状地面饲养，其地面要比鸭舍地面高 60 厘米以上，鸭舍地面用水泥铺成，并有一定的坡度（每米落差 6～10 厘米），以便于清除鸭粪。网状地面饲养最好用涂塑铁丝网，网眼为 24 毫米×12 毫米，栅状地面可用宽 20～25 毫米、厚 5～8 毫米的木板条或 25 毫米宽的竹片，或者是用竹子制成相距 15 毫米空隙的栅状地面，这些结构都要制成组装式，以便冲洗和消毒。全舍饲饲养方式可以人为地控制饲养环境，有利于科学养鸭，达到稳产、高产的目的；集中饲养便于向集约化生产过渡，同时可以提高饲养量，提高劳动效率。此法饲养成本较高。随着养鸭业的规模化、集约化，全舍饲饲养成为必然的发展趋势，特别是缺乏水源的北方地区。

3. 半舍饲

这是我国当前养鸭中采用的主要方式之一，鸭群饲养固定在鸭舍、陆上运动场和水上运动场，不外出放牧。吃食、饮水可设在舍内，也可设在舍外，一般不设饮水系统，饲养管理没有全圈养严格。其优点与全圈养一样，减少疾病传染源，便于科学饲养管理。该饲养方式一般与鱼塘相结合，形成一个良性循环。

三、育成期蛋鸭的饲养管理

（一）育成期蛋鸭的饲养

1. 营养需要

根据育成期蛋鸭的特点，其营养要求相应要低些，目的是使成鸭得到充分锻炼，使蛋鸭长好骨架，而不求长得肥胖。育成期蛋鸭的能量和蛋白质水平宜低不宜高，饲料中代谢能 11.0～11.5 兆焦/千克，蛋白质为 15%～18%，钙为 0.8%～1%，磷为 0.45%～0.50%。日粮以糠麸为主，动物性饲料不宜过多，舍饲的鸭群在日粮中添加 5%的沙砾，以增强肠胃功能，提高消化能力。有条件的养殖场，可用青绿饲料代替精料和维生素添加剂，青绿饲料占饲料的 30%～50%。青绿饲料可以大量利用天然饲草，蛋白质饲料占 10%～15%。若采用全舍饲或半舍饲，运动量不如放牧饲养，为了抑制育成期蛋鸭性腺过早成熟，防止沉积过多的脂肪，影响产蛋性能和种用性能，在育成期饲养过程中应采用限制饲喂。限制饲喂一般从 8 周龄开始，到 16～18 周龄结束。

2. 饲养

（1）饲料更换　育雏结束，鸭的体重达标，可以更换育成期蛋鸭料，但更换必须有一个过渡期，使鸭逐渐适应新的饲料。更换过渡的方法为：第1天，4/5的雏鸭料，1/5的育成期蛋鸭料；第2天，3/5的雏鸭料，2/5的育成期蛋鸭料；第3天，2/5的雏鸭料，3/5的育成期蛋鸭料；第4天，1/5的雏鸭料，4/5的育成期蛋鸭料；第5天，全部饲喂育成期蛋鸭料。

（2）饲喂　根据育成期蛋鸭的消化情况，一昼夜饲喂4次，定时定量。若投喂全价配合饲料，可做成直径4～6毫米、长8～10毫米的颗粒状。或者用混合均匀的粉料，用水拌湿，然后将饲料分在料盆内或塑料布上，分批将鸭赶入进食。鸭在吃食时有饮水洗喙的习惯，鸭舍中可设长形的水槽或在适当位置放几个水盆，及时添换清洁饮水。

（3）限制饲养　后备鸭限制饲养的目的在于控制鸭的发育，不使其太肥，在适当的周龄达到性成熟，集中开产（开产体重控制在该品种标准体重的中上为好）。这样，既可以降低成本，又可以使其食量增大，耐粗饲而不影响产蛋性能。舍饲和半舍饲鸭则要重视限制饲喂，否则会造成不良后果（放牧鸭群由于运动量大，能量消耗也较大，且每天都要不停地找食吃，整个过程就是很好的限饲过程）。

限制饲养方法是用低能量日粮饲喂后备鸭，一般从8周龄开始到16～18周龄止。当鸭的体重符合本品种的各阶段体重时，可不需要限饲。如发现鸭体重过于肥大，则可以进行限制饲养。可降低饲料中的营养水平，适当多喂些青饲料和粗饲料，或按培育后备鸭的正常日粮（代谢能11.0～11.5兆焦/千克、蛋白质为15%～18%）的70%供给。

（4）饲喂沙砾　为满足育成期蛋鸭生理机能的需要，应在育成期蛋鸭的运动场上，专门放几个沙砾小盘，或在精料中加入一定比例的沙砾，这样不仅能提高饲料转化率，节约饲料，而且能增强其消化机能，有助于提高鸭的体质和抗逆能力。

3. 育成期蛋鸭的日常管理

（1）脱温　育雏结束，要根据外界温度情况逐渐脱温。如冬季和早春育雏时，由于外界温度低（需要采用升温育雏饲养），待育雏结束时，外界温度与室温相差往往较大（一般超过 5～8℃），盲目地去掉热源，脱去温度，舍内温度会骤然下降，导致雏鸭遭受冷应激，轻者引发疾病，重者甚至引起死亡。所以，脱温要逐渐进行，让鸭有适应环境温度的过程。

（2）转群和移舍　育雏结束后要扩大育雏区的饲养面积，即转群；专用育雏鸭舍，育雏结束要移入育成舍或部分移入育成舍，即移舍。转群移舍对鸭都是较大的应激，操作不当会影响到鸭的生长发育和健康。转群和移舍必须注意：一是要准备好育成舍，转群前对育成舍进行彻底的清洁和消毒，安装好各种设备和用具；二是要空腹转舍，转群前必须空腹方可运出；三是逐步扩大饲养面积。若采用网上育雏，则雏鸭刚下地时，地上面积应适当圈小些，待中鸭经过 2～3 天的锻炼，腿部肌肉逐步增强后，再逐渐增大活动面积。因为育成舍的地上面积比网上大，雏鸭一下地，活动量逐渐增大，一时不适应，容易导致鸭子气喘、拐腿，重者甚至引起瘫痪。

（3）保持适宜的环境　育成期蛋鸭容易管理，虽然要求圈舍条件比较简易，但要尽量维持适宜的环境。一要做好防风、防雨工作。二要保持圈舍清洁干燥。三要保持适宜的温度。冬天要注意保温，夏天要注意防暑降温，运动场要搭凉棚遮阴。四要保持适宜密度。随鸭龄增大，不断调整密度，以满足中鸭不断生长的需要，不至于过于拥挤，从而影响其摄食生长，同时也要充分利用空间。其饲养密度，因品种、周龄而异，5～8 周龄 15 只/米^2 左右；9～12 周龄，12 只/米^2 左右；13 周龄起，10 只/米^2 左右。

（4）分群饲养　分群可以使鸭群生长发育一致，便于管理。在育成期分群的另一个原因是，育成期蛋鸭对外界环境十分敏感，尤其是在长血管时期，群体过大或饲养密度较高时，互相挤动会引起鸭群骚动，使刚生长出的羽毛轴受伤出血，甚至互相践踏，导致生长发育停滞，影响今后的产蛋。因而，育成期蛋鸭要按体重大小、

133

强弱和性别分群饲养。对体重较小、生长缓慢的弱中鸭应强化培育，集中喂养，加强管理，使其生长发育能迅速赶上同龄强鸭，使鸭群均匀整齐。一般放牧时，每群为 500～1000 只，而舍饲鸭每栏 200～300 只。

（5）控制光照　光照是控制性成熟的方法之一。育成期蛋鸭的光照时间宜短不宜长。有条件的鸭场，育成期蛋鸭于 8 周龄起，每天光照 8～10 小时，光照强度 5 勒克斯。如利用自然光照，以下半年培育的秋鸭最为合适。但是，为了便于鸭子夜间饮水，防止老鼠或鸟兽走动时惊群，鸭舍内应通宵弱光照明。如 30 米^2 的鸭舍，可以亮一盏 15 瓦灯泡。遇到停电时，应立即用其他照明用具代替，决不可延误，否则会造成很大伤亡。

（6）建立稳定的工作程序　圈养鸭的生活环境比放牧鸭稳定。要根据鸭子的生活习性，定时作息，制订操作规程。形成作息制度后，尽量保持稳定，不要经常变更，减少鸭群的应激。另外，注意观察育成期蛋鸭的行为表现、精神状态和采食、饮水以及粪便情况，及时发现问题；注意鸭舍和环境的卫生、消毒及鸭群的防疫，避免疾病的发生；搞好记录工作，填写各种记录表格，加强育成成本的核算。

（二）育成期蛋鸭的放牧管理

1. 农田放牧

利用农区的水稻田、稻麦茬地和绿肥田，觅食农田的遗谷、麦粒、昆虫和农田杂草，绿肥田在翻耕时可提供蚯蚓、蝼蛄等动物性饲料。这种饲养方式既可以降低饲养成本，又可以起到对农田中耕除草、消灭害虫和施肥的作用。由于育雏期和放牧前雏鸭采用配合饲料喂给，从喂给饲料到放牧生活需要有一个训练和适应过程。除了继续育雏期的"放水"、放牧训练外，主要训练鸭觅食稻谷的能力。其方法是将稻谷洗净后，加水于锅里用猛火煮一下，直至米粒从谷壳里爆开，再放在冷水中浸凉。待鸭子感到饿后将稻谷直接撒在席子上或塑料布上供鸭采食，待鸭子适应采食稻谷后，就要将稻谷逐步撒在地上，让鸭适应采食地上的稻谷，然后将稻谷撒在浅水中，任其自由采食，训练鸭子水下、地上觅食稻谷能力。当鸭子放牧时，就会寻找落谷，达到放牧的目的。

2. 湖荡、河塘、沟渠放牧

这种放牧形式的选择是在农田茬口连接不上时采用。主要是利用这些地方浅水处的水草、小鱼、小虾和螺蛳等野生动、植物饲料。这种放牧形式往往与农田放牧结合在一起，二者互为补充。在这些场地放牧的鸭群，主要是调教吃食螺蛳的习惯。在调教雏鸭吃螺蛳肉的基础上，改成将螺蛳轧碎后连壳喂。待吃过几次后，就直接喂给过筛的小嫩螺蛳，培养小鸭吃食整个螺蛳的习惯。然后，将螺蛳撒在浅水中，让鸭子学会在水中采食螺蛳。经过一段时间的锻炼，育成期蛋鸭就可以在河沟中放牧采食天然的螺蛳。在这些场地放牧时，一般鸭种都要选择水较浅的地方放牧。在沟渠中放牧应逆水觅食，这样，才容易觅到食物。在河面上放牧，遇到有风时，应顶风而行，以免鸭毛被风吹开，使鸭受凉。

3. 海滩放牧

海滩有丰富的动、植物饲料。尤其是退潮后，海滩上的小鱼、小虾、小蟹极多，可提供大量动物性饲料，使养鸭成本大大降低。海滩放牧的场地要宽阔平坦，过于狭窄、高低不平、坡度太大的场地都不适于放牧。放牧的海滩附近必须有淡水河流或池塘，可供放牧鸭群喝水和洗浴。鸭群在下海之前要先喝足淡水，放牧归来要让鸭群在淡水中洗浴，晚上收牧前要在淡水中任其洗浴、饮水。不能让鸭群长期泡在海水中和长期饮用海水，以免发生慢性食盐中毒。

不论采用哪种放牧饲养方式都要选择好放牧路线。每次放牧路线要距离适当，鸭龄从小到大，路线由近到远，逐步锻炼，不能使鸭过度疲劳。放牧途中，要选择 1～2 个可避风雨的阴凉地方，在中午炎热或遇雷阵雨时，都要把鸭赶回阴凉处休息。晚上归牧后，要检查鸭群吃食情况。若放牧未吃饱，要适当补喂饲料，以满足青年鸭快速生长发育的营养需要。

（三）圈养青年鸭的管理要点

近年来，许多地方采用"圈养"办法，即育雏结束以后，仍将青年鸭圈在固定的鸭舍和水围内，不外出放牧，这种方法通称"圈养"。圈养有如下优点。第一环境条件可以控制，受自然界制约的因素较少，有利于科学养鸭，稳产高产。第二可以节约劳动力，提高劳动生产率。一般采用放牧饲养，一个劳动力只能管二三百只鸭子，而且劳动强度大，采用圈养方法，如饲料运到场，一个人至少可管理 1000 只，劳动效率大大提高，劳动强度也大大减轻，妇女、老人都可担任。第三降低传染病的发病率，减少中毒等，和外界接触减少，因而农药中毒和传染病的感染机会都会减少。具体饲养管理要点如下。

1. 适当加强运动，促进骨骼和肌肉的发育，防止过肥

每天定时赶鸭在舍内作转圈运动，每次 5～10 分钟，每天活动 2～4 次。如鸭舍附近有适当的放牧场地，可定时进行短距离的放牧活动。

2. 多与鸭群接触，提高鸭子胆量，防止惊群

青年鸭的胆子小，蛋用品种神经尤其敏感，要在青年鸭时期，利用喂料、喂水、换垫草等机会，多与鸭群接触。

3. 舍内通宵点灯，弱光照明

青年鸭培育期，不用强光照明，要求每天标准的光照时间稳定在 8～10 小时，在开产以前宜逐渐增加。如利用自然光照，以下半年培育的秋鸭最为合适。为了便于鸭子夜间饮水，防止因老鼠或鸟兽走动时惊群，舍内应通宵弱光照明。遇到停电时，应立即点上有玻璃罩的煤油灯（马灯），不可延误。长期处于弱光通宵照明的鸭群，一遇突然黑暗的环境，常引起严重惊群，造成很大影响。

4. 加强传染病的预防工作

青年鸭时期的主要传染病有两种：一是鸭瘟，另一是禽霍乱。这两种病现在都有疫苗（菌苗）可以预防，免疫程序的具体安排是：60～70 日龄注射 1 次禽霍乱菌苗，100 日龄前后再注射 1 次禽霍乱菌苗；70～80 日龄注射 1 次鸭瘟弱毒疫苗。对于只养 1 年的蛋鸭，注射 1 次即可；利用两年以上的蛋鸭，隔 1 年再预防注射 1 次。这两种传染病的预防注射，都要在开产以前完成，进入产蛋高峰后，尽可能避免捉鸭打针，以免影响产蛋（以上方法也适用于放牧鸭）。

5. 建立一套稳定的作息制度

圈养鸭的生活环境比放牧鸭稳定，要根据鸭子的生活习性，定时作息，制订操作规程。形成作息制度后，尽量保持稳定，不要经常变更。具体可以参考以下作息制度。

5时30分：开门放鸭出舍，接着在水面撒一些水草（青饲料），让鸭洗浴、活动、食草。将洗净的食槽、水盆等放在运动场（即鸭滩）上，然后拌好饲料，喂第一餐饲料。喂料后，让鸭自由下水，浮游活动，然后鸭上滩理毛休息。饲养员进鸭舍，打扫干净，垫好干草。

8时30分至10时30分：赶鸭入舍内休息。

10时30分：饲养员入舍，先赶鸭在舍内作转圈运动5～10分钟后，再放鸭出门，下水活动；在水面撒一些水草，任其采食片刻。接着拌好饲料，进行第二次喂料。鸭吃完饲料后，自由下水，浮游活动，然后上滩理毛休息。

13时至13时30分：赶鸭入舍休息。

15时30分：饲养员入舍，赶鸭在舍内作转圈运动5～10分钟。

6. 圈养鸭的分群与密度

青年鸭圈养的规模，可大可小，但每个鸭群的组成不宜太大，以60只左右为宜。分群时要尽可能做到日龄相同，大小一致，品种一样，性别相同。饲养密度随鸭龄、季节和气温的不同而变化，一般可按以下标准掌握：4～10周龄，每平方米0～12只；11～20周龄，每平方米12～8只；冬季气温低，每平方米适当多几只；夏季气温高，每平方米少几只。鸭子生长快，密度略小些；鸭子生长慢，密度略大些。

7. 圈养鸭的饲料

圈养与放牧完全不同，基本上采食不到任何野生饲料，完全依靠人工饲喂。因此，对青年鸭生长期内所需的各种营养物质。特别是长骨骼、长羽毛所需的营养，都要予以满足。饲料要尽可能多样化，保持能量与蛋白质的平衡，使含硫氨基酸、多种维生素、无机盐都有充足的来源。

培育期中的青年鸭，日粮中的蛋白质水平不需太高，钙的含量也要适宜。

由于蛋鸭尚未制订完善的饲养标准，在实践过程中，要看生长发育的具体情况，酌情修订（增减必需的营养物质）。如蛋用型品种鸭，正常的开产日龄是 150 天，标准的开产体重为 1400～1500 克，如体重超过 1500 克，认为过于肥大（其外表特征是身圆颈粗），不爱活动影响开产，应轻度限制饲养，适当多喂些青饲料和粗饲料。对发育差、体重轻的鸭，要适当提高饲料质量，每只每天的平均喂料量可掌握在 150 克左右，另加少量的动物性鲜活饲料，以促进生长。

四、育成鸭饲养的注意事项

现代养鸭关键技术精解

1. 疏散饲养，适时分群

由于中鸭特别易惊群，惊群时运动量很大，在舍内常相互践踏，形成许多光脊鸭，在生长翼羽的羽轴时，这种现象尤其严重，常引起翼羽轴折断、出血，所以要疏散饲养，扩大鸭舍面积，或进行大小、公母鸭的分群饲养。

2. 经常调教鸭群，降低其易惊性

固定好饲养员（饲养员应该保持固定，不能随意更换），管理鸭群时须缓慢、柔和地接近鸭群，严禁猛追、急赶、大叫。饲养员应一丝不苟地执行每日的饲养管理操作规程。

3. 环境清静，多多休息

俗话说："小鸭要困、老鸭要奔"，对活泼好动的中鸭，必须有僻静的环境，让它们在饱食之后梳毛和睡觉，白天和晚间都是这样。

4. 饲料多样，增强食欲

主要是寻找新鲜的放牧区，补充充足的动物性饲料。补饲的谷

实类饲料要让中鸭吃饱，喂配合饲料的鸭要注意提高胱氨酸＋蛋氨酸、胆碱和某些硫酸盐的投入，无农田放牧条件的也应设法在河湖沟港池塘中采食些水草。

第三节　产蛋鸭的饲养管理

蛋鸭在产蛋期饲养管理的主要任务是提高产蛋量，减少破蛋量，节省饲料，降低鸭群的死亡率和淘汰率，获得最佳的经济效益。

一、产蛋期鸭的生理特点

进入产蛋期的母鸭，新陈代谢很旺盛，由于蛋鸭产蛋量高且持久，这种产蛋能力需要大量的各种营养物质。鸭属于杂食性动物，不仅采食植物性饲料，也采食动物性饲料。产蛋鸭既可圈养也可放牧。鸭采食时有一定等级序列，强壮的鸭选择有利的位置，体弱的鸭则在四周寻食，有时强壮的鸭还要从体弱的鸭嘴中抢夺食物。我国的蛋鸭品种无就巢性，这为提高产蛋量提供了极为有利的条件。鸭产蛋之后不但不怕见人，反而喜欢接近人。产蛋鸭性情较温驯，进舍后安静地休息、睡觉，不到处乱跑。正常情况下，产蛋都在深夜进行，而且集中在下半夜，凌晨 3～5 时达到高峰。在产蛋期，鸭具有明显的求偶行为，一般来说公鸭性行为较为主动，交配行为大多在水上进行，交配时间在上午 7～11 时和下午 15～18 时，交配过程一般每次需 5～10 分钟。

二、产蛋鸭不同生理阶段的饲养管理要求

蛋鸭的产蛋期按照生理特点和产蛋量可划分为四个时期：产蛋初期（150～200 日龄）、产蛋前期（201～300 日龄）、产蛋中期（301～400 日龄）和产蛋后期（401～500 日龄），每个阶段的饲养管理各有不同。

1. 产蛋初期和产蛋前期

采用自由采食方式，每只产蛋鸭每日喂 150 克左右，分 4 次投

喂，白天喂 3 次，晚上 21～22 时给料 1 次。保持足够的光照时间和强度，一般以 14～15 小时为宜。在 201～300 日龄，每月抽样检查鸭的体重（空腹状态），若体重低于或超过标准体重 5％以上，应及时调整日粮营养水平。

2. 产蛋中期

此期已持续产蛋 100 余天，产蛋鸭体力消耗很大，对环境变化很敏感。此期的营养水平应适度提高，饲粮中粗蛋白含量应达 20％，适量添加钙质，可在粉料中添加 1％～2％的颗粒状壳粉，光照时间应稳定在 16～17 小时。

3. 产蛋后期

若饲养管理合理，此期内鸭群的产蛋率可保持在 75％～80％，此期内应按鸭群的体重和产蛋率的变化及时调整日粮的营养和投喂量。若鸭群产蛋率仍维持在 80％左右，而体重有所下降，则应增加一些动物性蛋白质的含量；若产蛋率已下降到 60％左右，已难以使产率上升，无需加料，应进行淘汰处理。

三、产蛋鸭的饲养方式

产蛋鸭饲养方式包括放牧、全舍饲、半舍饲三种。半舍饲方式最为多见，而笼养极少见到。

四、产蛋鸭的饲养管理要点

1. 温度

鸭对外界环境温度的变化有一定的适应范围，成年鸭适宜的环境温度是 5～27℃。产蛋鸭最适宜的外界环境温度是 13～20℃，此时期的饲料利用率、产蛋率都处于最佳状态。

2. 光照

进入产蛋期后要逐步增加光照时间，提高光照强度，促使性器官发育，进入产蛋高峰期后，要稳定光照时间和光照强度，使达到持续高产。光照分自然光照和人工光照。开放式鸭舍常充分利用自然光照，不足则加上人工光照（常用电灯照明），而封闭式鸭舍则采用人工光照解决。

从 17～19 周龄开始，光照时间就可逐步开始加长，直至到 22 周龄后，达到 16～17 小时，以后维持在这个水平。在整个产蛋期内，其光照时间不能缩短，更不能忽长忽短。产蛋期光照强度 5 勒克斯，日常使用的灯泡按每平方米鸭舍 13 瓦计算。当灯泡离地面 2 米时，一个 25 瓦的灯泡，就可覆盖 18 米² 鸭舍的照明。蛋鸭的光照程度可参见表 5-2，光照时间各阶段有互相跨越范围。

表 5-2　蛋鸭的光照时间和光照强度

周龄	光照时间	光照强度
1	24 小时	8～10 勒克斯
2～7	23 小时	5 勒克斯，另 1 小时为朦胧光照
8～16 或 8～18	8～10 小时或自然光照	晚间朦胧光照
17～22 或 19～22	每天均匀递增，直至 16 小时	5 勒克斯，晚间朦胧光照
23 以后	稳定在 16 小时，临淘汰前 4 周可增加到 17 小时	5 勒克斯，晚间朦胧光照

3. 产蛋期的饲养管理注意事项

当母鸭适龄开产后，蛋产量逐日增加。日粮营养水平，尤其粗蛋白质应随产蛋率的递增而调整，并注意能量蛋白比，促使鸭群尽快达到产蛋高峰，达到高峰期后要稳定饲料种类和营养水平，使鸭群的产蛋高峰期尽可能保持长久些。此期内白天喂 3 次料，晚上 21～22 时给料一次。采用任食制，每只蛋鸭每日约耗料 150 克。此期内光照时间逐渐增加，达到产蛋高峰期自然光照和人工光照时间应保持在 14～15 小时。在 210～300 日龄，每月应空腹抽测母鸭的体重，如超过或低于此时期的标准体重 5％以上，应检查原因，并调整日粮的营养水平。

高峰期产蛋持续 100 多天后是蛋鸭最难养好的阶段。此时，蛋鸭体力消耗较大，对环境条件的变化敏感，如不精心饲养管理，难于保持高峰产蛋率，甚至引起换羽停产。此时的营养水平要在前期的基础上适当提高，日粮中粗蛋白的含量应达到 20％，并注意钙

第五章　蛋鸭的饲养与管理

水平。日粮中含钙量过高会影响适口性，可在粉料中添加1%～2%的颗粒状壳粉，或在舍内单独放置碎壳片槽（盆），供其自由采食，并适量喂给青绿饲料或添加多种维生素。光照总时间稳定保持16～17小时。在日常管理中要注意观察蛋壳质量有无明显变化，产蛋时间是否集中，精神状态是否良好，洗浴后羽毛是否沾湿等，以便及时采取有效措施。

蛋鸭群经长期持续产蛋之后，产蛋率快速下降时，饲养管理上应尽量减缓鸭群的产蛋率下降幅度。如果饲养管理得当，此期内鸭群的平均产蛋率仍可保持在75%～80%。此期内应按鸭群的体重和产蛋率的变化调整日粮营养水平和给料量。如果鸭群体重增加、有过肥趋势时，应将日粮中的能量水平适当下调，或适量增加青绿饲料，或控制采食量。如果鸭群产蛋率仍维持在80%左右，而体重有所下降，则应增加一些动物性蛋白质。如果产蛋率已下降到60%左右，已难于使其上升，无需加料，应予及早淘汰。

五、产蛋鸭补钙技术要点

钙是蛋鸭生产中不可缺少的营养物质。蛋鸭在产蛋期需要大量的钙、磷，其中有大约90%的钙用于骨骼和蛋壳的生成。根据产蛋母鸭的生理特点和营养需要，实行科学补钙十分重要。

1. 钙源饲料的选择

贝壳、石灰石、蛋壳，均为钙的主要来源，以海产粗贝壳粉效果最好，粗贝壳粉由大贝壳粉碎成直径8～12目颗粒而成，不含细沙，含钙量一般为35%～37%，是蛋鸭的优质饲料。骨粉和磷酸钙是优良的钙、磷饲料，磷矿石含氟量高，应做脱氟处理，骨粉因调制方法不同，其品质差异很大，有蒸骨粉和生骨粉之分，应选择经过加工处理的蒸骨粉，千万不能用生骨粉。蒸骨粉是经过加工处理后除去大部分蛋白质和脂肪，又经压榨、干燥、粉碎而成。蒸骨粉呈白色或银灰色，无臭味，含钙30%、磷14.5%、粗蛋白质7.5%、粗脂肪1.2%。生骨粉是在设备简陋条件下生产的一种劣质骨粉，仅将杂骨简单冲洗后用大锅蒸煮几小时，不加压、不脱

现代养鸭关键技术精解

胶，然后捞出晒干、粉碎而成。这种骨粉有臭味，呈黑色或暗灰色，含钙23%、磷10.5%、粗蛋白质21%、粗脂肪5%，饲喂未经高温、高压处理的生骨粉，其骨钙与骨胶结合在一起，鸭体对钙的吸收利用远比蒸骨粉差，长期饲喂能引起鸭体内的钙、磷比例失调，导致蛋鸭的产蛋率下降。

2. 补钙数量

饲料中钙质不足将直接影响产蛋量、蛋壳厚度、蛋的受精率、雏鸭出壳率以及血清含钙量。蛋鸭生产需要补钙，但不是越多越好，应该掌握适当的数量。一般雏鸭饲料中含钙量为2%。产蛋鸭每产一枚蛋需要钙质4克左右，饲料中钙的含量应掌握在3.2%～3.5%为宜，在高温或产蛋率高的情况下，钙含量增加到3.6%～3.8%即可。如果日粮中钙的含量超过4.0%，可造成不良后果：一方面会使饲料的适口性变差，而使鸭群的采食量下降；另一方面会使尿酸盐在蛋鸭体内蓄积，导致消化不良而引起拉稀，严重的还会出现痛风症状。

3. 补钙时间

为了使鸭多产蛋、产好蛋，要在开产前2周及时补钙。母鸭连产时，多在上午产蛋，产蛋后半小时下一个蛋黄从卵巢排入输卵管，蛋壳实际上在夜间形成。所以连产母鸭上午不需要补钙，到下午14时后，随着蛋壳沉积速度的增加鸭采食钙料的数量也随之增加。因此，在每天12～18时对产蛋鸭补饲钙质饲料效果最佳。将全天补钙量的2/3留在午后喂给，使产蛋鸭不必动用骨髓中的钙，就能保证产蛋期间对钙质的需要。

4. 补钙方法

钙源饲料可单独放置，任鸭自由采食，也可混于饲料中饲喂。此外，产蛋期的鸭最好喂一部分碎片贝壳，因为鸭体内保留钙的能力有限，碎片状贝壳在消化道内溶解慢，可以在夜间形成蛋壳时将所含的钙质释放到血液中而被有效利用。

5. 钙磷比例与其他营养素的补充

一般饲料中钙、磷比例为2：1，产蛋鸭应为4：1或5：1。维生素 D 有促进小肠对钙吸收的作用，散养鸭应多接受日光照射，这样可促进钙在体内的形成，舍饲养鸭应注意补给维生素 D 以满足其营养需要。维生素 C 能增加甲状腺的活动机能，促使钙从骨髓中分解而增加血液中钙含量，一般每千克饲料补给 50 毫克为宜。

六、放牧产蛋鸭的四季管理

（一）春季

春季气候温暖，光照时间逐渐延长，可以刺激鸭脑下垂体产生促性腺激素，促进卵巢的发育，排卵产蛋。春季又是万物焕发生机、繁衍和生长的时机，给鸭提供了大量的野生动植物饲料。春季是鸭产蛋最多的季节。

1. 放牧区的选择

早春，应选择背风向阳处，有浅水淤泥的浸冬田，或枯水的湖泊、塘坝、沟港。春耕开始后，"鸭跟犁走"，首先是备用秧田，以后是大田，再是收割完油菜、蚕豆、麦类等富含作物籽实的田地。

2. 产蛋期的补饲和饲养管理

从开始产第一枚蛋到产蛋的最高峰，通称产蛋期。在冬末春初，要利用好天然牧场，使鸭群换好毛，蓄好膘，积累好色素。当冬末日平均气温在 5℃以上，较少出现霜冻和冰冻的时候，就要开始补饲。开始是每天早晨放鸭后，补饲一餐早食，以八九成饱为宜。立春后，每天中午加一餐，八成饱。补饲第二餐以后，如遇寒潮，鸭群就会出现成群呼叫的现象。为了防止鸭膘和产蛋率倒退，就要加第三餐，即在 9 时加喂一餐茶食，以吃饱为度。

放牧中，如发现鸭群啄食紫云英或油菜，是绿色水草不足所致，应给鸭群每日补充一餐菜叶或蒲公英碎末。

开始产蛋时，要做到人不离鸭，防止鸭子走失。放牧区可以上午一块地方，下午换一块地方。这样可以兼顾产蛋鸭与未产蛋鸭，过多地更换地方常使未产蛋鸭感到疲劳，蓄膘不足；不换地方又易使产蛋鸭走失。

补饲 3 餐以后，鸭群中有部分鸭不愿吃粗糙的野生饲料，只是保存着吃较好的野生饲料的习性。如果这种鸭是蛋鸭，它就会感到饥饿，在牧场上呼叫，大群地跑动，所产的蛋个小、壳薄、油质层薄、蛋白稀薄、蛋黄淡，日产蛋率增长迟缓或停滞。这时宜加喂第4餐。在一般情况下，喂4餐时的产蛋率应有50%。喂饲4餐，对鸭群产蛋率有显著的促进作用，三五天就可达到八九成产蛋率。

3. 产蛋盛期的补饲与饲养管理

鸭群产蛋率达到80%以上时，对蛋白质的需求又增加了，进入了"春要赶"的阶段。每天上午，趁每次喂食后鸭群集中的机会，变换放牧区。

随着喂食时间和餐数的稳定，鸭群的生活规律也就养成了。一般是：集合，喂食，更换放牧区，洗毛、理毛、休息，散开吃野生饲料，依次循环。喂饲的时间和餐数是鸭群生活规律化的标志，千万不能随意变化，不然会引起鸭群生理功能的紊乱，产蛋率急剧下降。如果根据天气、野生饲料丰歉、鸭群产蛋情况，需要加减补饲的饲料量，只能在每餐的数量中加减，鸭民称之为"加食不加餐，减食不减餐"。

鸭群在产蛋高峰期，一般仍补饲4餐，不喂第5餐。鸭没有养成吃第五餐的习惯，就可以在吃夜食时拼力寻觅野生植物饲料。但是，放牧区的情况有时很糟：野生饲料少，鸭尽力采食也吃不饱，这样就会跌蛋。可采取"喂暗食"的办法，即把第5餐的饲料稀疏地丢在傍晚的牧场上，然后赶鸭子来采食。这样鸭既吃到了野生饲料，也吃到了补饲饲料，但几日内并不会养成鸭群一定要补饲夜食的习惯。

如果野生饲料长期贫乏，傍晚鸭采食只达半饱，就应加喂第5餐。或者将第5餐的饲料（每100只蛋鸭2.5～3千克）加喂到第2、第3、第4餐中，并将第3餐推迟到13时喂，第4餐推迟到17时喂。

4. 充分利用大田翻耕时充足的野生饲料

4月上中旬，大田翻耕，绿肥田和随后的油菜田、麦田、蚕豆田里、蚯蚓、昆虫、野荸荠、野慈姑、菱角以及上述作物的遗粒都十分丰富，应充分放牧。

5. 春季蛋鸭饲养管理要点

一是饲料供应要充足，日粮营养要丰富而全面，以适应产蛋鸭的高产需求。舍内常备有足够的清洁饮水，饲喂时间与饲料品种要稳定，保证鸭群足量的饲粮摄入；二是要做好防寒保暖工作。在春夏交替之际，气候多变时节，要注意鸭舍内的干燥和通风。

（二）夏季

夏季牧区的情况是：插秧后的半月内要"躲青"，以后才可以放牧，叫"钻青"；小面积的绿肥种子田翻耕后可以放几天；时值江南的梅雨季节，草地、树丛中滋生蜗牛，五六天可以轮流放牧一次；还有一季稻田和浅湖、沟港等牧区。

6月初，放牧的鸭群产蛋率都要下降，这是由于块根、块茎、肉质根类主要食物大都已发出新苗，动物性饲料减少，补饲料常较单一，鸭群已经较长时期产蛋，膘体单薄，羽毛陈旧、蓬松，需要换新。

如果春季开产较迟，在6月初有七成以上的膘和产蛋率，羽毛不沾水，鸭游泳时不下沉，野生荤食尚有一定水平时，可以继续进行谷实类、荤食类补饲，尽量寻找优良的放牧区，让鸭群维持七成的产蛋率。由于鸭羽毛逐渐枯老、蓬松、暗淡，有的翅膀像刷把一样，这样的羽毛会沾水，不容易干，下水会下沉。"保毛"成为春末后饲养管理的重要措施。

鸭群一定要有地势高、不漏雨的鸭舍，要垫干草；雨天更要每天傍晚新垫干草，使白天一身透湿的鸭，晚上可以干一下。水和鸭粪混合特别污损羽毛。更要防止鸭群在有矿物油的地方放牧和行进。在日常放牧中，除了必要的饮水、洗毛、采食的时间，要减少鸭群在水中活动的时间。

补充荤食也是很重要的，小群养鸭在5月起每天补给蚯蚓、螺蛳或屠宰场下脚料50～100克/只。

如果有收获的大麦、小麦、油菜、蚕豆的田块，则特别适合鸭群放牧，但在这些夏收作物田放牧，应注意有一个逐渐适应和变化的过程。

1. 要适应上述作物的颗粒

若用稻谷养鸭（近年部分用玉米养鸭），产蛋鸭可能对大麦、小麦、油菜籽、蚕豆等陌生而不去采食。这就要在上夏收作物田的数天前的最后一餐补食时，在鸭坪上撒上稻谷和相应的其他颗粒。由于饥饿，鸭群会首先采食稻谷，没有稻谷了就会采食其他颗粒，其他颗粒在整个补饵料中的比例逐餐增加。喂饵的餐数也逐渐扩大到中食、茶食、早食，到上夏收作物田放牧时，这些作物遗粒占总采食量的五成以上。

2. 要逐渐适应旱地放牧

开始上夏收作物田，宜在傍晚天气凉爽时。如需在旱地放牧较长时间，最好是阴雨天。应该每天有两三次在水中洗理，每天有两三小时在烂泥田中觅食——其中众多的浮游动物是鸭蛋白质的重要来源，但因其不易为人肉眼看到而常被忽视。因此，无雨天可用薄膜装些水在旱地上来贮备浮游生物。

3. 不要整天单一地采食

蚕豆、油菜籽，其适口性差，难消化，抑制生长和产蛋。其总采食量以不超过一半的日粮为好。油菜籽含有毒物质，其采食量应不超过日粮的20%。大量采食蚕豆、豌豆、油菜籽、蜗牛，可使日粮中的粗蛋白质含量接近25%而引起痛风症。

4. 要防止膨胀——脱水症

傍晚鸭在麦田、蚕豆田采食时会吃得很饱，在食管腺胃合适的温湿度条件下会迅速膨胀、口渴，因此要迟关鸭，让鸭在水塘边自由饮水，或晚间在鸭舍添置饮水槽并放少量水。

5. 防止维生素 B_1 缺乏症

在补饲料中添加含维生素 B_1 多的米糠、麦麸、次粉、酵母片、维生素 B_1 片可以预防维生素 B_1 缺乏症。

如果春季开产较早的个体，到5月底每只鸭已产7千克蛋，产蛋率已下降到三四成，羽毛沾水，游泳时下沉，亟需换羽。这时若牧区还有几种野生饲料，可供停止产蛋鸭需要；如蛋鸭继续产蛋，这些野生饲料因质量差而不能满足产蛋鸭的需求，可让鸭群停产。

6. 盛夏季节蛋鸭的饲养管理要点

一是要对鸭舍和运动场采取防暑措施。将鸭舍屋顶刷白，实行遮阳降温，运动场上搭凉棚遮阳。鸭舍的门窗全部敞开，草舍前后的草帘全部卸下，有利于通风，有条件的养殖场可安装排风扇或吊扇，进行通风降温排湿。同时，还应适当降低鸭群的饲养密度。早放鸭，迟关鸭，增加下水次数，并保证午休的时间。二是要调整饲粮营养配比。增加蛋白质、钙、磷、电解维生素的含量，适当降低饲料能量水平，在饲料中应添加具抗应激作用的药物。三是要保证饮水的清洁和足量，及时清洗水盆和料盆。四是实行顿饲，应集中于早晚凉爽的时间饲喂，中午多喂些粗纤维含量高的饲料，如块根、块茎或瓜类等，适当喂些葱、蒜等刺激性食物，以增加采食量及增强抗病能力。

（三）秋季

经 6 月停产换羽后的蛋鸭在秋季可按如下几点进行蛋鸭的饲养管理。

1. 补饲催膘

为了最大限度地利用早稻田的落谷和荤品，故常先"双抢"前半个月，不管以前补饲与否。"拖夏长水"的鸭按原标准继续补饲；停产的鸭一开始就补饲三餐，每日量80～90克。

2. 补饲浆谷

黄熟的稻谷未晒干时，质黏软，适口性强，饲喂鸭子，效果比陈谷好。

3. 双抢期间鸭群的放牧

"鸭跟拌桶走"，早稻收割田就成了鸭群的黄金牧场。采取逐丘放牧的办法，即把鸭控制在一定的丘块内。鸭群将跳跃、爬行的昆虫啄食后，就比较自然地采食落谷了。上午要放牧在有浅水、泥巴融合的田里，干田一般只能傍晚去放牧。

在早稻落谷田放牧，仍应有一定的生活规律和作息时间。拂晓放鸭，8 时许，鸭群已饱食，就应将其放在深水处洗毛，在安静的地段休息。9~12 时再上田采食，13~15 时，将鸭放在树阴下的深而微流的水域边休息。酷热的日子里，即使有部分鸭欲上田，也必须阻止，以防大群中暑。每天下午最后一次上田，鸭群比较稳定地吃食，放牧管理容易得多。这时牧鸭人要站在鸭群归牧时要经过的道口上，让鸭知道是要它多吃食，不让它早回去。同时，严禁任何影响鸭群安静吃食的声响和行动。

双抢末期，鸭群要跟犁走。特别是早晨刚上田、鸭食管空虚时，傍晚鸭吃食时更要在快要翻耕的田里放牧，以便较快地捡食落谷。其余时间，鸭群一般尚可从翻耕的田里吃到落谷和泥中的草食和虫类，但要加长采食的时间。如果在翻耕的田里已经吃不饱，就要开始进行早食的补给。双抢尾声，道路、晒场边常有遗落的谷粒，可于阴、雨天驱鸭去吃中食、下茶食和夜食。

4. "吊口期"的补饲和放牧

吊口期是养鸭行话，意指某种粮食作物的遗粒被吃完，而另一种粮食作物还没收割，鸭群没有遗粒可吃，需要补饲的时期。早稻落谷吃完，开始补饲的稻谷可以是早稻湿谷，后喂新谷，这样可避免鸭采食时拗口，补饲的餐数和数量可参考春季鸭的补饲。放牧区一般是中稻田和稻秧 10 多天后的晚稻田。吊口期及整个秋季均应让鸭采食到足量的水草，不足时要人工补给。天热，又补饲干谷，绝大部分放牧养鸭的鸭舍夜间又不供饮水，入舍前采食水草便成为必需。

5. 秋季蛋鸭的饲养管理要点

一是要适当增加营养，补充动物性蛋白质饲料；二是要人工补充光照，保持每天光照不少于 16 小时，光照时间只能增加不能减少；三是要做好防寒保暖，保证舍内小气候的基本稳定，尤其是针对秋季气候多变这一特点，及时做好大风暴雨和气温骤变等预防工作，保证鸭舍内小气候的舒适和稳定；四是要对鸭群进行一次整体筛淘，停产鸭或低产鸭应及时淘汰。

(四) 冬季

1. 产蛋期

冬季的湖泊、河流、沟港、池塘是枯水季节，原本春、夏、秋季都没有多大放牧意义的水域成了放牧区。如果捕鱼，鸭群还可啄食到捕鱼带上岸来的小鱼虾、螺蛳、蚌和其他水生动植物。冬水田是冬季蛋鸭群全天候的放牧区，而冬翻田可作为阴雨天下午的放牧区。冬季产蛋鸭的放牧区要相对固定。寒潮期要选在风小、比较暖和的地方。

冬季谷实类补饲的餐数、喂量可参考春季的办法。

寒潮期间谷实类补饲的原则是基本上不加餐数，但每餐的数量以鸭吃饱为度。因为不喂足就保不住蛋。在寒潮期加喂谷实料和部分活食，使鸭不停产或使停产一日而卵黄尚未萎缩的鸭卵巢继续发育，第三四日恢复产蛋。这具有决定性意义，因为寒潮中尚未跌蛋、很少跌蛋和仍有较高产蛋率的鸭群，熬过了几天寒潮，天气变暖以后，仍可高产一个时期的蛋。没有保好这一关，跌蛋很多的鸭群，虽然也遇到了好天气，却不再提高产蛋了。

要解决好活食——蛋白质的供给，螺蛳和蚌为最佳，但这时螺蛳、蚌均已向较深的水域度冬，鸭较难采食到它们，可人工捞取。

2. 停产期

冬季停产期的任务是维持鸭的生命、换羽、长膘、恢复色素。有三种不同的饲养方式。

（1）富饲方式　刚停产时，仍在原地放牧，吃稻田、禾场、草堆、码头等处的落谷。在干涸了的湖场吃食小鱼虾，在冬水田里放牧。这样的鸭群各方面都恢复较快，春季可早产蛋。淘汰鸭群也可采用这种饲养方式，由于产蛋率逐步降低，在完全停产前实际上已有不少鸭在恢复体膘。所以一般在完全停产后1星期即行上市是合适的，继续饲养并不合算。

（2）粗饲方式　有的放牧区富含螺蛳、苦草、黑藻、荆三棱等，这些野生饲料营养不太丰富，且不补饲，使鸭饥不择食，养成耐粗饲的习惯。采用这种饲养方式，鸭群要保持六成以上的膘，这样才能抵御寒冷，才有体力去挖掘泥中的草食。有极少数鸭不采食粗饲料，应捉回，补饲稻谷类，恢复到六成膘后再合群。

（3）结合方式　在刚停产时采用粗饲方式，过元旦后采用富饲

现代养鸭关键技术精解

方式。

若冬季产生冰冻，则只能以不同水平的补饲料来延续，富饲方式补饲稻谷、玉米；粗饲方式补给稻谷、麦麸、稗、米糠、萝卜等。日喂两餐，每餐 50 克左右。长期冰冻还要补饲叶类菜叶。适当提高关养密度，可以提高鸭舍温度，一般密度可达每平方米蛋用型鸭为 8～9 只，兼用型鸭 6～8 只。每天勤换垫草，保持鸭舍地面的干燥，使鸭蹼和蹲伏时胸腹不受冷刺激。入冬后垫草只垫不出，用厚垫草法养鸭，可以借微生物在粪草中的繁衍而提高舍温，获取维生素 B_{12}。

3. 冬季蛋鸭的饲养管理要点

11 月底至翌年 2 月上旬是一年中最为寒冷的季节，饲养管理不当会造成鸭群的产蛋率迅速下降。其管理要点有：一是要适当增加饲养密度，可增加到 8～9 只/米^2，并增加鸭群的运动量；二是要及时调整日粮，适当提高饲料中代谢能的含量，并适当增加饲喂量，最好夜间再补 1 次饲料，一般夜间补饲的蛋鸭产蛋量可提高约 10%；三是增设保温设施，深夜棚内温度应维持在 5℃以上；四是要人工补充光照，每天光照至少应保持在 16 小时；五是对放牧鸭，早上应迟放鸭，傍晚早关鸭，只在上、下午气温较高时让鸭群各洗浴 1 次，每次不超过 10 分钟；六是要减少应激，还要搞好舍内外清洁卫生，防止老鼠等敌害的侵袭。

第六章　肉鸭的饲养管理

　　肉鸭生产是养鸭业的一个重要分支，它是指根据肉鸭的生活习性、生理特点的要求，为肉鸭提供适宜的生长环境条件和营养供应，通过对肉用品种雏鸭的短期饲养，使之迅速增重，达到提高肉产量和质量的目的。目前，"绿色与生态养殖""食品健康与安全"等已经成为当今世界家禽业发展的主流。根据肉鸭的生活习性，生长发育要求，建立肉鸭健康技术规范，改善肉鸭的饲养方式、生活环境、饲料品质与营养等，将显著提高肉鸭的健康水平，实现"安全、优质、高效"生产。近年来，随着品种选育工作的进展，已培养出许多优质肉鸭品种，如樱桃谷鸭（英国）、狄高鸭（澳大利亚），这些品种的商品代饲养 7 周，体重即可达 3 千克以上，料肉比为 2.85∶1。我国的北京鸭 7 周龄体重也可达 3.16 千克，料肉比为 3∶1 左右。这些鸭之所以增重如此迅速，除了品质遗传性能外，重要的还取决于饲养管理措施。

第一节　商品肉鸭的饲养管理

　　商品肉鸭的饲养，就是将优良品种的商品代肉鸭，从孵化出壳饲养至 7～8 周龄，使其达到 2.5～3 千克的出栏体重，满足人们生活需要。肉鸭的饲养主要是肉雏鸭的饲养。

一、雏鸭的饲养管理

（一）雏鸭的生理特点

雏鸭在北方又叫鸭黄，是指出壳后 4 周龄内的小鸭。雏鸭处于生长初期，对外界环境温度敏感，体温调节能力差，体内尚存未吸收完的卵黄，消化器官尚不健全，消化能力差，体质较弱，但生长迅速，相对增长快。如果对雏鸭饲养管理稍有不慎，就会使其生长发育受阻，甚至会引起疾病和死亡。雏鸭阶段饲养得好坏直接影响以后的中雏、填鸭阶段的饲养。雏鸭饲养管理的关键在于抓好最初的保温、喂养及放水。

（二）肉用雏鸭的培育方式

1. 地面育雏

这是使用最久、最普遍的一种方式。雏鸭直接放在育雏舍的地面上，地面铺垫料，这种方式设备简单，投资省，不论条件好坏均可采用。

2. 网上育雏

这种方式的特点是：首先，环境卫生条件好，雏鸭不与粪便接触，感染疾病的机会少；其次是，不用垫料；再者是温度比地面稍高，节约燃料，而且成活率高、可增加饲养密度。缺点是一次性投资大。

（三）育雏前的准备

确定接雏数量后，首先依接雏数量安排好育雏舍使用面积。有破损的门窗、墙壁、通风孔等，应进行维修，堵严鼠洞。如采用地面育雏，要准备好充足的清洁干褥草；如采用网上育雏，应修补好网底及周围破损的地方，铁丝接头不要外露，以免刺伤鸭脚或皮肤，对育雏室应彻底消毒。

（1）清舍　雏鸭转出育雏舍后立即清舍，清除旧垫料，清扫鸭舍地面、屋顶、四周及饲养用具。

（2）冲洗　用高压清洗机把鸭舍地面、四周及各种饲养用具冲洗干净。

（3）检修及设备配置　检修鸭舍门窗、墙、供水供电系统，安装好取暖设备，围好围栏、育雏圈，备好饮水器、料槽，调好舍内通风和光照设备。

（4）消毒　鸭舍内外及饲养用具使用不同消毒药进行彻底消毒2～3次。

（5）空舍　封闭鸭舍，空舍15～30天。

（6）熏蒸　在进雏前5～7天，关闭鸭舍门窗或用帘布将鸭舍封闭，用福尔马林熏蒸消毒，密闭一天后，开窗通气1～2天。

（7）饲料及药品准备　在进雏前3天，备好小鸭料，常用药品。

（8）预热　在进雏前12～24小时，育雏温度应调节到32℃以上，相对湿度保持在60%～70%，待雏鸭到达。对以火炉为热源的育雏舍，要检查烟筒是否漏气、漏烟，通风是否良好，以防煤气中毒；对以红外线保姆伞为热源的育雏舍，应检查灯泡是否完好，电线、电源是否安全，供温是否正常。

（四）接雏

接雏时，冬季外界温度较低，应注意保温；夏季气候炎热，注意防暑、防晒。雏鸭进入育雏舍后，按大小、先后、强弱分群放置，每群以不超过300只为宜，日后根据雏鸭生长、发育情况，每过一段时间再进行调整。若以火炉为热源，应将弱雏放在温度较高的地方，以利于对卵黄的吸收和促进生长。接雏后应让雏鸭早开饮、早开食，并做好相关记录（进雏日期、数量等）。

（五）育雏温度、湿度

1. 育雏温度

雏鸭进入育雏舍后，最初1～3天，育雏温度应在32℃以上，以后给温逐渐降低，具体温度详见表6-1。

表 6-1　育雏温度

日龄/天	育雏温度/℃	室温/℃
1～3	32～35	22～24
4～6	29～32	22～24
7～10	25～28	20～22
11～15	21～24	20～22
16～21	20～21	20～21
21 以上	20	20

雏鸭应均匀地分布于整个育雏区域。如雏鸭趋于拥挤或扎堆，即表明育雏温度不适或有贼风存在。由于雏鸭体质强弱对外界温度反应有所不同，在掌握温度时，还必须根据鸭的体质情况随时调整。我国南方地区与北方地区气候不同，昼夜温差也不同，北方地区昼夜温差大，南方地区昼夜温差小，根据这种情况，10 日龄以后雏鸭所需温度，南方可略低于北方。育雏热源形式多种多样，普通的是以火炉作为育雏热源，也有的采用地面瓦缸热管道和地下火道（或火炕）育雏，比较先进的是采用暖气或红外线保姆伞，或液化石油气保温伞育雏。实践证明，网上育雏由于温度较地面育雏高，且分布均匀，又可避免雏鸭扎堆、踩伤、压死，所以成活率可达 97%，而地面育雏一般仅为 90% 左右。

2. 育雏湿度

育雏前期，室内温度较高，水分蒸发较快，雏鸭饮水量、采食量较小，舍内比较干燥，相对湿度要高一些，适宜相对湿度为 1 周龄 60%～70%，2 周龄起 50%～60%，总之前期不能过低，后期不能过高，切忌高温高湿环境，防止球虫病及细菌病的发生。

（六）育雏密度

雏鸭的饲养密度与生长速度关系非常使切，密度过小，生长快，但不利于充分利用圈舍，而密度过大，又会影响增重，使其拥挤，生长受阻，大小参差不齐。较理想的育雏密度见表 6-2。

表 6-2 雏鸭饲养密度 单位：只/米²

周龄/周	地面饲养	网上饲养
1	20～30	30～50
2	10～15	15～25
3	7～10	10～15

（七）光照与通风换气

（1）光照 在育雏前三天采用 24 小时光照，第四天开始采用 23 小时光照，预防突然断电引起的雏鸭惊慌扎堆，造成损失。

（2）通风换气 及时排除有害气体，如二氧化碳、硫化氢、氨气等，保证良好的舍内空气环境，还要注意避免贼风。

（八）雏鸭的饲养与管理技术

1. 雏鸭日粮

在雏鸭阶段，体重相对增长很快，同时，由于其消化道最初发育尚不完全，所以为充分满足雏鸭生长发育的需要，必须供给优质的饲料。

雏鸭日粮应达到以下标准：粗蛋白 22%，代谢能 12.142 兆焦/千克，钙 0.65%，磷 0.45%，必需氨基酸齐全，比例适宜。

为保证雏鸭健康生长，最好在 3～7 日龄的饲料中，加入 0.02% 的土霉素或 0.01% 的呋喃唑酮，以防雏鸭发生消化道疾病等。

2. 饲喂方法和饲喂次数

（1）饮水 先饮水，后开食。第 1 天饮水中加入 3%～5% 葡萄糖 + 0.2% 电解多维，第 2～5 天饮水中加入电解多维 + 抗生素（净化肠道）。药物可选择芙劳安、诺西林、雏痢健、百病消、环丙沙星 + 阿莫西林，一周内饮用凉开水，温度为 20～28℃。夏季气温达 25℃ 时，直接将雏鸭放到 1 厘米深的水盆中，让其边喝边洗；冬季气温低，应先提高水温，使其达到 20℃ 以上时，再放鸭饮水。每次饮水 5 分钟左右，然后把雏鸭赶到干燥的垫草上。

（2）开食 饮水后 1 小时左右就可以喂食。"开食"一般都用

现代养鸭关键技术精解

碎玉米、碎黑豆、碎糙米等煮成半熟后放到清水中浸一下再捞起。初次喂食的饲料要求不生、不硬、不烫、不烂、不黏。开食时将煮过的饲料撒在油布或塑料布上，要撒得均匀，边撒边吆喝，调教采食。

（3）雏鸭的饲喂方法　在我国很多地区习惯上多用湿粉料，1周内的雏鸭为自由采食，在食槽内或食盘内要保持昼夜均有饲料，但必须少给勤添，随吃随给，做到槽内既常有饲料，又不余料过多，以防腐败变质。1周龄后改为每昼夜喂6次，2周龄后改为每昼夜喂5次，3周龄后改为每昼夜喂4次，或2周龄后即改为每昼夜喂4次。

地面散养雏鸭，3日龄后可少量添加青绿饲料，夏天添加水草，冬天添加胡萝卜或白菜之类的蔬菜。青绿饲料可占日粮的10%～20%，随日龄增加而逐渐加大用量；对于具有一定规模的集约化饲养，则可改用向日粮中添加多种维生素的办法以满足鸭对维生素的需要。一般为让鸭采食和饮水方便，常将饮水器（水槽）、食槽相邻摆放，但这样会造成饲料浪费，这是由于鸭有一边吃食一边用水涮嘴的习惯，常见鸭吃几口料就将嘴往水里涮，这样既浪费饲料又弄脏了饮水，因此应将食槽与饮水器分开放置。

3. 日常管理

（1）定时检查，细心观察　每天定时检查温、湿度、水及饲料，注意观察鸭群的采食、饮水、活动、粪便等情况，防止雏鸭扎堆、窜栏，若发现异常情况及疾病征兆，应及时采取防治措施。育雏期应重点防治鸭病毒性肝炎、鸭疫里默杆菌病（鸭传染性浆膜炎）及大肠杆菌病、球虫病等。

（2）清洁卫生　饮水器要经常清洗，保持垫料干燥清洁，地面垫料应经常清换，冬天也应在室外运动场铺垫料。每天清扫鸭舍并消毒，每天带鸭清毒1次，保证鸭舍良好的卫生环境，同时防止惊群，减少应激。

（3）户外活动　地面散养的雏鸭，出壳3天后，可在天气晴朗温暖时，赶到室外活动和在浅水中嬉水，但下水时间切勿过长，一般以不超过 10 分钟为宜。冬天应在中午，每天 1 次，其他季节可每天 2 次，随日龄增长，逐渐增加户外活动时间。但在大风天、雨天、下雾天不应放鸭。已在户外活动的雏鸭遇天气突然变化时，应及时赶回舍内。夏季阳光强烈，运动场应有遮阳棚，既可防止中暑，也可避免雨淋。

采用网上育雏时，整个育雏期内雏鸭均在网上活动，不存在嬉水和洗浴问题，雏鸭生长同样良好，目前北京鸭多采用此法。

（4）做好记录　每天认真做好饲料消耗、死亡、温湿度等记录。发现有弱雏、伤雏时应及时取出，设隔离专栏，加强伤养管理，待其康复后再放回舍群饲养。对于死雏不可乱扔，要深埋，防止疾病传播。

二、中雏饲养管理

自 4 周龄至填饲前（6～7 周龄），也可依生长情况提前至 5～6 周龄，这一时期被称为中雏阶段。

中雏肉鸭的特点是：对外界环境条件的适应能力比雏鸭期强，死亡率较低。鸭采食能力强、吞食饲料快、食欲旺盛，生长迅速、增重快，体躯大而健壮，为填鸭打下良好基础。由于此阶段鸭采食量大，饲料中粗蛋白质含量可略为降低，但仍能满足鸭生长所需营养，从而达到良好的增重效果。

1. 营养需要与饲喂方法

中雏是生长速度、增重速度最快的阶段，一定要供给充足的营养，使其得以充分的生长发育。其营养标准大致为：代谢能12.142 兆焦/千克，粗蛋白质 16％，钙 0.6％，磷 0.6％。传统的肉鸭饲养中，中雏阶段为攻料长架子阶段，就是要求增加饲料体积，使中鸭消化道容积逐步扩大，便于以后育肥时能容纳较多的饲料。

中雏阶段仍喂全价饲料，可由育雏料过渡到中雏或肉鸭料，一般有 3～5 天过渡期，要尽量选用颗粒混合料，因为颗粒料易吞入，营养丰富，能值高。如用粉料，应采用湿拌料，以减少浪费。

中雏阶段饲喂方式仍采用自由采食方法，为了减少浪费，使饲料充分消化，刺激食欲，每天最好有1～2小时空槽时间。此外，晚上的环境比白天安静，肉鸭增重快，必须保障晚上也有充足的饲料。如果采取分餐饲喂，一般每天喂4次，即6小时喂1次，深夜1～2点应喂一次，以保证昼夜营养平衡。

2. 饲养方式

4周龄以后的中雏，活重达1千克左右，且绒羽已逐渐更换，对外界适应性增强，可以离开育雏室，实行户外圈养，如水边圈养或旱地圈养均可。中雏户外圈养较室内舍饲，不仅可以节省建筑费用，而且环境通风良好，空气新鲜，对肉鸭生长发育和增重都十分有利。圈养场地一般不必建鸭舍，但最好有竹或树木遮阴，如竹、树木不足，可适当搭凉棚，凉棚最好是永久性的，它不仅可以遮阳挡雨，又可使鸭在阴雨、风雪天有个栖宿之地。在水边圈养时，为实现鸭鱼结合，综合利用，一般每100平方米水面可圈养8～12只中雏。旱地圈养时，水槽应设在鸭圈最下端，以保持场地的清洁与干燥，要保证全天供水，不能间断。

3. 鸭群的大小和饲养密度

中雏阶段生长发育快，要注意其饲养密度是否合适，如果密度过大，容易引起啄毛癖，要及时扩大圈养面积，降低密度，中雏舍的密度一般为每平方米：4周龄7～8只，5周龄6～7只，6周龄5～6只。

夏季、晚春和早秋中雏常露宿舍外，所以舍内实际饲养密度往往超过上述数字。中雏性情好动，爱抢食，在大群饲养中，往往强者生长快，弱者生长迟，如不及时挑出，弱鸭往往吃不饱，在抢食时被践踏，肉鸭上市时残鸭比例上升，影响收入。所以应将弱鸭及时挑出隔栏加强饲养，以保障鸭群平衡生长。中雏群的大小一般认为每群以500～1000只为宜。

4. 卫生防疫

中雏食量增大，粪便多，除了圈养场地粪便应及时清理外，还应定期洗刷消毒饲槽、饮水器和饲养工具。

35日龄应接种禽霍乱疫苗，预防禽霍乱的发生。每天早晨要检查鸭群动态，看有无软脚和啄毛癖。中雏软脚多因钙、磷缺乏或比例不合适，或维生素A、维生素D不足及场地潮湿等引起，应找出原因，及时纠正；啄毛癖多因饲养密度过大、缺水或营养供应不平衡引起，应尽快查明原因。要经常观察鸭群粪便变化，如发现粪便稀如水样，要检查是饲料变质引起，还是疾病引起，从而采取防治措施，未查明原因之前，可用土霉素或氯霉素每只每天50～100毫克拌料饲喂，连服3天；或每100千克饲料加穿心莲粉1～2千克拌料，均有一定疗效。

5. 注意事项

中雏对温度的要求，一般以保持室温在20℃左右为宜，温度过高则影响生长发育。网上饲养的雏鸭刚转到中雏舍时，因环境改变，常产生应激现象，所以转群前必须空腹方可运出。中雏舍地上面积比网上面积大，雏鸭一下地则欢快奔跑，或惊吓乱窜，可因一时不适应而造成气喘、拐脚、偏瘫，甚至全瘫，所以刚下地时，地上面积不宜过大，过2～3天后再逐渐扩大。对偏瘫或全瘫的鸭，可隔离圈养，待恢复后再放回大群。圈养场应保持清洁干燥，冬天寒冷应铺垫草，夏天雨水多，运动场沙土应勤换，以保持干燥清洁。如果场地潮湿，不仅影响增重，而且鸭胸腹毛容易脱落，但羽根仍在，影响屠体品质。圈内鸭粪应定期冲洗清扫，保持场地干燥和清洁，晚上切忌用手电筒等照明物照射鸭群，以免引起鸭群惊恐和应激而影响生长发育。

三、填鸭的饲养管理

填饲是我国劳动人民在几百年前就创造出来的一种快速育肥方法，其目的就是要在短期内促进鸭体增重，经过中鸭期粗放饲养的肉鸭，在上市前通常要进行2～3周的肥育，填饲过的肉鸭，体间脂肪聚积，并均匀分布于肌肉间，使肌肉形成"间花肉"，同时皮下包含有一定量脂肪。这种鸭的屠体肉质鲜嫩，特别适宜制作烤

现代养鸭关键技术精解

鸭，烤后皮脆肉嫩，气味芳香，多汁而爽口。长期以来，未经系统选育的北京鸭中雏养到6～7周龄、体重达1.75千克以上时，即转入强制育肥阶段，即填鸭阶段，经10～15天的填饲期后，体重达2.6千克以上即可出售。有的中雏养至5周龄时，体重即可达1.75千克，此时应提前填饲，争取早日达到出栏体重。用我国北京鸭和引进的樱桃谷、狄高鸭养到5周龄时体重2～2.1千克，再填饲约2周，体重可达3千克以上。如果没有特殊要求，大鸭期的肥育，只要减少肉鸭放牧，甚至网养，喂给高能繁饲料即可。

由于填饲期是整个肉鸭生产过程中最后出成品的阶段，所以养鸭场对这一时期的饲养管理都特别重视，精心护理，促进鸭体均匀生长，使肌肉发达，尤其是增强胸肌的肥厚度，力求生产出肌肉丰满、体质匀称，双腿不跛，背部无抓伤，腹部无垫伤、无瘀血、无青腿的一级填鸭。

1. 填鸭前的准备

转入填饲阶段的中雏，在开填以前，最好按性别、体重大小、体质强弱分群，分群后，填食时可按个体大小、强弱分别掌握填喂量，这样即可获得较好的育肥整齐度。

中雏到填鸭舍后，在分群后或分群时，应将其脚趾甲剪短，以免鸭相互抓伤，影响屠体美观和成品等级。

2. 填鸭的饲料

填鸭的饲料应适当提高能量水平，代谢能可调至12.142～12.56兆焦/千克，粗蛋白质达14%～15%即可，有的甚至可降到12%。填鸭期一般为2周左右，可分前后期，各为1周左右。前期饲料能量水平稍低，蛋白质水平较高；后期正好相反。

此外，填鸭每次填入饲料量，比自由采食要多得多，产生热能也高，所以一定要供给充足的饮水。在填饲阶段，鸭生长速度快，除必须有足够的能量和蛋白质饲料外，要特别注意日粮中钙和磷的数量和比例，以免因矿物质不足或钙磷比例失调，影响增重效果或引起瘫痪。加水将料拌成浆状"水食"，放3～4小时（天热时饲料易变质应现拌现喂），使其软化，可提高消化率。水与干料之比为

6∶4，一般每天填食 4 次。填食量每次按"水食"计，每天填食量为：第 1 天 150～160 克，第 2、第 3 天 170～180 克，第 4、第 5 天 200 克，第 6、第 7 天 225 克，第 8、第 9 天 275 克，第 10、第 11 天 325 克，第 12、第 13 天 400 克，第 14 天 450 克。

3. 填饲操作技术

填鸭的操作技术很重要，应随日龄增长和生长情况，逐渐增加填料量，切勿突然增加，以防撑死或因消化不良及其他原因造成瘫痪。

填鸭时先将鸭轻轻赶到小圈内，每圈 80～100 只，以后再分批赶到填鸭机旁的小圈，每小圈 10～20 只。填鸭时左手握住鸭头部，掌心向鸭后脑，拇指和食指撑开上下喙，中指压住鸭舌，右手轻握鸭食管膨大部，将鸭嘴套入填鸭胶管，使胶管插入咽下部，鸭体与胶管平行，即开始填饲。整个过程要求开嘴快，压舌稳，插管准，撤鸭快。一般熟练工人每小时可填 400～500 只。热天、雨天鸭食欲不振，易患消化不良，此时应减食，以免引起疾病，浪费饲料。

一般在填食前 1 小时填鸭的食管膨大部普遍出现垂直的凹沟即为消化正常。早于填食前 1 小时出现，表明需要增料，晚于增食后 1 小时出现，表明填食量偏高。

4. 填鸭的管理要点

填饲完毕后，可令其马上洗浴，这样既可帮助消化，又可增强体质，但水浴面积勿大，时间也不宜太长，以免消耗能量过多，影响增重效果。近年来，不少鸭场基本上限制填鸭下水，或 3～5 天下一次水，增重效果更为显著。

填鸭饲养密度不要太大，为每平方米 2.5～3 只，圈舍内外一定要干燥平整。昼夜不断供应饮水。填食后的鸭，嗉饱体笨，懒散不爱动，如久卧地面，腿部易瘫痪，胸部也会出现红斑伤痕，因此，每隔 2～3 小时慢慢轰起使其活动。轰赶时要慢，严禁棍打脚踢，以防鸭群堆挤压伤，甚至造成死亡。

5. 抓鸭方法

抓鸭看起来极平常，但在饲养过程中，由于每天要抓几次，填鸭体肥且重，骨软皮嫩，如抓法不当（抓脖子、翅膀或腿脚），鸭体挣扎，容易造成伤残，所以抓鸭时必须抓嗉囊部位，抓时四指并拢抓嗉部，拇指握颈底部，即可将鸭抓稳，并应轻抓轻放，切不可连扔带摔。

6. 填鸭肥度检查

一般经 2 周左右填饲，填鸭体重达 2.5 千克以上时即可出售。通常，填饲期平均日增重应达 50～60 克；肥度好的填鸭，胸部丰满，背部宽阔，两翅根下肋骨的脂肪球大而突出，尾部丰满。

7. 运输

填鸭运输分为短途运输和长途运输。运输填鸭应注意以下问题。

（1）轻装轻卸　填鸭装笼应轻装轻卸，笼内不可有毛刺或断丝，以免刺伤鸭皮毛。

（2）空腹运送　填鸭至少应在喂食 2 小时以后方能启运，否则刚喂饱的鸭常因运输震荡而造成残瘫或死亡。长途运输途中应适当填食，以减少途中掉膘，但每次填食量应比平时少。行车时，车速应平稳，尽量避免颠簸和急刹车。长途运输时，一定要有充足饮水。市内短途运输，夏天应在早、晚凉爽时进行，以免中暑死亡；冬天可在中午暖和时进行。到达目的地后，必须立即卸车，夏天更应如此，否则因闷热和挤压，易造成死亡。

第二节　肉用种鸭的饲养管理

种鸭是商品肉鸭和填鸭生产的基础，只有种质优良、体质健康的种鸭，才能生产出更多受精率高的种蛋。只有优质种蛋才能孵化出健壮结实的雏鸭，最后才能使每只母鸭生产出更多优质的肉鸭，所以一个鸭场要使肉鸭稳产高产，首先要做好种鸭的培育和选种、饲养管理等各项工作。

种鸭的饲养管理基本上可分为四个环节，即育雏期、中鸭期、后备期和产蛋期。育雏期及中鸭期的饲养管理与蛋鸭相似，现仅就后备期和产蛋期饲养管理进行介绍。

一、育成期饲养管理

育成鸭又叫后备鸭，是指 50 日龄开始到开产前这一段时期，一般为 160～180 日龄以前的种鸭，饲养期天数为 120 天左右。这一时期为种鸭性发育期，种鸭适应能力增强，耐粗饲，在饲养上除了保证正常发育外，主要是防止体重过大、过肥和成熟过早，以免降低总产蛋量，所以一般采取限饲喂。

（一）转舍和分群

鸭群由育雏舍转入育成舍前，应先将鸭舍及所有设备用具加压冲洗后，喷洒消毒药物或进行熏蒸消毒。转舍前 12 小时鸭群停止限料，先将母鸭分放各栏，然后按公、母鸭比例 1：4 将公鸭放入各栏。在分栏时，做好种鸭初选工作，淘汰生长发育不良的残病鸭。

肉用种鸭从雏鸭入舍开始都采用公、母鸭混群饲养，有利于促进和刺激生殖系统发育，如果公、母鸭不在一起饲养，将会出现同性恋等性癖，但番鸭可到 10 周龄时进行公、母鸭合群饲养。为了控制公鸭增重，在鸭舍可设置栅栏隔板或隔墙，母鸭可通过栅栏吃料，而公鸭不能通过，这样既不隔离公鸭，又保证母鸭吃到规定的料量，使公鸭和母鸭体重达到规定标准。

（二）限制饲养

种鸭育成期一定要严格控制体重增长，公鸭体重过大，母鸭过肥，会使其生殖系统发育受阻，配种能力降低。限制种鸭过早性成熟，可提高产蛋率、种蛋合格率和受精率，又可节省饲料，降低饲养成本。限制饲养可以通过降低日粮的营养水平以及减少日饲喂次数来控制。

1. 降低日粮的营养水平

计划留做种用的雏鸭，当其长到 50 日龄后，应将日粮中粗蛋白质含量降至 12%～13%，代谢能降至 10.866～11.304 兆焦/千克，这样既可以维持后备鸭正常生长发育，又不致使鸭体过大、过肥。后备鸭日粮中青绿饲料比例可达 55％～70％，粗饲料 20％～30％，谷物饲料 10％～15％，并可适当添加矿物质饲料。动物性饲料可酌情补给，但不宜过多。

2. 减少饲喂次数

采用这种方法时，饲料营养水平不能太低，粗蛋白质可维持 15％，每千克饲料代谢能 11.723 兆焦左右，饲喂次数由每日 4 次改为 2 次。在可能的情况下，最好每周或每两周抽测一次体重，每次抽测数量为群体数的 5％，以观察其体重增重情况，然后根据体重要求，适当调整饲喂次数。如体重仍过大、过肥，可再降至每日饲喂 1 次，甚至每两日饲喂 1 次（即隔日饲喂 1 次）。

在进行限制饲养时，由于饲喂量减少，或喂的次数减少，鸭常处于饥饿状态，喂食时争抢剧烈，假如饲槽位置不够，有些鸭必定会吃不足或抢不到食，影响鸭正常体重和群体整齐度。所以，对限制饲养的鸭群，必须有足够的饲槽位置，要求在喂饲料时，全群每只鸭都能同时吃到饲料。因此，应为每只鸭提供 10～12 厘米长度的饲槽，特别是地面散养，每次喂料时鸭数不宜过多，以保证每只鸭能同时采食。如果鸭群整齐度较差，可将体重过大或过小的鸭取出，分别单独喂养，达到标准体重后再放回原群。限制饲养期内，切勿因见鸭饥饿叫唤就补喂，否则会导致限制饲养失败。

后备鸭到 150 日龄后，即将开产，这时可略将饲料营养水平提高，饲喂次数也可逐渐提高到每日 4 次，当产蛋率提高到 5％时，应迅速提高饲喂量，让其自由采食，以保证种鸭产蛋需要。

（三）后备鸭的称重

每周定期、定时称重直至开产为止，要求在喂前 4 小时空腹时进行。称重时随机抽样，比例为鸭群的 5％～7％。每次称重后，将母鸭体重平均数与制定的各阶段体重标准进行比较，如果实际体重与标准体重差异较大，就要调整饲喂次数和料量；如鸭群个体间的体重差异很大，则要从饲喂方法和每只鸭的采食面积来考虑是否达到要求。如体重差异仍较大，则可按体重大小暂时分群饲喂，对体小者可适当增加饲喂次数和数量；对体重超标者可进一步限制，待体重接近一致时再混群饲养。后备鸭各周龄体重标准见表6-3。

表6-3 后备鸭各周龄体重标准　　　　　　单位：千克

周龄	大型肉鸭体重		中型肉鸭体重		周龄	大型肉鸭体重		中型肉鸭体重	
	公	母	公	母		公	母	公	母
7	2.0	1.9	1.95	1.9	17	2.65	2.55	2.5	2.45
8	2.1	2.0	2.05	2.0	18	2.7	2.6	2.55	2.5
9	2.2	2.1	2.05	1.3	19	2.75	2.65	2.6	2.55
10	2.3	2.2	2.15	2.1	20	2.8	2.7	2.65	2.6
11	2.35	2.25	2.2	2.15	21	2.85	2.75	2.7	2.65
12	2.4	2.3	2.25	2.2	22	2.9	2.8	2.75	2.65
13	2.45	2.35	2.3	2.25	23	2.95	2.85	2.8	2.7
14	2.5	2.4	2.35	2.3	24	3.0	2.9	2.85	2.75
15	2.55	2.45	2.4	2.35	25	3.1	2.95	2.9	2.8
16	2.6	2.5	2.45	2.4	26	3.1	2.95	2.9	2.8

（四）光照

光照包括自然光照和人工补充光照。种鸭不同时期的光照程序很重要。育雏期采用长时间光照，可促进雏鸭生长发育；育成期减少光照时间，可以控制性成熟的速度；育成后期有规律地增加光照，可以刺激生殖器官发育，有利于提高产蛋量。把光照、饲喂量和体重的控制结合起来，是控制鸭群性成熟最有效方法。更重要的是合理安排光照程序，这样就可以使群体性成熟比较一致。具体光照程序应是：0～8周龄20～24小时/日，9～18周龄采用自然光照（10～11小时），19～24周龄以18周龄时自然光照为基数，从19周龄开始每周增加1小时光照时数，使24周龄时达每天17小时光照。整个产蛋期保持每天17小时光照。增加光照时间是早上和黄昏，使之到24周龄时能够得到从早晨4点至晚9点，17小时连续光照。

（五）加强运动

种鸭在育成期，为提高体质及为以后产蛋期打下坚实基础，必须加强运动，一般有条件的地方，可采用放牧饲养。放牧时，可选择河汊地区，以锻炼其潜水觅食能力，夏天天热时，游牧休息地可不用遮阳，遇上小雨不用躲避，让鸭习惯日晒、风吹、雨淋，提高其抵抗能力；没有放牧条件时，采用舍饲，但天气较好时，每天把鸭群放在运动场上 5 小时以上，让其适当运动，以防过肥而影响产蛋。

二、产蛋期的饲养管理

（一）产蛋鸭的特点

在饲养管理良好的情况下，母鸭在 26 周龄产蛋率达到 5%，一般在 28～30 周龄产蛋率达到 15%，33～35 周龄产蛋率达到 90%或 90%以上，进入产蛋高峰期。产蛋高峰期可持续 1～3 个月，一般平均为 1.5 个月，也有个别的达到 4 个月。因此，进入产蛋期的母鸭代谢很旺盛，觅食能力很强。产蛋鸭的另一个特点是性情温顺，在鸭舍内安静地休息，睡觉，不到处乱跑乱叫；生活和产蛋的规律性很强。产蛋期饲养管理的目的是根据其生理特点，提供适宜的饲养管理条件和营养水平来获得较高的产蛋量和种蛋的受精率和孵化率。

（二）产蛋鸭的营养需要

种鸭开产以后，让其自由采食，日采食量大大增加，饲料的代谢能控制在 10.88～11.30 兆焦/千克，就可满足维持体重和产蛋的需要。日粮蛋白质水平应分阶段进行控制。产蛋初期（产蛋率 50%前），日粮蛋白质水平一般为 19.5%即可满足产蛋的需要；进入产蛋高峰期（产蛋率 50%以上至淘汰）时，日粮蛋白质水平应增加到 20%～21%；同时，应注意日粮中钙、磷的含量以及钙、磷之间比例。

（三）产蛋舍和产蛋箱的准备

产蛋舍和育成舍一样，每批种鸭进舍前应把一切用具及舍内所有地方，包括墙壁和屋顶等用压力冲洗机冲洗干净并彻底消毒，必要时进行熏蒸消毒。产蛋舍内应全部为水泥地面，不设铁丝承网，运动场为水泥地面，围墙高 2.1 米，上架石棉瓦遮阳，并配置饲料槽、饮水槽。产蛋箱用 0.9 厘米夹板制作，以 40 厘米×40 厘米的正方形为宜，5 个连成一组，靠于舍内北墙边或隔网边，每 4 只母鸭提供一个产蛋箱。

舍内和产蛋箱内应铺 5～10 厘米厚的刨花或米糠垫料，夏季以铺沙为宜。整个产蛋期内，要经常更换垫料。种鸭进入产蛋舍时要挑出病、残、弱鸭，如腿伤脚痛、个体过小、羽毛较差等。

（四）产蛋鸭对环境要求

1. 温、湿度

鸭虽耐寒，也要为之创造保温条件，使其冬天舍内不低于 0℃，夏天不高于 25℃，再高就放水洗浴或进行淋浴。湿度则随自然。舍内地面的垫料要保持干燥。当最低温度达到 5℃时，要做好防寒。在最高温度达 32℃时，要做好防暑。

2. 光照

产蛋期要求每天光照达 16～17 小时，光照时间要固定，不要轻易改变。补光时，早上开灯时间定在 4 点最好。光照强度为每平方米鸭舍地面 5 瓦。灯高 2 米，宜加灯伞，灯安在铁管上，以防风吹动使种鸭惊群。灯分布要均匀，经常擦拭灯泡。停电时，自备发电设备及时发电，否则鸭蛋破损率和脏污蛋将增加。

3. 通风换气

在不影响舍温的原则下，要尽量通风，排出舍内有害气体和水分，保证舍内空气新鲜和舍内干燥。

4. 密度

种鸭的饲养密度小于肉鸭，一般每平方米 2～3 只。如果有户外运动场，舍内饲养密度可以加大到 3.5～4 只。户外运动场的面

现代养鸭关键技术精解

积一般为舍内面积的 2～2.5 倍。另外，鸭群的规模也不宜过大。一般每群以 240 只为宜，鸭的公、母比例为 1∶5，其中公鸭 40只，母鸭 200 只。

（五）饲养管理要点

1. 喂料、喂水

当产蛋率达到 5％时，逐日增加饲喂量，直至自由采食。日采食量达 250 克左右，可分成 2 次（早上和下午各 1 次）饲喂。喂料量掌握的原则是食槽内余料不能过多。产蛋鸭可以喂粉料，也可以喂颗粒料。若喂粉料，在喂前用少量水把干粉料润潮。要常刷洗饲槽，常备清洁的饮水，水槽内水深必须没过鼻孔，以供鸭洗涤鼻孔。

2. 运动

运动分舍内、舍外两种。舍外运动又分水、陆两种形式。冬天在日光照满运动场时放鸭出舍，傍晚日光从运动场完全消失前收鸭入舍。为了把粪便排在舍外，在收鸭前应进行驱赶运动数分钟。每天驱赶运动 40～50 分钟，分 6～8 次进行。驱赶运动切忌速度过快。雨、雪天不放鸭出舍。夏天无雨夜可露宿于有足够灯光的运动场上，但鸭出入的小门要敞开。舍内也开灯任鸭出入。白天下雨就收鸭入舍。秋雨更应提防，一般秋雨对鸭影响大。每天 5 点半至 6点早饲后，打开通往水上运动场的圈门，任鸭自由出舍或由运动场去水上运动场洗浴，并任鸭自由回舍。这样，不仅不会丢蛋于水中，反而会因运动充足，能保持良好的食欲和消化机能，因而使母鸭产蛋正常。

第六章　肉鸭的饲养管理

3. 种蛋收集

要及时将产蛋箱外的蛋收走，否则容易造成污染，被污染的蛋不宜做种用。鸭习惯于凌晨 3～4 点产蛋，早晨应尽早收集种蛋，初产母鸭可在早上 5 点拣蛋。饲养管理正常，通常母鸭在 7 点以前产完蛋，而产蛋后期，产蛋时间可能集中在 6～8 点。应根据不同的产蛋时间固定每天早晨收集种蛋的时间。迟产的蛋应及时拣走。若迟产蛋数量超过总蛋数 5％，则应检查饲养管理制度是否正常。

要保持蛋壳清洁，蛋壳脏污的蛋不得与清洁蛋混集在一起，而应单拣单放。炎热季节种蛋要放凉后再入库。种蛋必须当天入库。凡不合格作种蛋的，不得入库。鸭蛋的破损率不得大于1.5%。

（六）提高产蛋量的措施

（1）从开始产蛋到产蛋达60%以前，这个时期供给鸭子蛋白质水平较高的全价配合饲料，并增加饲喂次数。白天喂3次，夜间10点时再增喂1次，使产蛋尽快进入高峰。进入产蛋高峰期后，进一步增加饲料营养水平。

（2）给鸭提供能满足其生产的营养及稳定、安静、干净舒适的环境，以延长产蛋高峰期和使产蛋率下降缓慢。另外，产蛋中期要不断挑选出不产蛋的鸭子进行淘汰，包括弱鸭、残鸭和生殖器官发育不良的鸭。

（3）当鸭产蛋率下降到80%左右时，要特别注意防应激。当产蛋率下降到60%以下后，先淘汰那些最先换毛的鸭。

（4）产蛋完毕后，一般上午10点以后关闭产蛋箱，下午17点后再开蛋箱。

（5）严格按照作息程序规定的时间开关灯。

（七）产蛋期的选择淘汰

母鸭年龄越大，产蛋量和种蛋的合格率越低，受精率和孵化率越低。母鸭以第一个生物学产蛋年的产蛋量最高，第二年比第一年下降30%以上。母鸭一般产蛋9～10个月。进入产蛋末期，陆续出现停产换羽。此时，出现换羽的种鸭可逐渐淘汰，节约饲料，提高种鸭的经济效益。种鸭的淘汰方式有全群淘汰和逐渐淘汰两种方式。

1. 全群淘汰

种鸭大约在70周龄可全群淘汰，这样，既便于管理，又提高鸭舍的周转利用率，有利于鸭舍的彻底清洗消毒。

2. 逐渐淘汰

在产蛋10个月左右，根据羽毛脱换情况及生理状况进行选择淘汰。首先，淘汰那些换羽早、羽毛零乱、主翼羽的羽根已干枯、

现代养鸭关键技术精解

耻骨间隙在 3 指以下的母鸭，并淘汰腿部有伤残的和多余的公鸭；留下的种鸭产蛋一段时间后，按此法继续淘汰。具体淘汰时间可根据当地对种蛋的需求情况、鸭苗价格、种蛋价格、饲料价格、种蛋的受精率、孵化率等因素来决定。

三、种公鸭的饲养管理

种公鸭的饲养目标是体质强壮，性器官发育健全，性欲旺盛，精子活力好、密度高。为了达到这一目的，必须采取科学的饲养管理措施。

1. 公鸭的选择

首先从体形外貌、生殖器官和精液品质方面进行评定，确定优劣，然后按照要多留种的公、母鸭比例选留公鸭。选择雏公鸭要绒毛、喙、脚的颜色和初生重符合品种特征。后备鸭一般进行两次选择，第一次在育雏结束时，第二次在骨架和羽毛基本长好、外形基本稳定时。选择生长发育较好，体重及羽毛、喙、胫、蹼符合品种要求，体壮、羽毛发育良好、声音洪亮的公鸭。进入性成熟时期，一般选留定群。选择要求：羽毛着生紧凑，毛片细致，有光泽；体形较大，体躯较长，头大颈粗，肌肉结实；眼大有神，颈粗而略长，两脚距离宽，行动灵活。生殖器官要求发育正常。精液量 0.3 毫升以上，精子密度每毫升不低于 28 亿个，并且精子活力较强。有记录的还可以根据系谱资料进行选择。

2. 加强营养

在不同的饲养阶段，要给予不同浓度的饲料。除了必需的营养物质外，要特别注意与繁殖性能有关的维生素、微量元素的供应。如维生素 E 水平的提高能提高种蛋的受精率和孵化率。日粮中维生素 E 的含量应为 20～25 毫克/千克，赖氨酸、蛋氨酸及色氨酸应注意满足需要，尤其是色氨酸，与繁殖机能关系密切，日粮中含量应为 0.25%～0.30%。

3. 科学管理

采用科学的管理措施，使公鸭的体质和体形充分发育。雏鸭阶段一般混合饲养，育成鸭阶段公、母鸭要分开饲养，配种前20天再放入母鸭群中，并创造条件引诱并促使其性欲旺盛。在育成期要进行光照控制和限饲，控制体重，增强公鸭的体质。育成鸭的体重过大对种蛋的孵化率影响很大。进入配种期之前，适时给予光照刺激。若种公鸭继续留作种用，在换羽之前应与母鸭分开饲养，并且比母鸭提早1～2周进行强制换羽，以使母鸭产蛋时，可以配种。

4. 及时淘汰不合格公鸭

在种鸭的饲养过程中，一般在限饲开始前和育成结束时集中淘汰那些发育不完善、体重过大或过小，腿部畸形、精神状态不佳的残弱种鸭。在其他时间，对不合格的也要及时淘汰。淘汰时要注意公、母鸭比例要适当。一般20周龄左右的公、母鸭比例为不超过1：5。在确定淘汰时要注意，有时会有一些公鸭由于营养过剩而外形特别漂亮，但生殖器官发育不良，不能配种或精液品质不合格。也有一些性欲旺盛的公鸭，由于配种比较频繁，外表消瘦，羽毛脏乱，所以在决定是否淘汰时，一定要进行精液品质检查，同时了解配种前的体重和体况记录，以免出现错误，造成经济损失。

总之，公鸭性欲和精液质量的提高必须从多方面采取措施，以达到充分发挥公鸭潜力的目的，生产优质受精种蛋。

第七章　鸭场建设与鸭场的环境保护

第一节　场址的选择

鸭场场址的选择要根据鸭的生产、生活习性，以及当地自然条件和社会条件等因素进行综合考虑。通常情况下，场址的选择要满足以下条件。

一、地势高燥、交通方便

建造鸭舍的场地要比周围稍高一点，以免积水，最好略向水面倾斜，有 5°～10° 的小坡，利于排水。土质不能黏性太重，最好是雨后容易干燥的砂质壤土。特别注意，排水不良、易遭水淹的低洼地绝对不能建造鸭场。

鸭场距离主要物资集散地要近一些，还应有公路、水路或铁路相通，便于运送产品和饲料，以降低运输费用。但不能在车站、码头或交通要道（公路或铁路）的旁边建场，否则不利于防疫卫生，而且环境不安静，影响产蛋率；养殖场应选择在离居民区及其他饲养场及交通主干道 500 米以上的地方。

二、水源充足、水质良好

鸭属于水禽，日常生活中对水需求量大，日常活动、洗浴等需要水，甚至交尾配种也离不开水，所以水上运动场对鸭来说更为重要。鸭舍一般建在江河、湖泊、沟渠和水塘之滨，水面尽量宽阔，水深在1～2米，水活浪小，在河道上养鸭要避免选择主航道，以免干扰鸭群，引起应激。水源应无污染，鸭场附近无畜禽加工厂、化工厂、农药厂等污染源，离居民点也不能太近，尽可能建在工厂和城镇的上游。大型鸭场最好能自建深井，以保证用水的质量。

鸭场附近应没有屠宰场和排放污水的工厂，离居民点也要远一点，尽可能在工厂和城镇的上游建场，以保持水质干净，不受污染。如每100毫升水中的大肠杆菌数不得超过10MPN个，溶于水中的固体物总量若超过2000毫克/升时，被认为是污染的水。溶于水中的硝酸盐或含量如超过3毫克/升，对鸭子有害，应另找新的水源，因目前还没有有效的消除办法。同时，水源要充足，即使是干旱的季节，也不应断水。鸭饮用水须采取经过净化处理后达到国家《无公害食品　畜禽饮用水水质量》（NY 25027—2008）的水源。

三、布局合理、有利防疫

（一）朝向选择

以坐北朝南最理想。鸭舍要建在水源的北边，把鸭滩和水上运动场放在鸭舍的南面，使鸭舍大门正对水面，向南开放，这种朝向的鸭舍冬季采光吸热好，夏季通风，但又晒不到太阳，具有冬暖夏凉的特点，有利于提高产蛋率。

如果找不到朝南的地势，朝东南或朝东也可以，但绝对不能在朝西或朝北的地段建鸭舍，因为这种西北朝向的房舍，夏季迎西晒太阳，舍内气温高，像蒸笼一样闷热，不但影响产蛋，而且容易造成鸭子中暑死亡；冬季迎着西北风，气温低，鸭子耗料多，产蛋少。所以朝西北方向的鸭舍，用同样方法养鸭，与朝南的鸭舍相比，产蛋率要下降1成左右，而且死亡率高，饲料消耗多，经济效益差。生产者千万注意！

（二）合理布局

鸭舍应按照有利于防疫的原则合理布局，具体按照生活区、生

现代养鸭关键技术精解

产管理区、饲料加工区、养殖区进行分区布局，各功能区既要严格分开，又要方便联系。养殖生产区门口要设立消毒池、更衣室、消毒室，养殖区内道路布局要合理，净道、污道要分开，不能交叉混用。排水系统布局也要合理，雨水管及污水管要分开。

四、其他条件

一是地域、气候因素，沿海地区要考虑台风的影响，易遭受台风袭击的地方不宜建造鸭舍。夏季通风不良，气温过高，或冬季风大，易遭受寒流侵袭的地方也不宜建造鸭舍。二是电力、通讯因素，鸭场不能一日无电，晚上必须照明，尚未通电地区要增加通电拉线的费用，电源不稳定地区，经常停电易使鸭群产生应激，并影响电机孵化。必须保证通讯信号稳定，和外界联系畅通。三是环保因素，如排污、废物处理的方式、污水粪便的去向等问题，也要在建造鸭场前通盘考虑，做好周密计划。

第二节　鸭场布局

鸭场布局规划的基本原则是：节约用地，便于鸭粪的处理、利用，合理利用地形、地物创造有利的养鸭环境。减少投资，提高劳动效率，留有发展余地，兼顾人、鸭健康，建立最佳生产程序和卫生防疫条件。

一、大型鸭场区间划分

大型鸭场区间按功能一般划分为生产管理区、生活区、养殖区和饲料加工区。

（1）生产管理区　包括办公室、供电室、锅炉房、水塔、车库等。

（2）生活区　包括职工宿舍、食堂、厕所等。

（3）养殖区　包括洗澡、消毒、更衣室、饲养员休息室、鸭舍（育雏室、育成舍、蛋鸭或肉鸭舍、种鸭舍）、蛋库、兽医室、病鸭隔离舍、厕所等。养殖区内道路布局要合理，净道、污道要分开，不能交叉混用。排水系统布局也要合理，雨水管及污水管要分开。

（4）饲料加工区。

二、区间布局的原则

一是要便于管理，有利于提高工作效率，照顾各区间的相互联系；二是要便于搞好防疫灭病工作，规划时要充分考虑主导风向和上下流的关系；三是生厂区应按作业的流程顺序安排；四是要节约基建投资费用。

三、生产区的布局设计

生产区是鸭场总体布局中的主体，设计时应根据鸭场的性质有所侧重，如育种场应以种鸭舍为重点，商品蛋鸭场应以蛋鸭舍为重点，商品肉鸭场，应以肉鸭舍为重点。各种鸭舍之间都应设绿化带。

完整的平养鸭舍通常包括鸭舍、鸭滩（陆上运动场）、水围（又称水上运动场）3个部分（图7-1）。

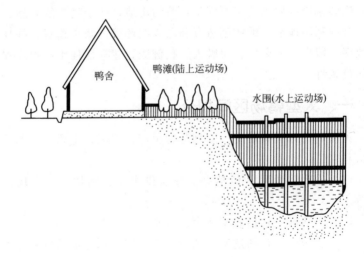

图 7-1　平养鸭舍的布局

1. 鸭舍

最基本的要求是可以遮阴防晒、阻挡风雨、防止兽害。鸭舍的面积视鸭群大小而定，一般生产鸭舍的宽度为 8～10 米，长度根据需要而定。为操作方便起见，鸭舍的最长长度不宜超过 100 米。不论鸭舍的总长度多少，分间时，每一小单间形状以正方形或接近方形为好，便于鸭群在室内转圈运动。绝不能把鸭舍分隔成狭窄的长方形，因为狭长形的鸭舍在蛋鸭进行合作转圈运动时，极易拥挤践踏致伤。

2. 鸭滩

又称陆上运动场。一端紧连鸭舍，一端直通水面，为鸭群吃食、梳理羽毛和白天休息的场所，其面积应大于鸭舍 50％以上。鸭滩的地面必须平整，略向水面倾斜，不允许坑坑洼洼，以免蓄积污水。鸭滩的大部分地方都是泥土地面，只在连接水面的倾斜之处，要用水泥砂石，做成斜坡，坡度为 25°～35°，斜坡要深入水中，比枯水期的最低水位还低。鸭滩斜坡与水面连接处，必须用块石砌好。不能图一时省钱用泥土垫脚，否则经水浪多次冲击，泥土陷塌后，上面的水泥面塌下，再经修理，不仅费时费钱，还影响产蛋。由于这个斜坡是鸭子每天上下水必经之地，使用率极高，而且上有雨水淋漓，下有水浪冲击，非常容易损坏，必须在养鸭以前修得很坚固、很平整。

鸭滩如出现凹凸不平时，要及时修复，由于鸭脚短，飞翔能力差，不平的地面不利于群鸭行动，常使鸭子跌倒碰伤。可将喂鸭后剩下的河蚌壳、螺蛳壳铺在鸭滩上，这样，即使在大雨以后，鸭滩仍可保持干燥、清洁。

3. 水围

即水上运动场，其面积不应小于鸭滩，考虑到枯水季节时水面缩小，故有条件时尽可能围大一些。

在鸭舍、鸭滩、水围三部分的连接处，均需用围栏把它们围成一体，根据鸭舍的分间和鸭子分群情况，每群分隔成一个部分。陆上运动场的围栏高度为 50～60 厘米，水上运动场的围栏应超过最高水位 50 厘水，深入水下 1 米以上。如用于育种或饲养试验的鸭舍，必须进行严格分群时，围栏应深入水底，以免串群。有的地方将围栏做成活动的，围栏高 1.5～2 米，绑在固定的桩上，视水位高低而灵活升降，经常保持水上 50 厘米、水下 100～150 厘米。

4. 环境绿化

养鸭以前先在运动场上种好落叶树，这样夏天可以遮阴防晒，绿化用树种以葡萄较合适，例如在 1000 只鸭的鸭滩，种上 4～6 蔸葡萄，既可解决遮阴问题，又能增加一笔水果的收入。鸭舍四周和道路两旁，也要种上树木，一般选择落叶的用材林较为合适。

鸭场绿化不但能够调节鸭舍的小气候，而且给人以生态、环保、绿色的舒适之感，这是每个鸭场经营者必须重视的问题。

第三节　鸭舍建筑

一、鸭舍建筑的要求

应根据自身场地、环境条件和经济条件，因地制宜建设鸭舍。鸭舍的建筑应能够防鸟及防啮齿类动物（如鼠、猫、黄鼠狼等）。鸭舍的基本要求是防寒保暖、通风良好，鸭舍与主导风向要有一定角度，可使舍内气流均匀，无风的滞流区相应缩小，当风向角达到 45°时，通风效果最佳。门口要设消毒池，配备水龙头及鞋刷。有利于防止把病原菌带入鸭舍。

二、鸭舍的类型

鸭舍分简易鸭舍和固定鸭舍两大类。简易鸭舍分行棚和草舍两种。

1. 行棚

这是最简陋的一种鸭舍，它没有固定的场址，随放牧的群鸭而移动。一座行棚的主要设备有下列几种。

（1）行棚架　用木条或竹竿制成，中间高 2 米，下方底宽 2

米，弯成弓形，使用时将棚架插入地中，连接起来像一只有篷的小船。

（2）小船 2～3条，用于赶鸭、运输材料和临时住人等。

（3）生活用具 床、被、帐、锅、炉、灶等生活用具一套。

（4）饲养用具 饲槽、水盆、水桶、竹竿、马灯等养鸭用具若干。

2. 草舍

这是较固定的一种简易鸭舍。首先，按建场的要求选好地址，然后根据饲养量的多少设计鸭舍。一般长度8～10米，宽度7～8米（两间并成一个单元），一个单元可养产蛋鸭500只左右。

建造草舍的主要原料是毛竹和稻草（或茅草）。一般以毛竹做骨架，柱脚、横梁、人字架都用毛竹，用稻草编成草帘，依次盖在竹制的屋顶上。如要经久耐用，可在草帘上面再覆盖一层油毛毡。

草舍的优点是：投资少，建造快，而且保温和隔热性能好，夏天可卸下四周的草帘，通风凉爽，冬天用草帘将四壁盖严，达到冬暖夏凉的要求，所以我国东南各省的养鸭专业户大多用草舍养鸭，效果佳。

三、固定鸭舍的建筑

固定鸭舍按建筑式样分单列式、双列式、密闭式、开放式、半开放式；按饲养方式分为平养鸭舍、网上饲养鸭舍、半网上饲养鸭舍等；按用途分为育雏鸭舍、育成鸭舍、填鸭舍、种鸭舍。

（一）育雏鸭舍

分平养育雏舍和网养育雏舍。

1. 建筑要求

不论何种方式，对雏鸭舍的建筑必须符合以下3点要求。

（1）保温性能好 一般屋顶要有隔热层（如天花板），墙壁要厚实，以利保温，寒冷地区北窗要设双层玻璃，室内能够安装加温设施，并有稳定的电源。

（2）采光充分，通风良好 鸭舍地面面积与南窗面积的比例为

8∶1左右，北窗为南窗的1/2；南窗离地面高60～70厘米，并设气窗，便于调节舍内空气，克服通风和保温的矛盾问题。北窗离地面高1米左右。

（3）地面坚实，既防鼠害，又利排水　育雏室必须严防鼠害，因此地面要铺水泥或三合土，地面向一边或中间倾斜，以利排水，窗上要装铅丝网，以防兽害。

2. 平养育雏舍

这种育雏鸭舍，雏鸭直接养在地面上，舍内隔成若干小区，一般在南墙设有供温设施，北墙设置宽1米左右的工作道，工作道与雏鸭区用围篱隔开。靠走道一侧有一条排水沟，沟上盖铁丝网，网上放饮水器，使雏鸭饮水时溅出的水，通过铁丝网漏到沟中，再排出舍外，以保持育雏舍干燥。

3. 网养育雏舍

这种雏鸭舍以平地或凹坑的房舍为基础，舍内建造架空的金属网或漏缝的竹、木条地板作为鸭床，网眼或板条缝隙宽13毫米左右。地面必须是水泥地面，有一定坡度，排水良好，便于清洗。网养育雏舍又分高床和低床两种。高床的网底离地1.8米，清粪操作较方便，低床网底离地0.7米左右。网养雏鸭舍比平养育雏舍卫生条件好，干燥，节约垫草和能源，雏鸭生长好，但费用较高。

（二）育成鸭舍

育成鸭阶段，生长快，生活力强，对温度要求不像雏鸭那样严格。育成鸭舍的建筑比较简单，只要能遮挡风雨，室内能保持干燥，冬季可以保温，夏季通风良好的简易建筑，均可用来饲养育成鸭。育成鸭舍的地面一般是泥地，不浇水泥，但要有一定的倾斜，在较低的一边做一条排水沟，沟上铺铅丝网或木条，上置饮水器，使饮水时溅出的水和舍内渗出的水，都能滚到沟中，排出室外，以保持舍内干燥。

（三）填鸭舍

填鸭舍与育成鸭舍差不多，要求并不高，建筑比较简单，地面大多采用夯实的泥土，但必须有饮水装置（水槽或饮水器），一般将水槽装在排水沟上，以便使溢出的水能流入沟中（沟的上方仍需盖铅丝网或木条）。所不同的是，填鸭舍要分隔成若干小圈，每圈面积为 12 米^2，约可容纳 50 只填鸭，每圈设一扇小门，通向走道。较长的鸭舍，把填饲间放在中间，把两端各舍的鸭子按次序赶至填饲间填饲。较短的鸭舍可将填饲间放在任何一端。

（四）种鸭舍

目前，我国各地饲养种鸭尚未采用机械化、自动化作业，一般是平地饲养，手工操作。鸭舍有单列式和双列式两种，双列式种鸭舍必须具备两边都有水浴的条件。

种鸭舍的防寒隔热性能要优良，房顶要有天花板或加隔热装置，北墙不能漏风，屋檐高 2.6～2.8 米，窗与地面面积的比例为 1:8，南窗的面积可比北窗大 1 倍，南窗离地高 60～70 厘米，北窗离地高 1～1.2 米，并设气窗。为使夏季通风良好，北边可开设地脚窗。但不用玻璃，只安装铁条或铅丝网，以防兽害，寒冷季节用油布或塑料布封住，以防漏风。

种鸭舍除设置排水沟外（要求与雏鸭舍相同），还要有供种鸭晚间产蛋的处所。单列式种鸭舍，走道在北边，排水沟紧靠走道旁，上盖铁丝网或木条，饮水器放在铁丝网上，南边靠墙的一侧，地势略高，可放置产蛋箱。产蛋箱宽 30 厘米，长 40 厘米，用木板钉成，无底，前面较低（高 12～15 厘米），供鸭子进出，其他三面高 35 厘米，箱底垫木屑或切短的干净垫草。每只箱子可供 3 只蛋用型种鸭或 4 只肉用型种鸭使用。我国东南沿海各省饲养蛋鸭，都不用产蛋箱。直接在鸭舍内靠墙壁的各侧，把干草垫高（40～50 厘米），可供种鸭夜间产蛋之用。这种垫草必须保持干净，而且要高于舍内的地面。双列式种鸭舍，走道在中间，排水沟分别紧靠走道的两侧，在排水沟对面靠墙的一侧，地势稍高，放置产蛋箱或厚垫干草，供种鸭夜间产蛋之用。

种鸭舍必须具有配套的水围供种鸭交配、洗澡之用，如果不具备水面条件，特别是双列式种鸭舍，常常一边有河道（或湖泊），另一边是旱地，在这种条件下，需要挖一条人工的洗浴池，洗浴池的大小和深度根据鸭群数量而定。一般洗浴池宽 2.5～3 米，深 0.5～0.8 米，用水泥砌成，不能漏水。洗浴池挖在运动场的最低处，利于排水，洗浴池和下水道连接处，要修一个沉淀井；在排水时，可将泥沙、粪便等沉淀下来，免得堵塞排水道。种鸭的运动场，如尚未种植遮阴的树木，应搭建凉棚，凉棚的面积与鸭舍面积相似，把在舍外饲喂的料槽放在凉棚下，以防饲料雨天被淋。

四、饲养密度和建筑面积估算

不同类型的鸭（肉用型或蛋用型），饲养密度不同；同一类型的鸭，如日龄不同，或生长阶段不同，每平方米鸭舍的饲养量也不同；同一类型的鸭，虽然日龄相同，但由于饲养季节不同，鸭舍的大小不一样，每平方米鸭舍的养鸭数量也有差异。因此，在建造鸭舍计算建筑面积时，要留有余地，适当放宽计划；但在使用鸭舍时，要周密计划，充分利用建筑面积，提高鸭舍的利用率。

一般的原则是，单位面积内，冬天适当多养些（提高密度），夏天适当少养些；大面积的鸭舍，饲养密度适当大些，小面积的鸭舍，饲养密度适当小些；运动场大的鸭舍，饲养密度可适当大些，运动场小的鸭舍，饲养密度可适当小些。表 7-1、表 7-2 是按春、秋季的条件设计的密度，可供参考。

表 7-1　肉用型鸭不同周龄时的饲养密度

单位：只/米^2

周龄	地面平养	网上饲养
1	30～20	50～30
2	15～10	25～15
3	10～7	15～10
育成期	6～5	8～6
种鸭	3～2	5～4

表 7-2　蛋用型鸭不同周龄时的饲养密度

周龄	鸭舍		鸭滩		水围	
	米²/100 只	只/米²	米²/100 只	只/米²	米²/100 只	只/米²
1	2.9～4.0	35～25	—	—	—	—
2～4	4.0～5.0	25～20	6.6	15	10	10
5～8	5.0～6.7	20～15	10	10	12.5	8
9～16	6.7～10	15～10	12.5～14.3	8～7	16.7～20	6～5
产蛋鸭	11.0～12.5	9～8	14.3～16.7	7～6	20～25	5～4
种鸭	12.5～14.3	8～7	16.7～20.0	6～5	25～33.3	4～3

第四节　养鸭用具

　　养鸭的用具比较简单，尚未形成系列化、规格化的产品。现将较常用的介绍如下。

一、饲养用具

1. 鸭篮（鸭篓）

用毛竹篾编制而成，圆形，直径 70～80 厘米，边高 25～30 厘米，可用于装运雏鸭，也可用于饲养小鸭。育雏时，供小鸭睡眠休息和点水之用（将小鸭关在鸭篮内，一起浸入水中，任其活动片刻，这种方法南方的鸭农称为"点水"）。1000 只蛋用型雏鸭需要 35～40 只鸭篮，1000 只肉用型雏鸭需要 45～55 只鸭篮。

2. 栈条（围条）

长 15～20 米、高 60～70 厘米，用毛竹篾编制而成，用作围鸭用。鸭子大多群养，抓鸭时群体过大，极易造成应激，一般用栈条围成若干小群。1000 只雏鸭需要栈条 4～5 张。

3. 喂料工具（饲槽、喂料器材）

喂鸭的工具式样很多，最简单的如塑料布，用于饲喂雏鸭，也可以用竹席、草席代替，1000 只雏鸭需备 6～7 张席子。较大的青年鸭和种鸭，可用无毒的塑料盆，作为食盆，这种食盆便于清洗、消毒和搬动，1000 只成年鸭需要 15～20 只食盆。

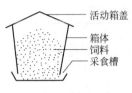

- 活动箱盖
- 箱体
- 饲料
- 采食槽

图 7-2　喂料箱剖面图

用于饲养育成鸭的喂料器用铝皮制作，分料盘和贮料桶两个部分。一般贮料桶高 40 厘米，直径 30 厘米；料盘底部直径 40 厘米，边高 3 厘米。这种喂料器能存放较多饲料，并且可以一边采食一边自动下料。每 50 只鸭子需 1 个喂料器。用于饲养种鸭的喂料箱，用木板制成，长度 1.5～2 米（图 7-2），可常备饲料，节省人工，鸭子采食均匀；尤其适合于饲喂颗粒饲料。如喂粉料，必须十分干燥，也不能粉碎得过细，以免受潮后结块，降低品质，影响下料。另外如竹匾，圆形，直径 1 米左右，外缘边高 5 厘米，用毛竹篾编制而成。主要用作衬垫，把它垫在食盆下面，承接鸭在采食时甩出来的饲料，尤其是喂粉料时甩出的饲料更多，浪费更大，必须加垫竹匾（或塑料布），可节约 5%～10% 的饲料。竹匾也可以直接用来喂料。

4. 饮水工具

饮水器的式样很多，最常见的是塔式真空饮水器（图 7-3），有塑料的（已成为规格化的产品）；也有用镀锌铁皮或铝合金制作的，也可用旧的广口瓶改制，将瓶口敲几个小的缺口，装满水后用

(a) 广口瓶和碟子

(b) 铁皮饮水器

(c) 陶钵加竹圈

(d) 塑料饮水器

(e) 吊塔式饮水器

图 7-3　各种不同式样的饮水器

现代养鸭关键技术精解

碟子盖住瓶口，再倒转过来覆于碟子上，水就从缺口处源源不断地流出来，当水位淹没缺口时，瓶内的水便停止外流。这种饮水器轻便实用，容易清洗，比较干净，适用于平养的雏鸭。

成年鸭的饮水器，可以用无毒的塑料盆或陶钵，也可以用小水缸（斜放）。必须注意，用口径较大的盆式饮水器时，必须在碟上方加盖罩子（用竹条或粗铁丝制成，见图7-3），以防鸭子在饮水时窜入碟中洗澡。

二、填饲机具

肉鸭饲养以往都有填饲阶段，以加速增重，促进脂肪积累，目前生产的鸭肥肝，也需强制填饲2～3周。鸭的填饲都用机器，这种机具分手动填鸭机和电动填鸭机两类。

1. 手动填鸭机

结构简单，操作方便，适于小型鸭场和无电的地区使用。这种填鸭机规格不一，主要由料箱和唧筒两部分组成。填饲嘴上套橡胶软管，其内径1.5～2厘米，管长10～13厘米（图7-4）。

2. 电动填鸭机

这种填鸭机因所用的饲料不同，又分为两类：生产鸭肥肝时，多用整颗的玉米粒填饲，一般采用螺旋推进式填饲机，将饲料置于料斗内，以电动马达带动螺旋杆运转，螺旋推进器为一条螺旋形的弹簧，转动时把玉米从填饲管中推出后进入鸭的食管内；填饲烤鸭用的填鸭机，因用粉状饲料加水调成糊状，多采用压力泵式填鸭机，利用唧筒的压力，把饲料从镇饲管口压出进入鸭的食管内。

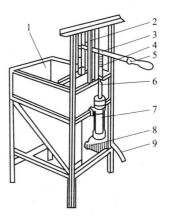

图 7-4　手动填鸭机示意图

1—料箱；2—调节螺钉；

3—压杆螺杆；4—调节孔；

5—压杆；6—活塞杆；

7—活塞筒；8—固定

螺钉；9—橡胶软管

三、孵化机具

鸭孵化场在完成从种蛋运输、处置、孵化到出雏、清洗消毒等项工作过程中，需要各种配套设备。根据孵化场的规模不同、孵化器种类的差异，设备的种类和数量也不尽相同。下面介绍几种主要的常用设备。

1. 孵化设备

参见第三章第二节。

2. 孵化机的选购

孵化机性能是保证生产正常进行的前提，购买孵化机时，孵化机的选择很重要，如果买到劣质产品，会给养殖户造成不可挽回的损失。选择孵化机时有几个方面要注意。

（1）购买前了解孵化机的孵化率 在购买孵化机前，要通过打听一些老用户，来了解该品牌孵化机的孵化率。孵化机的孵化率的高低是衡量孵化设备好坏的最主要指标，也是许多孵化养殖户不惜重金更换新一代孵化机的主要原因。决定孵化机孵化率的因素主要有两个。

① 温度的均一性。孵化机内温度在运行时应该均匀，机内没有温度死角，否则会降低出雏率。温度的均一性是由箱体尺寸，搅拌风扇的位置、角度和大小、进排气孔的位置和大小、加热管的位置等许多因素综合决定的，任何一个因素的变化都会直接影响温度的均一性，温度的均一性是肉眼不能观察到的，必须由温度测试仪进行测量后得出结论。

② 温度控制的精度。控温精确度直接影响孵化率，它是由控制系统直接决定的，一般来说，在目前市场上各种品牌孵化器中，汉显智能要好于模糊电脑，模糊电脑要好于集成电路。同是集成电路，控温精确度也不相同，可以通过控温方式的不同加以判断，一般是脉宽调制控温方式好于主副加热控温方式。

（2）要购买的孵化机的使用成本 使用成本包括很多方面，如电费及今后的维修保养费用、零配件等。

（3）购买以后的使用可靠性　要看该品牌的孵化机的电路设计是否合理。另外，整机装完后使用一段时间，经过合格检测后才能出厂销售。

（4）该品牌孵化机的售后服务是否理想　售后服务主要包括两方面：一是厂家售后服务人员的反应速度，关键是看生产厂家有没有足够的技术人员及厂家的售后服务部门分布是不是很广泛；二是提供售后服务的长期性与连续性，应该选择售后服务时间长的生产厂家。

（5）考察该品牌孵化机的使用寿命　通过打听其他养殖户的使用情况，了解该品牌孵化机的使用寿命。使用寿命主要取决于材料的材质、用料的厚薄及电器元件的质量，选购时应详加比较。

注意把好这五关，然后多考察几个生产厂家，通过货比三家，购买适合自己使用的孵化机。

3. 运输设备

鸭孵化场应配备与孵化生产相适应的车辆，如手推车、平板车等，用于种蛋、雏鸭、孵化废弃物的装运。有条件的还应配备厢式汽车或面包车，用于种蛋的运输和日常使用。

清洗机一般多采用高压喷枪，目前市场上有很多种型号的高压喷枪可供选择。喷射式清洗机最适合鸭孵化场的使用，它有多种压力的水流可供选择："硬雾"可以用于地面、墙壁、出雏盘和各种车辆的冲洗消毒；"中雾"可用于孵化机外壳的冲洗；"软雾"可用于孵化器内部的冲洗和消毒。

4. 发电设备

如孵化场没有两路供电或用电没有保证，最好备有发电设备，防止因停电造成的经济损失。

5. 其他设备（用品）

（1）孵化蛋车　如选用八角式（固定式转蛋架）孵化机，必须配备蛋车，用于运送码盘后的种蛋入孵或移盘时装有胚蛋的孵化盘至出雏室及照蛋时使用。

（2）照蛋灯　用于孵化时种蛋的照检，通过灯光透视的方法，剔除无精蛋和死胚蛋。现在孵化生产上使用的照蛋灯大部分是孵化器生产厂家制造的。由于照蛋器改造简单，因此照蛋灯也可以自己用理发用的吹风机自己改造。

（3）疫苗注射器具　冰箱、连续注射器、针头、镊子、不锈钢饭盒、煮沸消毒器、试管、温度计等都是给鸭注射疫苗时必须准备的。

第五节　鸭场的环境保护

鸭产业属于高污染养殖业，其对水体、空气和土地产生的污染是显而易见的。随着经济社会的不断发展，鸭产业发展与环境承载力的矛盾不断增大，我国鸭产业生存的环境压力日益增大。以蛋鸭养殖环节为例，蛋鸭养殖对土地、水资源有一定空间和环境要求。而我国蛋鸭养殖目前采用的主要养殖模式是占地面积较大、水资源污染浪费较多的地面平养、网上平养、发酵床圈养、循环混养、笼养等方式。各种养殖模式占的比重为：以地面平养（占32%）和网上平养（占30%）为主；循环混养（20%）和发酵床圈养（占10%）为次；现代化的设施养殖采用很少（占8%）。可见，我国当前蛋鸭养殖所采用的养殖方式依旧是投入少、门槛低的地面平养、网上平养等水禽圈养传统模式，这些养殖方式占蛋鸭养殖模式的七成以上，仍旧是粗放型养殖。这种粗放型的逐水而居、圈舍放养模式，使得养殖过程几乎无法对水体、土地等污染进行控制，往往是蛋鸭走到哪里，就将污染带到哪里。在一些蛋鸭养殖集中区域，几乎所有的养殖水面都被污染和破坏。不断恶化的环境使得土地生产效率呈现递减的趋势。因此，很多区域的当地政府通过强制划分养殖区域，形成所谓的退养地区、控制养殖地区、宜养地区的形式，来强制控制蛋鸭养殖的生产与发展，迫使蛋鸭养殖从城郊区、平原区向山区、边远区发展。可以预见，随着市场对低碳、环保、高品质产品消费理念的追逐，探索发展低成本、高效益、土地占用少、环境友好型的健康养殖模式，已经成为我国鸭产业发展亟待解决的问题之一。倡导安全高效、标准化养殖技术，通过政府引

现代养鸭关键技术精解

导、行业规范、企业完善，逐步脱离水禽养殖依赖水体的传统习惯，积极推广稻鸭共作、蛋鸭圈养、肉鸭网上平养、发酵床饲养等立体生态养殖方式。抓好饲料原料、饲料添加剂科学配制，进一步完善水禽饲养标准、疫病防治和用药安全、环保治理技术。

一、鸭群对环境的要求

环境在"生物安全"体系中起着决定性作用。鸭是水禽，最适宜在水源清洁、场地宽敞、气候温和、空气新鲜和安静、卫生的环境中生长、繁殖。由于鸭群种类和生长发育阶段不同，各种鸭群对环境要求也有不同。

1. 产蛋鸭和种鸭群

其主要任务是生产优质的商品蛋和种蛋，鸭群天天产蛋，消耗能量较多，对饲养和环境的要求也较高。鸭群要求环境安静、无污染，喜在水中戏水和求偶配种，但栖息和产蛋环境要求干燥和通风。

2. 肉鸭群

除考虑鸭群卫生防疫外，也要考虑商业服务和交通方便，场址距城镇或交易市场以 $10\sim20$ 千米为宜。

3. 雏鸭群

雏鸭群是指从出壳至脱温前的鸭群。由于雏鸭生长发育未成熟，体温调节能力差，对环境的温度、湿度和卫生要求特别严格。一般应在种鸭育雏舍或肉鸭育雏舍内独立隔离进行培育。

二、养鸭场污染的来源

（一）来自鸭场自身的污染源

养鸭场主要的动物是鸭群，还有看护或其他用途的犬和家畜。人作为管理或饲养者进驻饲养场。人和畜禽的生长、活动都会产生和排出粪便、废气、污水等废弃物污染环境。养鸭场的主要废弃物污染有如下几类。

1. 粪尿污染

动物除将饲料营养转化为动物产品外，还有许多不能为动物利用的物质，以粪尿等形式排出体外，污染土壤、空气和水源。鸭场废弃物以鸭粪的数量最多，而成为主要的污染来源。动物粪尿中普遍含有吲哚、胺类、尿酸、尿素、亚硝酸盐、寄生虫及其虫卵，还含有一些有害的病原微生物及动物代谢的有害物质等。

2. 废气污染

鸭群的生长发育、新陈代谢除排出粪尿、毛屑、粉尘外，也排出废气。粪便本身含有恶臭气体，粪便中的尿素和含硫氨基酸等在细菌作用下，分解为硫化氢、粪臭素等臭气物质，也造成大气污染。

3. 污水和废弃物污染

（1）鸭场进行栏舍、地面、工具和受污染物的冲洗而产生的污水。

（2）废弃垫料如育雏垫料和产蛋巢垫料等，常和粪尿混在一起，产生氨、硫化氢、一氧化碳等有害气体。

（3）鸭群在采食、飞奔、跳跃时易造成大量的饲料粉尘，尘土飞扬。灰尘增加引起空气混浊和臭气增加。

（4）给雏禽保温的火炉、烟道等也会产生大量灰尘、一氧化碳、二氧化碳等有害气体。

（5）职工膳食烹调会产生废弃物和污水，尤其是肉类加工产生的废弃物和污水，对养鸭场更为危险。

4. 动物尸体和微生物污染

带病的动物和尸体是重要的传染源，其排泄物含有许多病原微生物。例如带病的禽会随粪便排出大肠杆菌、沙门菌、葡萄球菌、链球菌、流感病毒等病原。据报道，某禽场排放的污水每毫升平均含 33 万个大肠杆菌和 66 万个肠球菌。此外，粪便和尸体会导致蚊蝇滋生。据资料表明：禽舍内空气中细菌数有 10 万～20 万/米^3，粪便有 20 亿～60 亿个细菌/克。

5. 其他污染

某些生产者为了提高禽只的生产性能，在饲料中大剂量添加抗生素和化学合成药物等，这除了影响禽产品的安全性外，其残留物随粪尿排出，积累在土壤中或污染鱼塘水，会导致粮食、饲料、蔬菜、瓜果、牧草或水产品等食物链污染。

（二）来自场外的污染源

人员、物品、车辆的流动，加上昆虫、老鼠、野兽、飞鸟的进入除给鸭群带来应激外，还可能带进污染了病原微生物的废弃物和污染物，如育雏垫料和产蛋巢垫料等，常和粪尿混在一起，而成为养鸭场的另一个污染源。最常见的是购鸭车辆随装运工具带进粪便、垫草和其他废弃物或污染物，通过笼具装卸而把废弃物和污染物遗弃或散落在养鸭场。又如老鼠，不但啃食和污染饲料，还是鼠疫、伪狂犬病、伤寒、白痢、出败、钩端螺旋体病、弓形体、蚤、螨等多种疫病病原的带入者和贮存者。

三、养鸭场的环境监测

养鸭场环境监测包括微生物学、有害气体、重金属和有毒物质等的监测，其中，重要而常用的方法是微生物学监测。微生物学监测有如下作用。

（1）为现场提供环境控制依据　由于环境中的微生物是肉眼看不到的，所以仅凭消毒的次数和剂量来判断环境的好坏是不科学的。只有通过监测才能为环境控制提供依据，说明污染或洁净的程度。

（2）为现场采取环境控制措施后做出评价　根据监测结果对环境采取一系列净化措施，进行消毒，消除污染，并检查消毒的效果，从而做到有的放矢。

（3）总结监测的结果，提出环境控制的有效措施　微生物学监测内容众多，包括细菌、病毒、寄生虫等，在养鸭场中，具有实际应用价值的主要是细菌学监测。通过细菌学监测可以从侧面反映整个养禽场微生物含量。细菌学监测的项目主要有细菌总数、霉菌总数、大肠杆菌总数等。检测对象包括各生产区舍内、舍外环境和生活区舍内、舍外环境。具体操作过程包括检测样品的采集、样品处理、样品接种、样品培养、菌落记数和结果评估等。随着养鸭业对环境卫生要求的不断提高，微生物学监测对养鸭场环境卫生控制的作用越来越重要，应把其作为指导养鸭场环境控制的一项重要工作来抓。

四、养鸭场环境控制

养鸭场的环境控制是为鸭群的生长发育和繁殖创造适宜的环境条件，是现代科学养鸭的主要内容。养鸭场环境主要包括舍内环境和舍外环境两部分。舍内环境控制主要包括通风、光照、饲料、饮水、温度、湿度和密度等。舍外环境控制主要包括场内区间和舍间距离、座向、风向、场地坡度、水源、地面和材料清洁度等。养鸭场应根据生态规律，利用现代科学技术，采用综合的控制方法进行污染治理，这是最经济和有效的方法。

（一）合理选址建场

场址的选择要根据鸭场的性质、自然条件和社会条件等因素进行综合评定决定选择远离城乡村镇、空气清新、水质纯净、土壤未被污染、生态环境良好的地段建场。不宜建在交通要道、畜产品加工厂和畜禽及其产品交易市场附近。种鸭场对防疫隔离要求严格，应远离民居和交通要道。最好能把养鸭场排污与周围农田灌溉或鱼塘养鱼结合起来。

（二）鸭舍建设要符合兽医卫生要求

合理布局，便于通风、排水、生产管理和防疫管理，粪便和污水处理处于全场的下风向和地势较低处。饲养场内区间和场周围有较宽的山地、草地、农田、林果地或围墙做隔离带，以避免外来干扰，防止通过空气或地面的污染，进而影响鸭的健康。

（三）重视水源的选择

水质要符合《无公害食品 畜禽饮用水水质标准》，感官性状良好，无污染的山塘、水库、湖、沼等流动水最为理想。也可引入山溪水或江河水，但不应与村民争水或污染饮用水。

（四）提高饲料消化率，减少废弃物的排泄

1. 采用蛋白质平衡日粮，减少氮硫排泄

饲料的配合要遵循安全有效、低成本的原则。在保证日粮中氮

基酸需要量的前提下，科学地使用无污染的绿色饲料，降低日粮中粗蛋白的含量，可以有效地降低粪尿中氮、硫的含量，从而减少有害物质和臭气的生成。

2. 合理使用饲料添加剂，减少有害物质的排泄

目前被公认的绿色饲料添加剂主要有生物饲料、低聚糖、酶制剂、防腐剂、糖萜素、中草药添加剂等。生物饲料可提高饲料的消化率。饲料中添加益生素等微生态制剂可抑制肠道大肠杆菌等有害菌活动，减少蛋白质转化为氨或其他腐败物质，降低粪便中氨的含量。一些有益微生物还具有净化污水和栏舍地面的作用。有些中草药添加剂，不仅具有治病防病作用，还能提高鸭只对饲料的利用率，促进鸭只生长发育，提高生产性能，可替代部分抗生素、化学合成药物或微量元素等饲料添加剂，而减少有害物质的排泄。

3. 采用提高饲料消化率的加工工艺，提高饲料品质

制粒和膨化除提高饲料消化利用率外，还能抑制和破坏一些抗营养因子。制粒和膨化时的高温可使淀粉和蛋白质熟化，而改善其消化率，并能杀灭病原微生物。

4. 采用分阶段营养调控技术，提高饲料消化率

采用分阶段饲喂法，分阶段提供特定营养组分的优质全价饲料，能提高饲料营养利用效率，从而减少氮的排泄。

（五）提高机体抗病力，减少致病微生物污染

病原微生物容易通过饲料、饮水、空气、车辆、野兽、飞鸟或人员等途径而传播疾病。因此，养鸭场必须采取先进的饲养管理技术和严密的防疫措施，才能保证鸭只的健康。这些措施如下。

1. 严格的卫生管理制度

实行人畜分居，"多点式"（种鸭、雏鸭、肉鸭）异地隔离饲养，建立无规定疫病畜禽饲养区。

2. 建立严格的兽医防疫程序

对人员、车辆、用具、栏舍、设备的卫生管理和鸭群的消毒程序、免疫程序、饲养技术、转群运输、贮运销售、疫病治疗、细菌学监测、疫病控制、动物尸体和排泄物的处理以及对职工在饲养场范围内的生产生活做出详细规定，并认真落实。在生产中坚持以防为主，及时驱虫和定时消毒，提供清洁的饮水、饲料和环境。加强对其他畜禽的管理，不带入外场畜禽，从而有效地减少各种病原微生物污染的机会。

3. 提高机体抗病力

培育或选择饲养适应当地自然环境的优良品种。选用可以提高机体抵抗力的高质量的饲料，采取科学合理的饲养和管理方式。饲料配方除满足鸭只生长和生产需要外，还应考虑鸭只对环境适应能力和提高免疫力的需要。此外，糖萜素、低聚异麦芽糖和氧化葡萄糖酶等新产品，可有效提高畜禽的非特异性免疫力。

（六）运用科学新技术，进行生态养殖，做到污染物零排放

1. 发酵床养鸭的模式

发酵床养鸭技术是借助鸭舍内铺设的有益菌垫料，通过有益菌的作用，消除鸭舍内氨气等臭味，改善鸭舍环境。传统养鸭一般采用很薄的垫料，其主要目的是吸收鸭粪水分，但结果在阴雨季节，栏舍和鸭身潮湿，氨气浓厚。现代养鸭垫料的厚度在30厘米以上，不仅能够保持垫料的表面干爽，且鸭粪全部被垫料微生物"吃掉"，无臭味，鸭身保持干燥，成活率提高，发病率下降，肉质好，经济效益高。进入发酵床前要进行育雏区域升温，达到要求的温度后3小时才可放入雏鸭。雏鸭绒毛稀少，体质较弱，调节体温能力差，对外界温度变化敏感。发酵床垫料由于鸭子没有搅拌和脚耙垫料的习惯，所以为保持垫料疏松，必须定时人工翻耙垫料，每周1～2次。图7-5、图7-6为发酵床养鸭大棚和效果图。

2. "鸭—鱼"联合生产模式

"鸭—鱼"共养是充分利用水资源的畜牧生产模式，鸭排入水中的粪便可以直接作为鱼的饵料，或者粪便中的有机物可以培育水质、促进水体中浮游生物生长并作为鱼饲料，从而减少饲料消耗降低养鱼成本。水体既作为鸭嬉戏活动和交配的场所，又在夏季可以帮助鸭散热，降低热应激的发生。

"鸭—鱼"联合生产遍布于长江流域及其以南地区。该生产模

现代养鸭关键技术精解

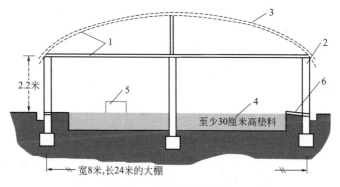

图 7-5　发酵床养鸭大棚

1—大棚顶骨架；2—水泥立柱或其他材料的立柱；3—棚顶塑料薄膜；

4—发酵床垫料（至少 30 厘米厚）；5—保温箱或伞；

6—预留 80 厘米左右的水泥地面，由室内向外有 5°的下坡，饮水器或

饮水槽设在上面，鸭饮水或者戏水后多余的水流向室外

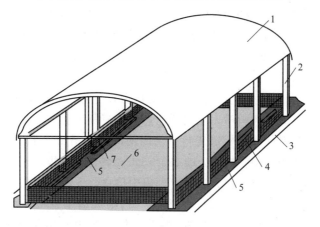

图 7-6　发酵床养鸭大棚的效果图

1—顶棚用塑料薄膜或塑钢瓦；2—水泥立柱或其他材料的立柱；3—排水沟；

4—防逃网；5—图中深灰色部分预留水泥地面，从内到外有个 5°~10°的斜坡，

方便把鸭饮水漏下的水排到室外排水沟，

水泥地面在室内是 50~80 厘米宽；6—发酵床垫料（至少 30 厘米厚）；

7—饮水槽（高于垫料至少 40 厘米）室内放置育雏箱或伞、饲料给料器等，

此大棚适用于旱鸭或者水鸭，可建在池塘或者水塘边，冬季注意密封防寒

式中，鸭舍建设相对简单，一般是在鱼塘、河湖或水库岸边建造一个结构较为简单的开放式或半开放式鸭舍，在鸭舍与水面之间建一运动场，并在水上围出一定区域作为水上运动场。对于种鸭和蛋鸭舍，舍内需要加上产蛋箱，并安装灯具以提供人工光照，提高种鸭的产蛋繁殖性能。饲喂料槽一般放置于运动场，但往往也在雨季安放于舍内以防止雨水淋湿饲料。这种鸭舍的舍内面积、陆上运动场和水上运动场面积之比应该在1∶1∶1。理想的水面载鸭密度不超过每公顷4500只，并通过应用益生菌制剂和向水体定期施用光合细菌制剂，以吸收水体的氮、磷营养物质降低有害菌的滋长。在水面上安装增氧机则可以更好地确保水体清洁。

3. "稻—鸭"共作生产

"稻—鸭"共作由水面养鸭演变而来，从日本传入我国，在我国南方很多水稻种植区域都进行了试验并有一些推广。这种模式充分运用了稻鸭共生的原理，利用鸭捕食稻田内的杂草、害虫和虾、螺等；另外，鸭子的活动可以改善稻田生态环境，增加土壤、水层中养分，透风透气利于秧苗生长；鸭粪则又是水稻生长所需的肥料。

"稻—鸭"共作生产模式所需的鸭舍设施极为简单，只需在田边建一简易棚舍和料槽，供鸭群休息、过夜及采食。同时在稻田四周围上一塑料网或栅栏，使鸭子在围网内部的稻田之中生活生产。在实际生产操作中，按每公顷225~300只鸭的标准将7~10日龄的雏鸭放入稻田，鸭子白天被放出到田中觅食，夜晚回到棚舍补饲。

"稻—鸭"共作生产的投资很小，鸭的成活率也很高，一般可以达到98%以上。同时"稻—鸭"共作生产中不用化肥和农药，生产的稻米被誉为绿色有机大米而在市场上被追捧并获得良好的经济效益。"稻—鸭"共作的推广规模仍然很小，在整个养鸭产业中比重很低，目前都是用生长较慢、体形较小的地方鸭品种而不是生长快、体形大的樱桃谷品种。此种生产方式也仅适用于南方水田多的地区，而且受到稻田插秧、收割的影响，不能进行全年性生产。

第八章　鸭的疾病防治

第一节　鸭病的诊断方法与控制

一、鸭病的诊断方法

鸭是小型经济动物，生命周期短，一旦发病，传播快，死亡率高，经济损失大。对鸭病的防控要坚持"预防为主，防重于治，防治结合"的原则，发现疫情必须及时、准确地诊断。

（一）现场资料的调查与分析

为及时准确地诊断疾病，往往需要对下列某些方面进行详细的调查和了解。

1. 鸭场环境

鸭场的地理位置和周围环境，是否靠近居民点或交通要道，是否易受台风、冷空气和热应激的影响，地下水位高低或排水系统如何，是否容易积水等。

2. 鸭舍建筑与布局

鸭场内鸭舍建筑与布局是否合理，尤其应注意宿舍、育雏区、种鸭区、孵化房、对外服务部的位置、鸭舍的长度、跨度、高度，所用材料及建筑结构，开放式或密闭式，如何通风保温和降温，舍内的氨气及其他卫生状况如何，不同季节舍内的温度、湿度如何，采用何种照明方式，如何调节，是否有运动场等。孵化房的位置、结构是否合理，湿度是否恒定，受外界影响程度，孵化机的种类、结构、孵化记录等。

3. 饲养方式

是平养或笼养。如平养，则垫料如何，是否潮湿，采用哪种送料方式和哪种食槽，如何供水，哪一类的饮水器，粪便、垫料如何处理等。

4. 饲养管理

养鸭场的历史，饲养鸭的种类、来源，饲养数量和上市数量，工作人员文化程度等；饲料方面是自配或从饲料厂购进，其质量和信誉如何，是粉料、谷粒料或颗粒饲料，是干喂还是湿喂，自由采食或定时供应，是否有限饲等，饲料是否有霉变结块等；饮水的来源和卫生标准，水源是否充足，曾否缺水或断水；育雏舍的形式，采用的保温设施，是地下保温还是地上保温，热源是电、煤气、煤、柴或炭，种苗来源，运输过程是否有失误，何时开始提供饮水，何时开食，何时断喙。鸭群是否有放牧，牧地的卫生状况，是否施放过农药等。

5. 生产记录

鸭群逐日生产记录，包括饮水量、食料量、死亡数或淘汰数，一月龄的育成率，肉鸡成活率，平均体重、肉料比、蛋鸡或后备鸡的育成率、体重、均匀度及与标准曲线的比较，母鸭开产周龄，产蛋率、蛋重及与标准曲线的比较。

6. 种蛋检查

种蛋产蛋箱的数量、位置、卫生状况、集蛋方法及次数，包装和运输情况，种蛋的保存温度、湿度，是否有消毒，种蛋的大小、形状，蛋壳颜色、光泽、光滑度，有无畸形蛋，蛋白、蛋黄、气室等是否有异常等。

7. 既往史

养鸭场的鸭病史，过去曾发生过什么疾病，由何部门作过何种诊断，采用过何种防治措施，效果如何。

现代养鸭关键技术精解

8. 发病情况

本次发病鸭的种类，群（栏舍）数，主要症状及病理变化。作过何种诊断和治疗，效果如何。鸭场和鸭群近期内是否还有什么其他与疾病有关的异常情况。

9. 免疫接种情况

免疫接种疫苗种类，疫苗的来源、厂家、批号，有效期及外观质量如何。疫苗的转运过程、保存条件等；接种时间及实际完成情况，免疫程序是否合格，操作是否正确，是否存在漏免；免疫接种效果如何，是否进行过何种检测，是否有可能免疫失效，如有可能，则原因何在。

10. 药物使用情况

饲料中添加过何种抗球虫药或抗菌药物，本场曾使用过何种药物，剂量和使用时间如何，逐只投药或群体投药，经饮水、饲料或注射给药，过去是否曾使用过类似的药物，过去使用该种类的药物时，鸭群是否有不正常的现象。

（二）临诊检查

1. 鸭群群体检查

鸭病的始发，可从鸭群的整体状态，如精神、体况、营养及姿势等出现的异常变化中观察到。虽然鸭群中的个体或少数所出现的异常状态，如食欲减少或不食、拉稀、精神委顿、咳嗽等对多数鸭疾病来说不具有普遍性，但仍可提示在鸭群中可能潜伏着即将发生的某些疾病。因此，对于不同日龄段饲养期的鸭群，平时注意观察其整体状况的变化与外界环境的关系特别重要，这对于及早发现疫情并采取相应的防治措施，减少发病和死亡的损失有着重要的意义。

鸭群中疾病发生的前期症状可以从以下几个方面观察、了解。

（1）观察鸭群精神及采食状况　在正常情况下，健康的鸭群走动活泼自如，采食正常，其采食量和食完料槽内饲料的时间是有规律的。若发现在一定时间内（1～2小时）采食量减少，料槽中仍堆放不少未食完饲料，而饲养员感到喂料比前几天大减，则说明鸭群中的鸭只食欲减退或不食。此时，鸭群中会出现精神不振、沉郁等异常变化的鸭只，说明鸭群中出现病态，应及时进一步详细观察和检查。若此种情况出现在雏鸭群，并有呼吸道症状（如打喷嚏、咳嗽、张口呼吸等），应考虑雏鸭感冒、雏番鸭细小病毒病或小鹅瘟等疾病的可能性。如果发现有歪头、扭颈、软脚或犬坐姿势的鸭只，应考虑鸭疫里默杆菌病和大肠杆菌病的可能性。

（2）体况及姿势状况　鸭群体况和行动姿势不正常，意味着鸭群的健康状况不佳，随时都会有发生疾病的可能，如鸭只行动迟钝、不喜走动，多蹲伏，软脚，走动摇摆，并有摇头、歪颈等神经症状。若此种不正常体态发生在中鸭或成鸭群，首先应想到是鸭患鸭流感的可能性；如果发生在产蛋母鸭群，且产蛋量下降，则禽流感的可能性更大。

若为育雏期（2～3周龄）的鸭群，发现有生长缓慢、采食量减少、体质衰弱、羽毛蓬乱、逐渐消瘦、腿脚软弱无力和变形、运动失调等状态，最初为少数，其后发现逐渐增多，则应考虑是否为饲料单一，营养不全，缺乏蛋白质或氨基酸，缺乏多种维生素（维生素 A、维生素 B、维生素 D）等的可能。必须采取措施及时更换饲料，或在饲料中添加蛋白质、维生素和矿物质等营养成分。若不及时采取措施，则易导致其他传染病的发生，造成大批鸭只死亡，损失更大。

（3）呼吸状况　出现咳嗽、打喷嚏及呼吸啰音，此种呼吸状态的异常，多数发现于育雏期 4 周龄内的小鸭，若咳嗽、打喷嚏、呼吸啰音多日不时出现，则提示此鸭群中潜伏一种慢性呼吸道疾病，此时应仔细观察和检查。若发现伴有流鼻液、张口呼吸症状的鸭只，首先应考虑患鸭支原体这一类慢性呼吸病的可能，雏鸭细小病毒病等也不能排除，应结合其他病态加以判断。出现上述这些状况，多数是由于对鸭群管理不当，如天冷受寒、保暖不足、过度拥挤或通风不良等引起的呼吸道感染，应及时采取有效防治措施加以控制。

（4）粪便性状及颜色变化　鸭只粪便性状的改变和颜色的异

常，原因较为复杂。鸭多种疾病在临床上都可见拉稀，粪便出现灰白、黄绿或灰绿等不同颜色，初期较难判断，只有随着病情的发展或加重，出现其他临床症状时才能被人们所认识。因此，当鸭群出现此种初始现象时就必须注意观察。一般来说，此种情况多数是肠道感染所致。若雏鸭排绿色或黄色水样粪便时，则存在着沙门菌感染的可能性；若雏鸭腹泻粪便呈灰白色或绿色或淡黄绿色时，应考虑是雏鸭细小病毒病或小鹅瘟感染的可能性。如果排出粪便带有巧克力色或红色，表示肠道出血，此种情况若发生在雏鸭群，应考虑是球虫病、出血性肠炎等；若出现在成鸭群，则应考虑是鸭霍乱的可能性。

总之，平时要注重对鸭群群体状态的观察和检查。鸭群出现异常情况并不是单一和孤立的，应该作综合判断和分析。发现有异常动态的鸭只，应及时向兽医门诊部门咨询、求诊，及早作出诊断，以便及时采取相应的防治措施，把鸭群疫病消灭在萌芽状态。

2. 个体检查

对鸭个体检查的项目与上述群体检查基本相同，除此之外，还应注意补充对个体作下列一些项目的检查。

（1）体温 用手掌抓住两腿或插入两翼下，可感觉到明显的体温异常，精确的体温要将体温计插入肛门内，停留 10 分钟，然后读取体温值。

（2）喙 鸭喙尤其是上喙颜色的变化和形状的改变是患某种疾病的反映。如患雏鸭细小病毒病，上喙常出现红色或紫红色；若病鸭上喙发绀，呈紫黑色，应考虑是鸭禽流感或鸭黑羽病的可能性；若病鸭上喙出现水疱，结痂或变形，则应考虑鸭喹乙醇中毒或鸭光过敏症的可能性。

（3）眼睛、鼻 眼睛包括眼睑、眶下和眼结膜等的变化，都提示患某种疾病，必须注意检查。若发现眼圈湿润、眼结膜充血发红或上下眼睑粘连，首先应考虑患禽流感或鸭瘟；若鸭一侧或两侧眶下窦肿胀，窦内充满浆液性渗出物或形成隆起的包块，应考虑是传染性窦炎的可能性。鼻主要观察鼻分泌物性状，若分泌物较多或流黏液，并见到"甩鼻"现象时，若为雏鸭，应考虑是雏鸭细小病毒病和雏鸭曲霉菌病或传染性窦炎的可能性；若为中成鸭，发现鼻流出黄色液体，应怀疑是鸭出血症（黑羽病）。

（4）头、颈 头颈部动态明显变化是鸭神经异常的表现方式之一，对鸭病的诊断有一定的意义。如雏鸭病毒性肝炎的典型症状常是头颈向背弯成角弓反张姿态；若为小鸭或中鸭，且发病鸭头颈弯曲于腹下、仰翻扭头（扭颈呈"S"状）或头颈弯向背后角弓反张，这是禽流感或鸭疫里默杆菌病的临床症状。雏鸭维生素 B_1 缺乏症，常是头颈歪向一侧或呈观星姿势。

（5）羽毛和翅毛管 羽毛松乱、失去光泽或两翼下垂等是多数鸭病的临床症状，但不能作为患有某一疾病的诊断依据，但羽毛的特殊变化也可作为诊断鸭病的参考。如鸭啄羽症（异食癖）可见被啄食的鸭背后或双翅羽毛稀疏，残缺不齐。若发现双翅羽毛管潮红出血或呈紫黑色，应考虑鸭出血症（黑羽病）的可能性。

（6）泄殖腔 泄殖腔的病变主要发生于产蛋母鸭，当发生泄殖腔炎时，可见流出白色黏性分泌物，泄殖腔红肿。若输卵管和泄殖腔膜脱垂，多数是由于母鸭所产的蛋过大，过分用力努责而引起的。

（7）脚和爪 脚和爪色泽和形状的改变涉及鸭的多种疾病，如禽流感、大肠杆菌病、鸭疫里默杆菌病等都会引起软脚、走动无力、蹲伏。而足蹼、爪尖发绀或呈紫黑色多见于鸭出血症（黑羽病）。其次，鸭的葡萄球菌病（关节炎型）常见跖、趾关节肿胀、变硬、跛行。

（8）鸭蛋 蛋形状的改变属产蛋异常，如软壳蛋、畸形蛋、无壳蛋、双黄蛋等。原因颇多，如饲料中钙磷比例失调、维生素缺乏、禽流感、鸭产蛋下降综合征、鸭曲霉菌病和大肠杆菌病等。

上述各部位的病变，在某一鸭病的发生中，并非是单一和孤立的，数个部位都可能同时出现病变，还要结合剖检对病鸭体内各脏器出现的病变进行综合分析和诊断。

(三) 鸭病理解剖检验

1. 体表检查

先检查病死鸭的外观，羽毛是否整齐，鸭面部是否有痘斑或皮疹，口、鼻、眼有无分泌物或排泄物，量及质如何，泄殖孔附近是否有粪污或白色粪便所阻塞，鸭脚皮肤是否粗糙或裂缝，是否有石灰样物附着，脚底是否有趾瘤等。然后，将被检鸭放在搪瓷盘上，此时应注意腹部皮下是否有腐败面引起的尸绿。维生素 E 和硒缺乏时，皮上也呈紫蓝色。

2. 剖检操作顺序

剖检操作应在专用的剖检室进行，未死亡的病危鸭应放血致死。解剖时将羽毛用消毒水浸湿透，然后背卧位放置在白瓷盘上（野外解剖时应准备一张塑料膜铺在地面上，以免污染泥土），自肛门前沿腹中线剪开皮肤至颈部，将皮肤向两侧剥开。剥皮后，剪开腹部肌肉至胸骨突处，然后分别朝左侧和右侧肋骨将其剪断，并剪断胸肋骨。先将肝脏、脾、胃、肠及胰腺等一并取出，然后取出心、肺（若为母鸭应取出卵巢及输卵管），逐一检查各脏器的病变。

3. 病料的采集和送检

（1）采集注意事项

第一，采集病料要有明确的目的。不同的疾病，要求采集不同的病料，如怀疑鸭患流感时，主要应采集肺脏和胰腺，其次以肝、脾为病料。如果一时弄不清是哪种病，也可根据临床症状和剖检变化采集病料。

第二，采集病料力求新鲜。采集病料一定要及时，一般是病鸭死后立即采集，最迟不能超过 6 小时。尤其是炎热的夏天，时间过长，尸体腐败，将影响病原的检出。

第三，采集病料力求典型。采集病料时，应选择临床症状明显的、病变典型的器官作为取材料的病例。

（2）采集和送检　采集病料所用的刀器和容器要清洁、干净，要严格消毒。取下脏器病料装入不漏水的双层塑料袋内。若选择病料为血液，可用一次性注射器从心脏抽取 3～4 毫升血液，并留在注射器内寄送。

病料送检前应包装好或放入保温杯中，注明病鸭和病料种类，由专人送检并注意生物安全。

4. 主要脏器剖检病变与初步诊断

（1）皮下和肌肉　主要检查色泽和出血情况。皮下和肌肉潮红是疾病局限性反应。皮下组织充血和肌肉出血是鸭败血症症状，如流感、禽霍乱及败血性大肠杆菌病等。当皮下组织出现不同程度的炎性水肿时，则应考虑是鸭瘟的可能性。

（2）肝脏　肝脏的病变对一些鸭病的诊断具有特征性，如患雏鸭病毒性肝炎时，肝呈灰黄色，表面有明显出血点或出血斑（称蝴蝶斑）；若肝脏表面出现散在性、不规则、针尖大的红白色坏死点或坏死灶，而且在白色坏死点中心出现红色出血点，则应该疑为鸭瘟；若肝表面出现大量针尖大的白色坏死点，则可能是鸭霍乱；肝表面大量密布针尖大的白色坏死点，这是患鸭"花肝病"特征之一；肝表面附着一层灰白色纤维素性厚薄不一的薄膜，这是鸭大肠杆菌病和鸭疫里默杆菌病等肝周炎的征象；若发现肝肿大，表面色泽不均，呈灰黄色或红色或古铜色，肝实质有细小灰黄色坏死小结节时，则应考虑鸭副伤寒的可能性。

（3）心脏　心脏也是诊断鸭病的重要器官之一。心脏表面一旦出现大量白色纤维素性和干酪样渗出物，或心包增厚，被大量淡黄色纤维素性膜包囊时，首先应该考虑是鸭疫里默杆菌病和大肠杆菌病所致。在鸭瘟和鸭霍乱病例中，往往在心冠脂肪和心肌外膜表现出血或出血点或块状出血症状。心冠脂肪和心肌出血并有白色条纹样坏死，这是禽流感特征性病变之一。

（4）肺脏　许多带有呼吸系统疾患的鸭病都会引起肺脏充血、出血。但肺部的某一特殊病变，也可作为某种鸭病的诊断依据。如若发现肺组织中散布有粟粒大至豆粒大、灰白色或黄白色结节，且结节柔软有弹性时，应该视为鸭曲霉菌病。若仅在肺表面有大量的粟粒大的黄白色坏死结节时，则应考虑是鸭伪结核病。

（5）气囊　气囊是禽类特有的器官，当发生鸭大肠杆菌病和鸭疫里默杆菌病时，会出现气囊炎、气囊壁增厚、气囊混浊、表面附有大量黄白色的干酪样渗出物。鸭副伤寒也会有类似的气囊病变。

（6）脾脏　脾脏是鸭体内的免疫器官。很多种疾病都能使脾脏发生病变，如肿大、出血或充血、坏死等，如患鸭疫里默杆菌病时，脾脏肿大，表现呈大理石样；患鸭"花肝病"时，脾脏表面有大量的粟粒大的黄色坏死结节。

（7）胰腺　胰腺是诊断鸭病的重要器官。禽流感最重要的诊断依据是：胰腺出血，表面有大量针尖大白色坏死点或坏死斑，或透明样或液化样坏死灶。当胰腺苍白或充血，局灶性或整个表面出血，并有数量不等的针尖大、灰白色的坏死点时，应考虑是雏鸭细小病毒病的可能性。当其他脏器也出现有类似灰白色坏死点时，则应怀疑是鸭"花肝病"。

（8）食道　食道的病变在诊断上具有局限性和特殊性。如患鸭瘟，食道黏膜的病变具有特征性，黏膜表面散在覆盖着由灰黄色或草黄色坏死物形成的薄膜结痂，呈小的斑块状或与黏膜纵皱襞相平行的条纹状；或是黏膜上同时出现大小不一的出血性溃疡和散在出血点。

（9）腺胃和肌胃　两器官的病变在鸭病中也具有诊断意义。腺胃与食道交界处有出血环，这是鸭瘟的表现。腺胃黏膜局灶性溃疡或腺胃与肌胃交界处出血，这是禽流感的特征。当然，腺胃与肌胃交界处出血、溃疡或呈糊状，肌胃角质膜下有出血斑，也可能是鸭磺胺类药物或喹乙醇中毒所致。

（10）肠道　肠系膜的充血出血和黏膜的炎症出血病变等，在一些鸭疾病的表现症状上具有普遍性。但对肠道的某一些特征性病变，也有一定的诊断意义。例如雏番鸭细小病毒病，除肠黏膜卡他性炎症有大量出血点外，肠壁变薄，肠内容物呈淡白色或灰黄色。雏番鸭小鹅瘟，小肠中后段黏膜坏死脱落，与纤维素性渗出物凝固形成特征性栓子，或是薄膜包裹在肠内容物表面，形如腊肠，质地坚硬，堵塞肠腔。若肠道外壁密布灰白色针尖大的坏死点，肠黏膜充血出血，具有糠麸样坏死，则是鸭副伤寒病的表现。

（11）盲肠和盲肠扁桃体　盲肠的变化也是某些鸭病的表现。若盲肠外壁有大量出血点，黏膜肿胀出血，肠道中常有带血或干酪样的渗出物，或内容物形成紫红色或暗红色栓子堵塞肠道，这是鸭球虫病的特征。而盲肠扁桃体的病变在鸭疾病中的表现不显著，但在鸭流感的部分病例中，盲肠扁桃体会出现肿大或出血。

（12）肾脏　多数疾病都会使肾脏肿大、出血或瘀血等。但某种疾病也会使肾脏发生特征性病变，如雏番鸭"花肝病"或"白点病"，会在肾脏出现数量不等、针尖大、灰白色坏死点。若肾脏肿大，颜色变淡，表面有尿酸盐沉积形成白色斑点，这是鸭痛风（鸭一种营养代谢病）的表现。

以上各脏器所出现的特征性病变，必须综合判断，才能做出正确诊断。

二、鸭病的综合预防措施

（一）当前鸭病流行特点

近年来，随着我国养鸭业的快速发展，饲养品种不断增多、养殖场密度不断加大，加上粗放的饲养条件、环境和水体污染以及产品的不规范流通，疫病的危害也日益突出。国内发生的病毒性传染病主要有鸭瘟、鸭病毒性肝炎、番鸭细小病毒病、鸭流感、番鸭"花肝病"。从近期情况看，危害较为严重的有番鸭"花肝病"、番鸭细小病毒病、鸭病毒性肝炎，相对较为少见的是鸭瘟，但在个别鸭场发生后发病率和死亡率仍然很高，仍需认真做好本病的防疫工作；细菌性传染病主要有大肠杆菌病、鸭疫里默杆菌病、鸭出血性败血症，其中危害最为严重的是鸭疫里默杆菌病，在不同鸭场普遍存在，并常常和大肠杆菌病、鸭流感、花肝病等混合感染，曲霉菌病也时有发生；寄生虫病较少有对鸭群造成严重损害的事例和报道，但因鸭特有的饲养方式，鸭体内和体外寄生虫的带虫极为普遍，会影响到鸭只的正常生长；另外有一些营养代谢性疾病和中毒性疾病，如维生素、钙、磷等缺乏症，霉菌毒素、肉霉梭菌毒素中毒等；此外，外伤、肿瘤、脱羽、光过敏、产蛋疲劳症等杂症亦有发生。当前鸭病流行呈以下特点。

1. 鸭病种类繁多，混合感染和复合症使鸭病病情复杂，新病不断出现

近年来从事养鸭的养殖户逐年增多，养殖规模大小不一，鸭场的选址和隔离条件各不相同。在饲养品种以及养殖方式上也不尽相同，有的鸭场只饲养一个品种，有的鸭场同时饲养两种甚至多个品种，更有的甚至将鸡、鸭、鹅和猪等畜禽混养，而不同日龄、不同批次鸭同养于一场的情况更为普遍。加之近年来由于水源污染造成的水质下降，均给疫病的发生和传播带来了有利条件，造成群发性或地方流行性疾病明显增多。具体表现为：单一病例少见，混合感染居多；老病常年存在，如鸭病毒性肝炎、大肠杆菌病、鸭疫里默杆菌病、番鸭"三周病"与小鹅瘟等，禽流感、坦布苏病毒病、番鸭"白点病"与鸭出血性坏死性肝炎等。新疫病不断出现，一些老病过去通过免疫或饲养方式的改进得到了有效控制，近年来又有所上升，如鸭巴氏杆菌病、鸭瘟等时有发生，在部分地区呈地方性流行。

2. 条件性疫病发生频繁，细菌抗药谱扩大

我国多数养鸭场设施简陋，卫生条件差，消毒措施难以实施，养殖密度高，增加了鸭群的应激，抗病能力下降，大肠杆菌、鸭疫里默杆菌、沙门菌等条件性细菌感染发病率很高，部分地区临床病例统计结果显示条件性疫病临床的发病率超过50%。由于这类病原存在隐性感染和垂直传播问题，一般在大群体、高密度肉鸭养殖场持续存在，频繁发生。部分养鸭场存在抗菌药应用频繁、应用剂量大以及不合理使用等问题，导致细菌耐药性比较严重，增加了细菌病防治的难度。

3. 胚源性、营养、代谢、中毒性疫病，在养鸭生产中也经常出现

近年来，虽养鸭生产得到大力发展，但集约化的祖代、父母代种鸭场发展相对滞后，在生产中占主流的孵化单位仍为普通养殖户，更有的孵化场只是从四面八方收集来种蛋进行孵化，种蛋来源不稳定，种鸭群的防疫背景不清楚，一些疫病的母源抗体水平参差不齐，甚至携带有蛋传播疾病，这些都给雏鸭管理工作带来很大困难，造成小鸭疫病复杂，成活率低。在饲养管理方面，许多蛋鸭养殖户沿袭传统做法，在蛋鸭开产后使用单纯玉米喂饲，确实降低了饲养成本，但生产中有因营养缺乏造成的产蛋后瘫痪、死亡的事例。药物的使用是一个复杂的问题，饲养水平、疫病控制、兽药生产以及基层兽医人员和普通养殖户的素质各个环节都给药物的合理使用带来问题，在生产中出现的药物中毒问题，也有多方面的问题，但无论从成本还是中毒本身造成的损失，都是一个需重视的问题，更不用说药物残留给人类带来的潜在危害。

4. 禽流感病毒持续变异，公共卫生、安全问题凸显

禽流感病毒种类多，根据血凝素和神经氨酸酶性质，至少存在144种亚型。研究表明，作为禽流感病毒的贮存宿主，水禽几乎可以感染所有种类的禽流感病毒。高致病性禽流感病毒可以引起不同品种和日龄鸭发病，发病类型复杂。由于鸭群存在一定滴度免疫抗体，疫病的临床表现和病变呈现非典型化。尽管采取了强制免疫措施，但免疫防控只能减少临床发病、死亡和病毒的污染程度，并不能消除病毒，因此免疫选择可能加快病毒的变异。我国水禽分离的高致病性禽流感病毒株血凝素基因以 2.3.2 分支为主，该亚型存在变异毒株，可以分为 3 个亚分支。对于快速型肉鸭，由于养殖密度大，加上雏鸭免疫窗口期存在，发病风险增加。据报道，H9 亚型禽流感病毒也可引起雏鸭发病，需要引起重视。

5. 病原血清型持续增加，临床病型呈现多样化

养殖场的养殖规模和密度提高，病原容易在养殖场持续存在，群体的增多使病原在鸭群中传播频繁、流行迅速，病原血清型持续增加。如引起发病的致病性鸭大肠杆菌血清型不断增多，据报道主要有 01、02、05、08、014、015、020、035、056、078、0111 等16 种；鸭疫里默杆菌血清型不断发现，主要有 1～11、13～15、17、19 等16 种以上；引起鸭病毒性肝炎的鸭甲肝病毒（DHAV）除了经典的 DHAV-1 亚型外，新亚型 DHAV-3 引起的发病率不断

现代养鸭关键技术精解

上升；水禽呼肠孤病毒除了引起番鸭"白点病"的经典型番鸭呼肠孤病毒病外，近年来出现了新型呼肠孤病毒，这种新型病毒宿主范围广，可以感染番鸭、鸭、鹅等多种水禽，可引起雏番鸭和鹅出血性坏死性肝炎和鸭脾坏死症等。养殖场多种疾病的混合感染普遍存在，疫病的临床病型出现多样化、复杂化趋势。大肠杆菌、鸭疫里默杆菌、沙门菌和奇异变形杆菌等感染鸭，均可出现浆膜炎，鸭大肠杆菌和鸭疫里默杆菌混合感染的比例高达 60%～70%。

（二）鸭病综合防治措施

1. 树立"预防为主，防治结合"的基本观念

"预防为主，防治结合"永远是防疫工作的总方针、总策略。实践证明，凡是做好广泛流行、危害性大的主要传染病防疫工作的养鸭场，引起鸭只大批死亡的疫病就会少发生，即使少数鸭只发病，也容易及时控制。提倡"预防为主"，并不否定治疗的作用。在疫病发生之后，必须采取有效的治疗措施，使患鸭迅速康复，尽最大努力减少损失。因此，为了掌握防疫工作的主动权，面对各种鸭病，科学的预防是关键，而预防的有效手段是提高机体的抗病力和免疫力。

2. 疫病的综合性防治

疫病的防治是一个系统工程，必须建立防治鸭病的生物安全措施。要确实搞好鸭场的环境卫生及消毒工作；制订鸭群的免疫程序，选择好高效的疫苗，并适时进行免疫接种；加强和改善饲养管理，给鸭生长创造一个良好的、安全的生存环境。做好这几项工作，才能在鸭病防治中变被动为主动。随着养鸭业的进一步发展，生产要求越来越高，疫病防治工程的内容也要不断丰富、不断完善，使养鸭业向着生产生态、绿色食品的方向前进。

（1）搞好环境卫生工作

① 育雏室必须每天清扫干净。垫草要求干燥、无霉变、无污染、不含硬质杂物，在使用前要彻底暴晒。食槽及引水器每天清洗一次并消毒。定期清理粪便和垫草。

② 及时清扫运动场，避免低洼地积水及存在尖硬杂物等，做

到定期消毒。场内不得堆积杂物，及时扫清场上残留的饲料。

③ 做好科学灭鼠、灭蝇工作，同时注意鼠药的保管和使用，保证人和鸭群的安全。

（2）做好隔离工作

① 不同日龄鸭群应分批、分群饲养。

② 发现病鸭（包括出现拉绿色稀粪、软脚、体弱等）立即隔离饲养并强化消毒。

③ 新购进的鸭群应在隔离区隔离饲养15～21天后才可以混群，以免带入新的疫病。

（3）加强饲养管理工作　俗话说："三分饲养，七分管理。"科学的饲养管理，可增强鸭的抗病能力。良好的饲养管理和全价营养料饲喂是鸭群健壮的必要条件，否则即使消毒再严、免疫再及时也不可避免会发病。加强饲养管理应从雏鸭育雏期开始。

① 注意育雏温度和饲养密度的把控。雏鸭体温调节能力差，对外界环境适应性不强，必须加强保温工作，提高育雏成活率，以免因供暖不善而造成雏鸭死亡。具体育雏温度控制应按雏鸭日龄大小及时调节，不能忽高忽低。适宜的育雏温度为：1～7日龄为27～30℃，8～14日龄为24～26℃，15～21日龄为20～22℃。

合理的饲养密度也很重要。目前多数养鸭户采用集约化饲养，饲养量较大。因为场地、资金的限制，养殖户总想在有限的场地饲养更多的鸭，创造更多价值，所以往往加大饲养量。鸭群密度过高，往往会造成部分鸭采食不均，饮水不足，鸭只会出现大小不均、异食、啄癖等现象，且一旦有病即迅速传播。因此要适当保持合理的饲养密度，防止鸭只过多、过密。另外还要保持舍内通风良好，否则会造成二氧化碳或氨气中毒。关于饲养密度（平养）可参考表8-1。

表8-1　鸭平养饲养密度　　　　　单位：羽/米^2

品种	1～10日龄		11～20日龄		21～30日龄	
	夏天	冬天	夏天	冬天	夏天	冬天
肉鸭	30～35	35～40	25～30	30～35	20～25	20～25
蛋鸭	20～25	32～35	16～18	25～30	12～14	16～20

② 适时添加维生素、微量元素及益生素。鸭在不同饲养阶段，生长发育的重点不同，对营养的要求也不同。因此，不同日龄期应供给足够营养的配合饲料，以增强其抗疾病的能力。当前市售饲料五花八门，良莠不齐，难以提供全价营养保障，致使鸭只生长发育迟滞，各种疾病时有发生。因此养鸭户必须适时在饲料中添加多种维生素、微量元素及益生素等，以促进鸭只生长发育，提高抗病能力。尤其是益生素，它是含活性菌制剂的一种新型添加剂，能维持动物肠道微生物区系的正常平衡，抑制肠道有害微生物繁殖，对鸭只具有提供营养、增强免疫力、促进生长的作用。

（三）鸭传染病综合防治

鸭病防治工作的前提和侧重点是保护鸭的健康和预防多发性疾病的发生，是防病而不是治病，防重于治，是以群体为对象，而不是以个体为单位。防治重点仍是各类传染性疫病，同时兼顾其他疾病，既着重于集约化鸭场的疫病防治，又兼顾广大农村散养户鸭群的防疫。

1. 疫苗和预防接种

疫苗可分为两大类：一类为传统疫苗，即常规疫苗，是应用完整的细菌和病毒以传统的方法制备而成；另一类为新型疫苗，是采用一些新技术或化学方法从病原微生物体中提取有效成分，或用核酸杂交技术制备基因工程苗或人工合成多肽苗。目前，尽管新的品种大量出现，但由于各种原因，传统疫苗仍然是用于家禽传染病预防的主要生物制品。

（1）常规疫苗

① 灭活苗。俗称"死苗"，又称灭能苗，采用加热、加入甲醛或 β-丙内酯等使病原微生物丧失感染性或毒性，再加入免疫增强剂，经安全检查和效力检验合格后即可应用的疫苗，如鸭疫里默杆菌氢氧化铝灭活菌苗、禽流感油乳剂灭活苗等。死苗的优点是安全性好，保存方便；缺点是免疫原性差，产生免疫力时间迟。

② 活苗。活苗又称弱毒苗，弱毒疫苗，是一种病原致病力减弱但仍具有活力的完整病原疫苗，也就是用人工致弱或自然筛选的

弱毒株，经培养后制备的疫苗。目前，市场上应用的活疫苗大多为弱毒疫苗。该疫苗的优点是病原可在免疫动物体内繁殖，用量小，免疫原性好，免疫期长，成本低，使用方便。缺点是弱毒株的毒力易返强，对一些极易感动物存在一定的危险性，其免疫效果易受多种因素的影响，且运输和保存有一定的条件限制。该疫苗制作的关键是弱毒株的获得。如鸭瘟弱毒冻干苗、禽霍乱弱毒菌苗等。

③ 多价苗。即应用同一病原微生物不同血清型制成的疫苗。如大肠杆菌病是由 07、08 和 078 等 7～8 个血清型菌株所制，把多个不同血清型菌株混合可制成大肠杆菌多价菌苗。

④ 多联苗。应用不同病原微生物制成的疫苗，混合一起即成多联苗（有二联或三联苗），如鸭疫里默杆菌和鸭大肠杆菌灭活二联菌苗。

（2）新型疫苗

① 亚单位苗。应用化学方法将病原微生物中有效的免疫原提出而制成的疫苗，称为亚单位苗，如禽霍乱荚膜亚单位苗等。

② 基因工程苗。它是利用分子生物学技术制备的安全、有效、便宜的疫苗，包括基因缺失疫苗和载体疫苗两大类。

③ 合成肽疫苗。用人工方法合成具有保护作用的类似天然抗原决定簇的一级结构序列肽，以此肽作为抗原制成的疫苗即称合成肽疫苗，如将流感病毒的 H5N1 血凝素（HA）氨基酸序列的肽链与起载体作用的破伤风类毒素结合在一起，制成肽流感疫苗（此疫苗尚在研究中）。

（3）预防接种

① 常规预防接种。在经常发生传染病的地区，平时有计划地定期给健康鸭群进行的免疫接种，称为常规预防接种。预防接种效果的好坏，不仅与疫苗种类、性质和接种途径有关，也与鸭的日龄、体质和饲养管理条件等因素有关。一般来说，灭活疫苗接种后，免疫力产生慢，持续时间短。成年的、体质健康的、饲养条件较好的鸭接种后产生较强的免疫力，幼年的、体质弱的、饲养管理不当的鸭接种后产生的免疫力较差。

② 紧急预防接种。紧急预防接种是在鸭群发生传染病时，为了迅速扑灭疫病的流行，而对疫区和受威胁地区尚未发病的鸭群进行的免疫接种。应用疫苗作紧急预防接种前，必须对鸭群逐一进行详细检查，只对没有临床症状的鸭只进行紧急预防接种，对病鸭及处于潜伏期的病鸭应立即隔离治疗或扑杀。

③ 接种途径与方法。免疫接种途径主要有注射途径、经口途径（口服、饮水）和经鼻途径（气雾、滴鼻）。目前用于鸭免疫的疫苗接种途径均为注射途径。接种方法有肌肉接种法和皮下接种法。肌肉接种多数在胸肌，也有在腿部肌肉的，而皮下接种部位多在头颈后背中部或大腿内侧。

2. 免疫接种注意事项

（1）疫苗的选择　选择疫苗时，要先了解目前各种鸭病疫苗的种类，同时结合近年来本地区、本场疫病流行情况，制订科学合理的免疫程序，按已定的免疫程序选择疫苗。

（2）疫苗的保存　冻干弱毒疫苗（活苗）应低温冻结（－10℃左右）保存。油乳剂灭活苗（死苗）应置于 4～8℃保存，不能冻结，因为一旦冻结，解冻之后容易引起脱乳（即下层澄清，上层乳白色）而失效。倘若油乳剂灭活苗分层（即上层澄清，下层乳白色），摇匀之后还可以使用。

（3）疫苗的稀释　冻干弱毒苗使用时，要用灭菌生理盐水或冷开水稀释，切记不要往疫苗中加入抗生素。因为不少抗生素都是酸性的或碱性的，加入疫苗中，会改变其酸碱度，从而影响疫苗的质量，降低免疫效果。更不能将抗生素粉剂及针剂加入油乳剂苗中，否则容易引起脱乳。

（4）器具消毒　注射器及针头等用具应先洗干净，再煮沸消毒或用高压锅灭菌。否则，容易引起鸭只注射部位感染细菌，轻者发炎，重者死亡。

（5）注射部位　油乳剂灭活苗的注射部位应在颈部皮下 1/3 的近中线处。注射时掐起皮肤，针头向鸭背方向插入皮下。切忌在颈侧注射，因为容易刺破颈部血管而出现皮下血肿，压迫颈部神经或

第八章　鸭的疾病防治

刺伤颈部肌肉影响颈的活动。也切忌作腿部肌内注射，因为此法会影响鸭走路，或由于疼痛引起跛行。

（6）不良反应　油乳剂灭活苗引起的不良反应主要是应激反应。如鸭群注苗后会出现1～2天食欲减少，但很快就能恢复；若是产蛋鸭，注苗后会出现1～2天降蛋现象，但很快就会回升。

（7）接种顺序　在进行免疫接种时，应先接种健康鸭只，然后接种体质较差的鸭或者是被认为不健康的鸭。抓鸭时动作要轻，放下时动作要慢，避免产生过大的应激。

3. 免疫失败原因

违反上述免疫接种有关注意事项是造成免疫失败的重要原因之一。此外，有以下几种原因容易导致免疫失败。

（1）当正常的免疫反应受抑制时，可导致免疫失败，如严重的寄生虫病、营养不良及应激反应等均能抑制正常的免疫机能。

（2）当幼鸭体内存在母源抗体时，也可导致免疫失败。因为一定水平的母源抗体能抑制弱毒活苗中的病毒或细菌，所以对雏鸭过早免疫接种易造成免疫失败。其他一些原因也可导致免疫失败，如在疫区进行紧急接种时，常有一部分鸭只在接种时已处于潜伏期，这些鸭只往往在接种后的短期内发病，也导致免疫失败。

4. 免疫程序

免疫程序必须根据疫病流行情况和规律、鸭的用途和日龄、母源抗体水平、饲养条件、疫苗的种类和性质、免疫途径等因素制订，不能制订统一的规定，必须根据具体疫病作具体分析，根据具体情况随时加以调整。

现将种用鸭、蛋用鸭和肉用鸭3种用途的育成鸭免疫程序列表如下（表8-2、表8-3）供养殖户参考。

5. 鸭群发生传染病时的处理

（1）早发现　发现疫情要及时。对鸭群要勤观察，特别要观察鸭群的食欲，若采食量有明显减少，往往是发生疾病的"前奏曲"。一旦发现少数鸭只发病，应立即将其隔离，进行治疗或处理。

表 8-2　种用鸭和蛋用鸭免疫程序

免疫日龄	使用疫苗(或生物制品)	接种方法
1～5 日龄	雏鸭病毒性肝炎弱毒苗或病毒性肝炎高免卵黄抗体 雏番鸭"花肝病"弱毒苗、雏番鸭细小病毒弱毒苗(三周病)或雏番鸭"花周"二联苗	头后颈 1/3 处皮下注射或腿部肌内注射 头后颈 1/3 处皮下注射
7～10 日龄	鸭疫里默杆菌(传染性浆膜炎)灭活苗 大肠杆菌灭活苗	皮下注射或肌内注射
12～15 日龄	禽流感油乳剂灭活苗(首次免疫)	颈部中下 1/3 处皮下注射
15～25 日龄	鸭瘟弱毒冻干苗 禽霍乱弱毒苗、荚膜亚单位苗或蜂胶苗	皮下注射或肌内注射
30～40 日龄	禽流感油乳剂灭活苗(二次免疫)	胸部肌内注射
开产前 15～20 天	鸭瘟弱毒冻干苗 禽霍乱弱毒苗、荚膜亚单位苗或蜂胶苗 鸭产蛋下降综合征油乳剂灭活苗	皮下注射或肌内注射
产蛋后每 6～10 个月	禽流感油乳剂灭活苗 鸭瘟弱毒冻干苗 禽霍乱荚膜亚单位苗或蜂胶苗	皮下注射或肌内注射

表 8-3　肉用鸭免疫程序

免疫日龄	使用疫苗(或生物制品)	接种方法
1～5 日龄	雏鸭病毒性肝炎高免卵黄抗体 雏番鸭"花肝病"弱毒苗、雏番鸭细小病毒弱毒苗(三周病)或雏番鸭"花周"二联苗	腿部肌内注射 头后颈 1/3 处皮下注射
7～10 日龄	鸭疫里默杆菌(传染性浆膜炎)灭活苗 大肠杆菌灭活苗	皮下注射或肌内注射
12～15 日龄	禽流感油乳剂灭活苗 鸭瘟弱毒冻干苗	颈部中下 1/3 处皮下注射 肌内注射
25～30 日龄	禽流感油乳剂灭活苗(在流行区域)	胸部肌内注射

（2）早诊断　发现疫情后，要尽快请有关部门剖检或及时取病料送检，作出确诊。

（3）早处理

① 尽快将病鸭隔离。若属烈性传染病，立即上报并将病鸭场（群）封锁，采取一切措施防止疫病扩散。绝不能在此期间出售鸭只或购进新鸭。

② 及时进行紧急预防接种。若已有弱毒苗预防的疫病，如鸭瘟病，可立即注射鸭瘟鸡胚化弱毒疫苗；若是禽流感，可注射高免卵黄液或高免血清。

③ 尽快进行消毒。消毒工作应与病鸭的隔离工作密切结合起来，每天消毒一次。只要不是在严冬育雏，都可以采取带鸭消毒。

④ 积极进行治疗。除高免卵黄液或高免血清外，还可以配合药物治疗。治愈率在很大程度上取决于发病时间、发病程度及药物组合配方是否合理。

⑤ 淘汰和正确处理病鸭与死鸭。病重鸭只没有必要治疗，应及早淘汰，但不能拿到市场出售。死鸭不能乱丢，应深埋或销毁。疫情控制之后，全场应再进行一次彻底消毒。

（四）药物及药物防治

1. 鸭病防治常用药物

用药是预防和治疗鸭病的重要手段。鸭场或养鸭户如果用药不当，不仅使鸭病不能得到有效控制，甚至会产生副作用，造成严重的经济损失。目前市场上药物种类繁多，各厂家为了适应鸭病发生的特点和需要，开发、研制了不少新药，养殖场（户）要根据本场鸭群发病情况和防治的需要，设置专门的药房进行适当的药品采购和贮备，生产中有针对性地选用最有效的药物。表 8-4～表 8-6 所列的是鸭场常用药物，养鸭户可根据需要参考选用。

表 8-4　鸭场常用抗菌抗病毒药物

药物名称	防治的疾病	剂量与用法	注意事项
青霉素 G 钾（钠）	链球菌病、葡萄球菌病、螺旋体病、禽霍乱、坏死性肠炎、霉形体病	肌内注射按 3 万～5 万单位/千克体重，口服按 2000 单位/羽（雏鸭）	不能与替米考星、氟苯尼考、罗红霉素、磺胺类药物混合使用
氨苄青霉素（安比西林）	大肠杆菌病、沙门菌病、禽霍乱	肌内注射按 40 毫克/千克体重，24 小时给药 2 次；拌料按 0.02%～0.05%；饮水按每升水加 50～100 毫克，连服 3～5 天	
阿莫西林（羟氨苄青霉素）	细菌性呼吸道病、大肠杆菌病、支原体病	饮用或拌料按 0.02%～0.05%，连服 3～5 天	
头孢菌素类（头孢曲松）	大肠杆菌病、沙门菌病、禽霍乱、葡萄球菌病、链球菌病	口服按 35～50 毫克/千克体重，每日 2 次，连服 3 天；皮下或肌内注射按 20～30 毫克/千克体重。每日 1 次，共 2 天	不能与氟苯尼考、罗红霉素、磺胺类药混合使用
硫酸庆大霉素	大肠杆菌病、沙门菌病、禽霍乱、铜绿假单胞菌病、支原体病	肌内或皮下注射按 3000～5000 单位/千克体重，每日 2 次；饮水按 2 万～4 万单位/升，连服 3 天；拌料采用粉剂，按 50～200 毫克/千克料	不能与氨苄西林、四环素混合使用
硫酸链霉素	大肠杆菌病、沙门菌病、禽霍乱、副伤寒、嗜血杆菌病、慢性呼吸道病及应激	肌内注射按 10 万～15 万单位/千克体重，每天 1 次，共 3 天；混饮按 50～150 毫克/毫升	不能与庆大霉素、卡那霉素、新霉素合用
硫酸卡那霉素	大肠杆菌病、腹膜炎、沙门菌病及慢性呼吸道病	肌内或皮下注射按 5～10 毫克/千克体重，每天 1 次；饮水采用纯粉，按 0.01%～0.02%，连服 3 天；拌料按 60～250 毫克/千克料，连服 3～5 天	与头孢菌素类、多西环素合用，疗效增强

药物名称	防治的疾病	剂量与用法	注意事项
泰乐菌素	霉形体病、大肠杆菌病、鸭疫里默杆菌病、慢性呼吸道病、化脓菌坏死性肠炎	肌内或皮下注射按30毫克/千克体重,每天1次;饮水按 0.005%～0.01%;拌料按 0.01%～0.02%,连服3天	不能与莫能菌素、盐霉素合用
硫酸阿米卡星(丁胺卡那霉素)	大肠杆菌、铜绿假单胞菌病、沙门菌、葡萄球菌等感染及禽霍乱	肌内注射按2.5万～3万单位/千克体重,每天1次,共2天;饮水按0.005%～0.01%;拌料按0.01%～0.02%,每日2～3次,连服3天	不能与青霉素类混合使用
罗红霉素(严迪)	支原体病、衣原体病、螺旋体病及厌氧菌感染	饮水采用原粉,按0.005%～0.02%;拌料按0.01%～0.02%,每日1～2次,连服3天	不能与磺胺类、林可霉素合用
氟苯尼考(氟甲砜霉素)	大肠杆菌病、鸭疫里默杆菌病、禽霍乱、沙门菌病及葡萄球菌病	拌料按每千克料加1克,每天1次,连服3～5天,肌内注射按20～30毫升/千克体重	不能与青霉素、头孢菌素和磺胺类合用
盐酸沙拉沙星	大肠杆菌病、沙门菌病、鸭疫里默杆菌病、禽霍乱及慢性呼吸道病	饮水按每100升水加10克,拌料按每40千克加入10克,均连服3天,肌内注射按5～10毫克/千克体重	不能与氟苯尼考、多西环素、罗红霉素合用
恩诺沙星	用于呼吸道和消化道感染的各种炎症,如大肠杆菌病、禽霍乱、禽伤寒、副伤寒	饮水按每25～75毫克/升水,拌料按每100毫克/千克料,均连服3～5天,肌内注射按5～10毫克/千克体重	
环丙沙星	用于呼吸道和消化道感染的各种炎症,如大肠杆菌病、禽霍乱、禽伤寒、副伤寒	饮水按每50毫克/升水,拌料按每0.02%～0.04%,每天1～2次,连服3～5天;肌内注射按10～15毫克/千克体重	

现代养鸭关键技术精解

药物名称	防治的疾病	剂量与用法	注意事项
制霉菌素	消化道真菌感染，如烟曲霉素、念珠菌及毛癣菌感染	口服按 10～15 毫克/千克体重，拌料按 100～130 毫克/千克体重，气雾按 50 万单位/米³	口服不易吸收，用于雏鸭霉菌感染，气雾疗效更好
克霉唑（抗真菌 1 号）	白色念珠菌病、烟曲霉菌病及真菌败血症	拌料按 50～100 毫克/千克体重或每 100 羽雏鸭用 1 克，连服 7 天以上	不能过早停药，否则易复发
利巴韦林（病毒唑）	禽流感、鸭瘟及雏番鸭细小病毒病	饮水按每 20～40 升水加 1 克，拌料按 25 千克料加 1 克，均服 3～5 天；肌内注射按 10～20 毫克/千克体重	种鸭产蛋期不宜使用，活病毒疫苗接种前 7 天内不得使用
盐酸金刚烷胺	主治禽流感	饮水按每 20～40 升水加 1 克，拌料按 20～40 千克料加 2 克，均连服 5～7 天；肌内注射按 20 毫克/千克体重，每天 1 次，连用 2～3 天	种鸭产蛋期不宜使用

表 8-5　鸭场常用抗寄生虫药及杀虫药

药物名称	防治的寄生虫	剂量与用法	注意事项
地克珠利（杀特灵）	球虫病	饮水按每升水加入 0.5 毫克，拌料按每千克料加入 1 毫克	
百球清（甲基三嗪酮）	球虫病	饮水按每升水加入 25 毫克，或按每千克体重用 7 毫克，连饮 2 天	
左旋咪唑	多数线虫如蛔虫、毛细线虫	饮水加拌料，按 25～30 毫克/千克体重，一次量	
枸橼酸哌嗪（驱蛔灵）	蛔虫病	拌料按 0.25～0.3 克/千克体重，饮水按 0.4%～0.8% 加入，每天 1 次，连服 2～3 天	拌料或加水后 12 小时内服完
硫双二氯酚（别丁）	各种吸虫病、绦虫病	内服 50～60 毫克/千克体重	
强力灭虫灵（伊维菌素）	驱除体内外寄生虫，如线虫、螨虱、跳蚤、苍蝇、蛆虫	拌料按 100 千克加 10 克，7 天后再给药 1 次	

表 8-6　鸭场常用消毒药

药物名称	应用范围	剂量与用法	注意事项
生石灰	地面、粪池或粪堆及污水物等环境消毒	生石灰加水配成 10%～20%浓度刷墙壁,或用石灰水撒地面	
漂白粉	饮水、鸭舍、地面、用具及排泄物消毒	饮水消毒按每吨水加 6～10 克,喷洒鸭舍、运动场、车辆等消毒用 10%～20%的乳剂	不宜用于金属笼具消毒,现配现用,久置失效
高锰酸钾	饮水、皮肤、种蛋、饲具等容器消毒	0.01%溶液用于饮水、皮肤黏膜创面消毒,0.02%～0.05%用于种蛋消毒,0.2%～0.5%用于污染用具、饮水器的消毒	浓度过高有腐蚀作用,饮水浓度过高易引起中毒
过氧乙酸	鸭舍、被污染的地面、墙壁、通道、饮水器、仓库等消毒	0.04%～0.2%溶液用于耐酸用具浸泡消毒,3%～5%溶液于环境、鸭舍、饲槽、车辆喷洒消毒,0.3%溶液按每立方米 30 毫升用于带鸭喷洒消毒	不宜用于金属用具,现配现用
新洁尔灭	人员手臂、小器具、种蛋浸泡消毒,鸭舍喷雾消毒	0.05%～0.1%溶液用于人员手臂、小器具消毒,0.1%溶液用于种蛋浸泡消毒,0.15%～0.2%溶液用于鸭舍喷雾消毒	忌与碘、肥皂合用,不宜用于饮水、污水消毒
百毒杀	饮水、鸭舍、环境、饲饮器具、农具、孵化室及种蛋消毒	1:(10000～20000)倍稀释用于饮水消毒,600 倍稀释用于鸭舍、环境、器具、笼具、种蛋消毒及带鸭喷雾消毒,200 倍稀释用于发生传染病时紧急消毒	
福尔马林（甲醛溶液）	鸭舍、孵化器、种蛋及器械的消毒	3%～5%溶液喷洒鸭舍地面、墙和器具等。熏蒸消毒法为每立方米空间用 15～38 毫升,加入等量水后在小火上加热,使甲醛变成气体,闭门窗 12 小时。也可以用高锰酸钾 45 克＋福尔马林 15 毫升,使之氧化蒸发	熏蒸消毒时关闭门窗,结束时打开,排出残余气体

2. 给药的方法

常用的给药方法有拌料用药、饮水用药和注射用药 3 种。不同疾病、不同药物的给药方法也不尽相同,这样才能保证满意的防治效果。

（1）全身感染性疾病　防治全身感染性疾病，如禽流感、大肠杆菌病等，选用注射用药法的效果比口服的好。若采用拌料和饮水用药，必须选用口服吸收率高的药物。如果选用口服难吸收的药物如庆大霉素、卡那霉素等用于拌料或饮水，疗效则不好。

（2）肠道感染性疾病　防治肠道感染性疾病，可采用饮水或拌料方法给药，应选择可溶性好的药物。理想的办法是饮水用药和拌料用药同时使用，可使一些不采食、只饮水的病鸭得到治疗。

（3）呼吸道感染性疾病　防治呼吸道感染性疾病，要选用对呼吸道有很强亲和力，而且要能在气囊、肺和气管中达到杀菌浓度的药物，如泰乐菌素、氧氟沙星和沙拉沙星等药物。

3. 用药注意事项

（1）育雏阶段尽量少用抗菌药物　正常情况下，雏鸭肠道寄居很多对机体有益的微生物，这些微生物不仅可以帮助消化、发酵分解纤维素，还可以抑制其他有害微生物，调节肠道菌群平衡。很多养鸭户害怕雏鸭患病，从育雏第一天开始就喂给各种抗生素，可是抗菌药物在杀死有害细菌的同时，大多数对机体有益的细菌也被消灭了。这就造成肠内的微生态菌群失调，雏鸭就会出现食欲不振、消化不良、营养缺乏症及各种代谢障碍病。长期使用还会导致耐药性的产生，一旦发病，现投抗生素往往不易治愈，还会造成更大的经济损失。

因此，育雏期间尽量少用抗生素，建议多用微生态制剂，可抑制病原菌繁殖，改善肠道环境，调节菌群平衡，促进饲料的消化吸收，提高饲料的利用率。微生态制剂除含有多种有益的活菌之外，还富含活性蛋白、多种氨基酸、消化酶、维生素、促生长因子等成分，可以增加营养，增强免疫功能和机体抗病能力，有助于降低发病率和死亡率。

（2）避免盲目滥用抗生素　一旦发生疾病且出现死亡时，切忌盲目用药，应先对病鸭进行确诊，可请有经验或专业的兽医人员协助诊断，然后选用效果好的药物进行投药，否则就会"无的放矢"。

盲目投药，既浪费钱财，又延误病情。

在育雏期，倘若幼鸭严重感染大肠杆菌、沙门菌和支原体时，可将敏感的抗菌药加入饮水或拌料喂 2 天，然后用微生态制剂拌料喂 7 天，并添加多种维生素。

（3）确定首选药物，掌握使用剂量及疗程　临床上，鸭病的产生往往比较复杂，混合感染、继发感染时有发生。因此，单纯选用一种药是不够的，必须选择两种以上的药物或组合配方的合成药。在条件允许时，最好先做药敏试验，筛选敏感药物，以确定疾病治疗的首选药；在条件不允许时，应在确定鸭病类型之后确定首选药物，如禽流感应首选金刚烷胺加利巴韦林等药物。

药物的剂量会影响效果。药物在体内要达到一定的剂量才能发挥作用，剂量太小起不到治疗效果；剂量太大，一方面造成浪费，增加成本，另一方面会引起鸭只不良反应或中毒死亡。因此，剂量确定要依据说明书或咨询有经验的兽医。

在治疗疾病的过程中，任何一种药物都必须有一定的疗程。一般要 2～3 天或 3～5 天，有的还更长。通常，用药 1～2 天后，症状消失，发病率和死亡率会下降，但不等于都痊愈，停药过早易导致疾病复发。例如对禽霍乱治疗，在注射青霉素、链霉素或其他药物之后，第二天鸭只的死亡数可能会大大减少，甚至停止死亡。但如果不继续用药，隔 2～3 天之后，又会继续出现死亡。如此反复，既浪费了药物，又不能控制死亡，使治疗工作永远处于被动状态。倘若每天注射 1～2 次，连续注射 2～3 天，同时用药物拌料喂服 2 天，则效果更好。

（4）注意配伍禁忌，合理用药　使用药物前先要搞清楚药物之间的合理配伍和配伍禁忌，不能盲目配合使用，否则就会降低疗效、失效，甚至出现毒性反应。

① 充分利用药物的协同作用。如青霉素与链霉素、多黏菌素合用可增强疗效，若青霉素与罗红霉素、氟苯尼考合用就会降低疗效。

② 注意避免药物的拮抗作用。如多黏菌素和氟苯尼考、环丙

现代养鸭关键技术精解

沙星等喹诺酮类药物合用可增强疗效，若与新霉素、庆大霉素合用就会增强毒性。

③ 配伍禁忌。如盐酸林可霉素与罗红霉素合用会降低疗效，与磺胺类药合用则失效；饲料中加入防治球虫病的莫能菌素或盐霉素时，若再用泰乐菌素拌料或饮水来防治支原体病，就会引起中毒。

第二节　鸭的常见疾病与防治

一、鸭禽流感

禽流感是由 A 型流感病毒中的某些致病性血清亚型毒株所引起的全身性传染性综合征，是危害当前养禽业最为严重的传染病。高致病性禽流感病毒仅包括 H7 和 H5 亚型中的部分毒株，由于其发病突然、流行快、死亡率高，常常给养禽业带来毁灭性打击，因此被国际兽医局（OIE）列为 A 类烈性动物传染病。

【病原】禽流感病毒属于正黏病毒科，流感病毒属，是有囊膜、多形态的 RNA 病毒。根据其内部核蛋白（NP）和基质蛋白（M）的抗原性不同，可分为 A、B、C 三型。B 型和 C 型一般只见于人类；所有的禽流感病毒都是 A 型，A 型流感病毒也见于人、马、猪、水貂等哺乳动物及多种禽类。其中 H5 和 H7 血清型流感病毒对各种日龄和各品种的鸭群均具有高致病性。

【流行病学】病禽和带毒禽是主要传染源，病毒主要通过病禽的各种排泄物、分泌物及尸体等污染饲料、饮水经消化道、结膜、伤口和呼吸道感染。该病一年四季均可发生，但以冬春季为主要流行季节。雏鸭的发病率高达 100％，死亡率为 60％～95％，甚至更高；其他日龄鸭群发病率一般为 80％～100％，死亡率为 30％～80％不等。禽流感的鸭群易并发或继发鸭的大肠杆菌病、鸭疫里默杆菌病、鸭霍乱及沙门菌病等，此时鸭群死亡率增高。目前，禽流感已在世界多个国家及我国不少省份流行，禽流感已传给人类并造成人的发病和死亡，因此应引起高度重视。

【临床症状】

1. 最急性型

患鸭突然发病，不食不喝，精神严重沉郁，闭眼蹲伏，头顶触地，很快倒地仰翻，两脚作游泳状摆动，不久即死亡。

2. 急性型

此病型症状最为典型，患鸭精神沉郁，食欲减少或不食，腿软无力，伏地缩颈，眼潮润，流泪红眼，有的病例肿头。病鸭死前喙和足蹼呈紫色，仰翻扭颈，倒地挣扎之后，出现呼吸困难，最后窒息而死。发病鸭群在2～3天大批死亡。在产蛋母鸭感染禽流感之后，产蛋下降，产小型蛋、畸形蛋，甚至出现产蛋停止现象。

3. 慢性型

属非典型流感，以呼吸道症状为主。病鸭出现呼吸急促、喘气或张口呼吸、咳嗽、流眼水、食欲减少、生长发育迟缓、消瘦等现象，此时病程较长，死亡率较低。

【病理变化】剖检可见喉头气管黏膜有不同程度出血或出血点，腔内有黏性分泌物或干酪样物，肺出血或瘀血。胰腺出血或有出血斑，表面有灰白色坏死灶或坏死点，或呈透明样。心冠脂肪和心肌有出血点或出血斑，心肌有灰白色坏死斑或呈白色条纹坏死，心内膜有出血斑。严重病例可见腺胃与肌胃交界处有出血点或出血带。肠黏膜充血、出血，十二指肠尤为明显，有局灶性出血性溃疡病灶，还可见出血环。

产蛋母鸭卵巢中的卵泡严重充血、出血、变形和皱缩。输卵管黏膜充血、出血，有的病例卵泡破裂于腹腔中。

【诊断】根据流行病学、临床症状和病理变化可作出初步诊断，确诊需要国家禽流感实验室最终分析、定型。鉴别诊断注意与雏鸭病毒性肝炎、雏番鸭细小病毒病相区别：患病毒性肝炎雏鸭肝脏肿大，表面有出血点或出血斑，雏鸭禽流感仅出血或瘀血，但心脏有出血性坏死病变，而雏鸭病毒性肝炎心脏无此病变；雏番鸭细小病毒病病变主要在胰腺，整个充血、出血或苍白，表面有数量不等的针尖大小的灰白色坏死点，心脏淡白色或灰白色，似煮熟样，而雏番鸭禽流感心脏无此病变。

【防控措施】

1. 预防措施

预防和控制禽流感的发生主要是加强饲养管理，搞好环境卫生，增强鸭的抗病力及做好免疫接种工作。

（1）切实做好消毒工作　对未发生或已发生禽流感的鸭场，对其养鸭设备、用具及场所、车辆和笼子等都要及时和定期清洗，然后选择有效消毒剂进行消毒。当前对禽流感较有效的消毒剂有0.1%～0.2%过氧乙酸、百毒消和速净（双链季铵盐消毒剂）等。

（2）疫苗免疫接种　接种疫苗是防治禽流感的最有效手段，目前在疫区普遍使用禽流感油乳剂灭活苗，每羽注射0.2～0.5毫升，也可用组织灭活苗。由于禽流感亚型多，易变异，且亚型之间又无交叉免疫，因此，往往一种疫苗在一个地区有效，而在另一个地区无效，甚至场与场之间免疫效果都有差异。最可靠的办法是事前弄清本地区流行哪种亚型（H5、H7或H9），然后使用适合该地区的单价或多价油乳剂灭活苗，能使鸭体产生相应的免疫力。

（3）免疫程序　可根据疫病的流行情况，雏鸭在7～10日龄或15～20日龄进行首免，间隔15～20天再免疫1次，应在颈部背侧的正中处皮下注射。对于要留种的鸭群和蛋用鸭群，在首次免疫后的2月龄进行二免，在产蛋前15～20天进行三免。以后，每半年免疫1次。

2. 扑灭措施

发生禽流感的鸭场要立即采取"紧急、严厉、强制"处置措施，要在第一时间迅速上报，由县级及县级以上人民政府发布"封锁令"，采取切实、有效的隔离、封锁、消毒、扑杀和紧急接种等措施，控制疫情，避免疫情传播，切实保障人民生命财产安全。

二、鸭瘟

鸭瘟又名鸭病毒性肠炎或大头瘟，是由鸭疱疹病毒Ⅰ型引起的一种急性败血性传染病，因发病鸭常见头颈部肿大，故俗称"大头瘟"。

【病原】 属于疱疹病毒科，疱疹病毒属中的滤过性病毒。病毒粒子呈球形，直径为 120～180 纳米，有囊膜，病毒核酸型为 DNA。病毒在病鸭体内分散于各种内脏器官、血液、分泌物和排泄物中，其中以肝、肺、脑含毒量最高。本病毒对禽类和哺乳动物的红细胞没有凝集现象，毒株间在毒力上有差异，但免疫原性相似。

【流行病学】 任何品种、年龄的鸭都能感染。自然发病多见于育成鸭和成鸭，但近来 10～15 日龄的雏鸭亦时有发生，流行期比较长，可达 15～30 天，死亡率在 90％以上。

在自然情况下，只有鸭能够感染鸭瘟。鹅在同病鸭接触的情况下，有时也可能感染发病。该病一年四季均可发生，通常在春夏之际和秋季流行最为严重。当鸭瘟传入易感鸭群后，一般 3～7 天开始出现零星病鸭，再经 3～5 天陆续出现大批病鸭，疾病进入流行发展期和流行盛期。鸭群整个流行过程一般为 2～6 周。如果鸭群中有免疫鸭或耐过鸭时，可延至 2～3 个月或更长。鸭群感染鸭瘟后蔓延迅速，发病率和死亡率都很高，往往造成大量死亡。

【临床症状】 病鸭表现为高热、头部肿胀、缩颈、流泪、眼睑水肿、两翅下垂、脚麻痹，严重的病鸭伏地不起，排绿色或灰绿色稀粪，病程 2～3 天；产蛋鸭还可表现为产蛋量下降。

【病理变化】 典型病例的皮下组织发生不同程度的炎性水肿，剖检头颈肿胀部，切开时流出淡黄色的透明液体或呈胶冻样。

咽喉部、食道黏膜表面覆盖着灰黄色或草黄色的坏死物形成的伪膜结痂，或在食道黏膜出现纵向排列的出血带。在食道和腺胃交界处有出血点或出血环。泄殖腔黏膜表面覆盖着一层绿褐色或棕褐色的坏死结痂，不易剥落，黏膜有出血斑。

肝脏表面和切面上可见到针头至米粒大小的不规则灰白色坏死斑点和出血斑，有些病例在坏死灶中间有出血小点；其上还常见灰白色的小坏死点。心外膜和心内膜有出血斑点。

产蛋母鸭发病时，卵巢、卵泡发生充血和出血，变形和变色。有部分卵泡破裂而引起卵黄性腹膜炎。

【诊断】鸭瘟同巴氏杆菌病（禽霍乱）在有些方面很相似，容易被误诊，应注意区别。第一是流行病学特点：禽霍乱的病原为禽多杀性巴氏杆菌，多种家禽都能感染发病，而鸭瘟除鸭能感染发病外，其他禽类如鸡、鹅一般不会感染。第二是临诊症状特点：鸭瘟病例所特有的流眼泪和眼睑水肿，两脚发软，不能站立，部分病鸭头和颈部肿大，禽霍乱则没有。第三是剖检病变特点：鸭瘟病例的食道和泄殖腔黏膜可见坏死结痂或伪膜性病灶，但在禽霍乱病例中是不存在的，而禽霍乱在肺脏通常有严重的弥漫性充血、出血和水肿，但鸭瘟的肺脏变化不显著。第四是药物治疗效果：禽霍乱一般应用抗生素和磺胺类治疗都有良好效果，而鸭瘟无效。

【防治措施】

1. 预防措施

（1）平时严格执行对鸭舍、运动场、用具、贩运鸭子车辆和笼子的卫生消毒，药剂有 $10\% \sim 20\%$ 石灰乳或 5% 漂白粉、百毒消等。

（2）不从有病地区购进鸭子，如必须引进时，一定要经过严格健康检查，隔离饲养，定时检查证明健康后才能并群饲养。不要在可能感染疫病的地方放牧，如了解到上游有病鸭，就不能在下游放养。

（3）定期注射疫苗预防，目前广泛使用鸭瘟弱毒冻干苗，安全有效。疫苗注射前用灭菌生理盐水或蒸馏水作 100 倍稀释，$10 \sim 20$ 日龄鸭肌内注射 0.5 毫升，7 天内产生免疫力，隔 $21 \sim 30$ 天可再加强免疫 1 次，有效期 6 个月，种鸭和产蛋鸭在蛋鸭在产蛋前可再接种疫苗 1 次。

2. 治疗措施

各种抗生素和磺胺类药物对本病均无治疗和预防作用，但可采取如下措施，以减少死亡。

（1）复方利巴韦林（毒获灭或克毒剑）每 100 克配水 200 千

克，连用 3～5 天。

（2）干扰素（禽用）每瓶（10 毫升）稀释 25 倍，肌内注射 1000 羽。

（3）利巴韦林、聚肌胞合剂（博圣）肌内注射或配水饮用，特别适用于因鸭瘟疫苗免疫失败而引发鸭瘟的治疗，能有效控制死亡，降低死亡率。

（4）复方病毒唑可溶性粉（含利巴韦林、金刚乙胺、环丙沙星、增效剂等），用于饮水时，每 50 克加水 200 千克；用于拌料，每 50 克加入饲料 100 千克，1 天 2 次，连用 3～5 天。

（5）复方金刚乙胺（金疫康，含金刚乙胺、阿昔洛韦、黄芪多糖、干扰素等），用于饮水时，每 50 克加水 250 千克，1 天 1 次，连用 3～5 天。

三、鸭病毒性肝炎

鸭病毒性肝炎（DVH），俗称"背脖病"，是一种由鸭肝炎病毒（DHV）引起雏鸭肝脏损伤的高致病性传染病。该病表现为急性败血症，主要发生在 3 周龄以下的雏鸭，尤其对 1 周龄的雏鸭具有极强的致死性，病死率高达 90％以上。

【病原】鸭肝炎病毒属小核糖核酸病毒，按血清型可分为Ⅰ、Ⅱ、Ⅲ型，3 个血清型之间无交叉感染。血清Ⅰ型可分为 3 个基因型，分别为基因Ⅰ型（传统血清Ⅰ型）、基因Ⅱ型（中国台湾型）、基因Ⅲ型（韩国型）。中国主要流行传统 DHV-Ⅰ型及其韩国新型变异株并曾有大流行报道。

【流行病学】鸭是天然易感动物，最早于 3 日龄开始发病，主要侵害 3 周以前的雏鸭，其发生传播非常迅速，发病后 3～4 天几乎全部死亡，其中以第二天死亡最多，而死亡多数集中在 3～12 日龄，4～5 周龄后很少发生本病。死亡率一般为 10％～60％，新疫区高达 90％以上。

成年鸭是本病毒的携带者。主要是通过与病鸭的直接接触传播，也通过粪便、食具、垫料传播，但不能通过鸭蛋内传递。本病一年四季都可发生，但多数在冬季和早春爆发。

【临床症状】潜伏期1～4天。本病发病急，死亡快。病雏鸭表现精神沉郁，运动失调，身体倒向一侧或背部着地，转圈，两脚发生痉挛性踢动，死前头向后仰且呈角弓反张姿势。通常在出现神经症状后几分钟或几小时内死亡。

【病理变化】主要病变在肝脏。肝肿大，质地松软，呈淡红色、土黄色或红黄色，表面有大小不等的出血点或出血斑；胆囊肿大；肾脏肿大、出血，脾脏轻度肿大，呈斑驳状，胰脏肿大充血，其他器官无明显病变。

【诊断】根据临床症状和病理变化较易诊断，应注意与鸭瘟和禽霍乱区别。雏鸭病毒性肝炎主要发生在2周龄内的雏鸭，发病率和死亡率高。鸭瘟或禽霍乱在此日龄阶段很少发病，且临诊症状和剖检病变与雏鸭病毒性肝炎不一样，因此鉴别不困难。

【防治措施】

1. 预防措施

防治雏鸭病毒性肝炎最重要的是保护3周龄内的雏鸭群，让其具有足够的免疫抗体，可以通过以下两种有效措施进行预防。

（1）接种免疫母鸭　通过免疫产蛋种鸭来保护雏鸭。种蛋鸭于开产前2～4周接种2次鸭肝炎弱毒疫苗，间隔15天左右；在产蛋高峰期再免疫一次，可保证孵出的雏鸭具有较高母源抗体，进而获得良好保护。

（2）接种免疫雏鸭　疫苗直接接种雏鸭群，即在雏鸭出壳后1～3日龄内颈背皮下注射0.2毫升鸭肝炎弱毒苗。由于传染性肝炎发病日龄多数偏早，因而多数鸭孵化场和养鸭户均在雏鸭出壳后1～2日龄内注射0.5～1毫升抗雏鸭肝炎高免卵黄液，预防保护率90%以上。

2. 治疗措施

（1）立即注射抗雏鸭肝炎高免卵黄液或高免血清。每羽注射1毫升，严重病例可再注射1次。在卵黄液中加入利巴韦林抗病毒药一起注射，效果更显著。

（2）将利巴韦林和肝肿康加入饲料（1 克拌料 25 千克）或饮水（每 1 克加水 20～40 千克）喂服，连用 3～4 天。

（3）复方病毒唑可溶性粉（含利巴韦林、金刚乙胺、环丙沙星、增效剂等），用于饮水时，每 50 克加水 200 千克；用于拌料，每 50 克加入饲料 75 千克，1 天 2 次，连用 3～5 天。

（4）"鸭肝毒清液"每 500 毫升加适量水给 500 羽小鸭自由饮水，每天 1 次，连用 2～3 天。若配合注射抗肝炎卵黄抗体，使用效果更好。

四、鸭坦布苏病毒病

鸭坦布苏病毒病是由鸭坦布苏病毒引起的以鸭产蛋骤然大幅下降为主要特征的一种急性、烈性传染病。该病自 2010 年 4 月份爆发以来，给我国养鸭业造成了巨大的经济损失。

【病原】坦布苏病毒最早于 1955 年从吉隆坡库蚊体内分离得到。2010 年 4 月，苏敬良等最先报道从鸭体内分离到一种类似病毒，通过对 NS5 基因进化分析发现，其与坦布苏病毒同源性为 88%～92%，属于蚊媒病毒的思塔亚群病毒。说明该病毒是从东南亚传入我国，并感染新的宿主鸭进化而来，后来命名为鸭坦布苏病毒。

鸭坦布苏病毒具有典型黄病毒结构，有囊膜，目前我国流行毒株均为同一基因型，尚未发生较大变异。说明鸭坦布苏病毒的抗原变异速度并不是很快，对于开发疫苗及防控该病有利。

【流行病学】鸭坦布苏病毒病发病突然，传播快速，可感染除番鸭外的所用品种产蛋鸭，以及产蛋鸡和产蛋鹅。该病毒可能会经蚊子、鸟类带毒传播，已经证实可垂直传播。从泄殖腔可分离到病毒，表明该病毒可经粪便排毒，提示经污染的环境、饲料、饮水、器具、运输工具等均可传播病毒。目前还没有鸭坦布苏病毒感染人的报道。

【临床症状】感染鸭主要表现为采食量突然迅速下降，随之产蛋率大幅度下降，由高峰期的 90% 降至 10% 左右，群内发病率达

100％，病死率为 5％～15％。鸭发病后体温升高，排绿色稀粪，在感染的后期，出现腿瘫、行走不稳、转圈等神经症状。该病病程为 1 个多月，发病后 15～20 天采食量开始逐渐恢复，绿色粪便逐渐减少，体温开始降低，产蛋率逐渐回升，有的可恢复到发病前水平。

【病理变化】主要病变部位在卵巢，表现为卵巢出血、变性、萎缩和破裂；卵泡膜充血和出血；卵泡严重出血、萎缩和坏死。多数病鸭肝脏瘀血、肿大、坏死；脾脏肿大、呈大理石样，有的因极度肿大而破裂；心脏的心肌外壁、内膜出血。具有神经症状的发病鸭可见脑膜出血，脑组织水肿。

【防治措施】目前，对于鸭坦布苏病毒病尚无有效药物进行治疗，疫苗研发对本病的防控具有重要意义，不仅可以降低养鸭者的经济损失，也有助于我国养殖业的健康发展。针对该病毒的疫苗虽然已经有研究报道，但是这些疫苗的临床应用还为时尚早，因此开发出安全有效的疫苗对鸭坦布苏病毒病的防控仍然具有重大意义。

五、番鸭"花肝"病

本病是 1998 年以来我国沿海地区发生的一种新的鸭病毒性传染病，以软脚、摇头和肝脏、脾脏及胰脏大量白色坏死点为主要特征，故暂称之为"花肝病"，其病原的归属问题仍在研究中。

【流行病学】主要侵害 1 月龄内雏番鸭，7～8 日龄即可发病，最多见于 10～25 日龄的雏番鸭，潜伏期为 2～4 天，发病率可高达100％，死亡率通常为 20％～30％，严重的可高达 95％以上，给番鸭养殖户造成了严重损失。本病发病急、传播快，几天内即可涉及全群，在出现死亡鸭后，病势发展较快，1～2 天即达死亡高峰。一年四季均见发病，炎热雨天，潮湿季节多发。

【临床症状】病雏鸭表现精神沉郁，毛松震颤，两脚软弱无力，头颈下垂，有的可见气喘和下痢；腹泻，排白色或绿色稀粪。重病鸭呼吸急促，患鸭机体脱水，迅速消瘦，最后因衰竭而死亡。有的表现健康，一旦出现症状则往往已是疾病的后期。

【病理变化】病死雏番鸭最具有特征性的剖检病变部位为肝脏和脾脏。表面密布大量针尖大的白色坏死点，使肝脏呈"白点"肝或"花斑"肝，脾脏呈"花斑"脾。此外，胰脏、肾脏及肠壁充血出血，有弥漫性或局部性灰白色坏死点。病程稍长的病例常见有心包炎、肝周炎及肠壁粘连。

【诊断】在临诊上，雏番鸭"花肝病"应与雏番鸭沙门菌引起的副伤寒相区别。发生雏番鸭副伤寒时，肝脏和肠壁虽然有大量灰白色坏死点，但肝脏常呈古铜色，肠黏膜呈糠麸样坏死，这是雏番鸭"花肝病"所不具有的。

【防治措施】

1. 预防措施

雏番鸭"花肝病"的防治方法正在进一步研究中。因此，除加强饲养管理和常规消毒外，试用疫苗免疫接种有一定的预防效果，但免疫接种应在3日龄内进行。由于本病发病日龄与雏番鸭"三周病"相似，故目前推荐采用雏番鸭"花肝病"和"三周病"二联弱毒疫苗（"花周"二联疫苗）1次注射，每羽0.2毫升，预防效果较好。

2. 治疗措施

对本病的控制，目前尚未有理想的特效药，但采用下列措施可减少发病死亡。

（1）发生本病时，应尽快注射"花肝病"高免卵黄抗体，并配合使用抗病毒药和抗菌药物以防继发感染。

（2）金刚烷胺和环丙沙星配合使用，在20～40千克水中加入金刚烷胺和环丙沙星各1克，连用2～3天。

（3）阿奇菌素（多西环素）用于饮水，每400千克水加入100克；用于拌料，每200千克料加入100克。

（4）复方乙酰甲喹（鸭疫先锋，含乙酰甲喹、甲氧苄啶、增效剂、收敛剂），用于拌料，每100克加料100千克，连用3～5天。

六、鸭呼肠孤病毒病

鸭呼肠孤病毒病是由鸭呼肠孤病毒引起番鸭、鸭、半番鸭和鹅等水禽动物的一种急性传染病。鸭呼肠孤病毒可分为经典型和新型两种。经典型病毒主要感染番鸭引起鸭坏死性肝炎（俗称番鸭"白点病"或"花肝病"）；新型病毒可感染番鸭、半番鸭、肉鸭和鹅等多种水禽，引起番鸭和鹅"出血性坏死性肝炎"（称为番鸭"新肝病"）和肉鸭"脾坏死症"。

【病原】呼肠孤病毒科正呼肠孤病毒属新型鸭呼肠孤病毒。

【流行病学】

1. 鸭出血性坏死性肝炎

（1）发病对象　临床上多见于番鸭，其他品种（如半番鸭、麻鸭、北京鸭等）很少发病。发病日龄：多见于 4～26 日龄雏番鸭，尤以 6～15 日龄幼雏鸭发病居多，病程 7～10 天，成年番鸭则未见发病。

（2）传播方式　一般经消化道水平传播，但经种蛋垂直传播也是本病的主要传播方式。

（3）发病率、死亡率　本病发病率为 5％～40％不等，死亡率为 10％～50％，日龄越小或并发感染时其发病率及死亡率越高。

（4）发病规律　一年四季均可发病，秋季为本病的高发季节。

2. 雏鸭脾坏死症

（1）发病对象　多发于 30 日龄内的雏鸭或鹅、麻鸭、番鸭和北京鸭等。

（2）发病日龄　最早 4 日龄发病，集中发病多在 7～15 日龄，30 日龄后的鸭很少发病。

（3）病程　7～10 天。

（4）发病死亡率　一般发病死亡率 10％～20％，高者可达50％～70％。

（5）本病一年四季均有发生。

【临床症状】

1. 鸭出血性坏死性肝炎

患鸭精神沉郁，食欲渐减或废食，缩颈、脚软、伏卧，有呼吸啰音，部分死前有神经症状，排绿色或黄色稀粪。病鸭迅速脱水、消瘦，病程短，死亡快速（多在发病后 24 小时内死亡）。

2. 雏鸭脾坏死症

发病雏鸭食欲明显下降，排黄白色水样稀粪，怕冷，鸭群扎堆，缩颈，体温升高。病鸭迅速消瘦、脱水，死前有神经症状。

【病理变化】

1. 鸭出血性坏死性肝炎

剖检病死鸭肉眼可见心包积淡黄色液体，心肌有点状或条状出血；肺部发炎、出血和积水；肝脏肿大、有密集相交的针点状灰白色坏死灶和圆点状出血点；有类似幼鸭病毒性肝炎病变；法氏囊肿大出血，呈紫葡萄色；肾肿大，出血；脾脏肿大 2～3 倍，质脆，出血和破裂，发病后期表面有一层灰白色坏死纤维膜；脑膜出血；胰腺出血和有坏死点。

2. 雏鸭脾坏死症

剖检病死鸭可见发病初期脾脏肿胀变硬，呈三角形，有出血斑点，后期局部坏死或呈纤维素性脾周炎（固有特征性病变）。部分剖检病理变化可见肺出血、水肿、肝脏出血和坏死等。

【防治措施】鸭出血性坏死性肝炎和雏鸭脾坏死症对养鸭业的健康发展危害较大，是继大肠杆菌病、鸭疫里默杆菌病和鸭坦布苏病毒病之后发病数量较多的疾病。本病具有垂直传播现象，所以养殖户在引进鸭苗时需谨慎考察，尽量饲养本地培育的健康雏鸭苗，不要轻易引进健康状况不明的外来鸭苗。本病目前尚无特效治疗方法，临床上许多养鸭户习惯应用抗生素预防及治疗，不但对本病起不到防控效果，反而可能产生许多副作用。

雏鸭出血性坏死性肝炎和雏鸭脾坏死症的防控可通过加强雏鸭饲养管理，改善鸭舍环境，减少饲养密度，做好清洁消毒工作和改变饲养方式来预防。该病流行地区可使用疫苗预防接种，一旦鸭群发生出血性坏死性肝炎或脾坏死症，应尽快采取隔离、封锁，扑杀濒死鸭，深埋或焚烧死亡鸭，加强环境消毒等措施，防止疫情进一步扩散。另外，可使用高免卵黄抗体进行紧急治疗或采用具有抗病毒作用的中草药，如清瘟解毒口服液等进行防治，每瓶 500 毫升清瘟解毒口服液可兑水 200 千克，饮用 3～5 天，则可明显降低雏鸭的死亡率。

七、雏番鸭细小病毒病

雏番鸭细小病毒病又称雏番鸭"三周病"或又名番鸭喘泻病，是由细小病毒引起的一种雏番鸭急性或亚急性传染病。

【病原】雏番鸭细小病毒（MPV），无囊膜，球形，单股 DNA 病毒。对酸、热等灭活因子有很强的抵抗力，对紫外线照射敏感。病毒存在于肝、脾、肾、胰等器官和肠道中。

【流行病学】在自然条件下，只有雏番鸭会发病，主要是经消化道和呼吸道感染。主要侵害 1～3 周龄的雏番鸭，特别多见于 10～18 日龄，而鹅和其他种类的鸭不发病。经接触传染，一年四季均有发生，以冬、春季节居多，潜伏期为 7 天左右，病程 6～7 天，出现 3～4 天后为死亡高峰，发病率 27%～62%，死亡率 22%～43%，病愈番鸭大部分生长发育受阻，成为僵鸭，给番鸭养殖业带来极大的经济损失，是番鸭饲养中的主要疾病之一。

【临床症状】患病雏番鸭精神沉郁、厌食、怕冷、拉稀，粪便呈绿色或灰白色，常粘附于肛周羽毛。病雏番鸭常脚软喜蹲，呼吸困难，多数病鸭流鼻水、甩头或张口呼吸。病后期喙发绀，喘气频繁，显著消瘦，最后衰竭死亡。病程一般为 2～5 天，少数耐过的雏鸭成为生长不良的僵鸭。

【病理变化】剖检病变主要在胰腺和肠道。胰腺苍白或充血，局灶性或整个表面出血，表面有数量不等的针尖大、灰白色坏死点。肠黏膜充血或出血，呈卡他性炎症，尤其在空肠和回肠病变处具有特征性，有的肠段外观变得极度膨大，呈香肠状，手触很坚实。从膨大部分与不肿胀的肠段连接处可看到肠道阻塞现象，膨大部的肠腔内充塞着灰白色或淡黄色的栓状物。心脏色泽苍白，心肌弛软，胆囊肿大。

【诊断】雏番鸭易感染小鹅瘟细小病毒，两者在临诊症状和剖检病变上非常相似，凭肉眼观察对这两种病不易区别，只有通过实验室检验才能区别诊断。

【防治措施】目前对本病的防治措施是做好生物安全性措施，加强雏番鸭的饲养管理，给初生雏番鸭接种弱毒疫苗，在疫区预防本病发生，注射抗本病的高免血清或蛋黄抗体有一定效果，但对发病晚期的疗效不明显。

八、雏番鸭小鹅瘟

本病是由小鹅瘟病毒引起的一种急性败血性传染病，也是一种高发性和高死亡率的疾病。

【流行病学】在自然条件下只有雏番鸭和雏鹅发病，传播迅速。本病多发于5～25日龄的雏番鸭，随着日龄的增长，易感性降低。1月龄以上的番鸭也有发生，成年番鸭多不发病而成带毒者。20日龄内的雏番鸭发病时死亡率常高达95%，发病日龄越小，发病率和病死率越高；而20日龄以上的雏番鸭发病时，死亡率一般不超过60%。主要是经消化道感染，或因患病雏番鸭分泌物与排泄物污染了饲料、饮水、垫草等而传播感染。本病多发于冬季和早春季节。

【临床症状】易感雏番鸭的临床症状随日龄的变化而不同。10日龄内的雏番鸭发病后迅速出现厌食、腹泻、流眼泪、流鼻涕、呼吸困难，很快消瘦、衰竭，突然倒地抽搐后不久死亡，病程2～4天；日龄稍大的雏番鸭发病后最初表现为厌食，嗉囊空虚，内有混合液体和气体，喙部和蹼表发绀。病雏番鸭排出大量黄色或淡黄绿色水样稀粪。

【病理变化】本病的剖检病变主要在消化道，以肠道病变较为明显。腺胃和肌胃黏膜水肿、出血，交界处黏膜溃疡或糜烂，腺胃角质层糜烂脱落；肠道外观瘀血肿胀，肠道（尤其十二指肠）黏膜出血，小肠的中、后段整片肠黏膜坏死脱落，与纤维素性渗出物凝固形成特征性栓子或假膜，包裹在肠内容物表面，形如腊肠，质地坚硬，堵塞肠腔。低日龄雏番鸭有时肠管外壁可见环状细纹，外观似蚯蚓，肠腔内积有脱落的肠黏膜碎片或黏稠内容物，肠壁变薄，内壁光滑，呈淡红色或苍白色。

【诊断】根据临床症状和特征性消化道病变，可作出初步诊断。应注意与雏番鸭"三周病"相区别，发生雏番鸭小鹅瘟胰腺不出现白色坏死点。

【防治措施】

1. 预防措施

雏番鸭于 2 日龄内注射小鹅瘟弱毒苗或雏番鸭细小病毒与小鹅瘟二联疫苗，每羽注射 0.2～0.3 毫升。

该病的流行与发生主要是通过孵化场传播和早期感染，应加强对孵化场的消毒和出壳后的饲养管理等工作。

2. 治疗措施

一旦诊断为本病，应尽快将发病雏番鸭与健康雏番鸭分开，并及时注射抗小鹅瘟高免血清或高免卵黄抗体 1～2 毫升，同时口服利巴韦林和庆大霉素等抗菌药以防继发细菌感染。

九、鸭产蛋下降综合征

鸭产蛋下降综合征是由禽类腺病毒所引起的蛋鸭产蛋数量下降、产异常蛋（软壳蛋、畸形蛋、大小不均、蛋壳形状异常等）、无产蛋高峰或持续低产蛋率的产蛋期疾病。给蛋鸭养殖生产造成巨大经济损失，不同品种的蛋鸭群均有发生。本病发病急、传播迅速快、发病率高，但死亡率较低。

【临床症状】临诊主要表现为产蛋突然下降，产蛋率由原来的 90% 下降到 30% 以下。在这之前产变形蛋、薄壳蛋、无壳蛋或软壳蛋。产蛋恢复很慢，持续 1 个月以上才能逐渐恢复，但不能达到原有产蛋水平。鸭群精神、食欲等无明显变化。

【病理变化】病鸭仅见生殖器官发育不良，卵泡明显减少、变小或消失，卵巢和输卵管充血。个别病例可见卵黄性腹膜炎、腹水和肝淀粉变性。其他未见有明显病变。

【诊断】根据临床症状和病理变化可作出初步诊断，确诊需要通过实验室进行病毒分离鉴定和血清学（血凝抑制试验）检测。鉴别诊断注意与禽流感和鸭瘟等的区别。禽流感和鸭瘟等引起的产蛋率下降，有着较高的死亡率、特征性临诊症状和固有的明显剖检病变。

【防治措施】

1. 预防措施

（1）对于发生过鸭产蛋下降综合征的鸭群，对产蛋前的后备蛋鸭群接种禽产蛋下降综合征油乳剂灭活苗1次，能有效地防止鸭产蛋下降综合征的发生。

（2）加强饲养管理，对鸭舍定期消毒，可使用次氯酸钠或碘剂等药物，严禁从发生鸭产蛋下降综合征的种鸭场引进种蛋和鸭苗。

（3）对原种鸭群要定期进行抗体监测，淘汰阳性鸭。

2. 治疗措施

（1）对突然发生产蛋量急剧下降的鸭群，及时采用产蛋下降综合征油乳剂灭活苗进行紧急接种，以防止病情发展。也可用高免卵黄液肌内注射治疗，0.5毫升/只。

（2）投服辅助药物，如增蛋宝或多蛋多，并适当添加多维素和抗生素，能阻止发病群继发感染而使产蛋进一步下滑，促进产蛋恢复。

（3）复方金刚乙胺（金疫康，含金刚乙胺、阿昔洛韦、黄芪多糖、干扰素等），用于饮水，每50克加水250千克，1天1次，连用3～5天。

（4）复方阿莫西林可溶性粉（含阿莫西林、舒巴坦钠、甲磺酸培氟沙星、二甲硝咪唑等），用于饮水，每50克加水250千克，连用3～5天。

十、鸭霍乱

又名鸭巴氏杆菌病、禽出血性败血病，是由一种多杀性巴氏杆菌所引起的危害家禽和野禽的急性、败血性传染病，具有较高的发病率和致死率，常未见明显临诊症状就突然死亡。

【病原】禽多杀性巴氏杆菌是一种革兰阴性、不运动、有荚膜、不形成芽孢的短杆菌。在添加血液或血清的培养基上形成露滴样小菌落。新分离的培养物、组织和血液涂片中的细菌用姬姆萨或瑞氏染色呈两极浓染。

【流行病学】本病的发生常为散发性，或呈地方性流行。鸭群的饲养管理不良、营养缺乏、长途运输、天气突变、阴雨潮湿以及鸭舍通风不良等因素，都能促进本病的发生和流行。以鸭、鹅、鸡最易感。各日龄的鸭都可感染发病，但以 30 日龄内的雏鸭发病率较高，死亡率高。成鸭发病少，死亡率较低。

【临床症状】临床上分三种类型。

1. 最急性型

常发生在刚爆发的最初阶段，不显现任何症状，常在放牧或奔跑中突然倒地，扑动翅膀即死亡，有的在食后突然倒地死亡。或者晚间一切正常，翌日早晨即发现不少鸭死亡。肥胖的鸭容易发生最急性型。

2. 急性型

病鸭精神呆钝，离群独处，尾翅下垂，打瞌睡，不愿走动，也不愿下水游泳。此时食欲减少或不食，体温升高，口渴增加。从鼻和口中流出黏液，呼吸困难，张口呼吸，摇头。病鸭剧烈腹泻，排出恶臭、绿色或白色稀粪，有时混有血丝或血块。病鸭瘫痪，不能走动，常在 1～3 天死亡。

3. 慢性型

在流行过程中，能耐过急性型的可转为慢性型。病鸭进行性消瘦，食欲持续性减退。有些病鸭一侧或两侧关节肿胀、发热、疼痛、行走困难，跛行或完全不能行走，病程常为几周甚至 1 个月以上。

【病理变化】最急性病例常无明显的剖检病变，有时只见心冠沟脂肪有少量出血点。急性型病例剖检病变较为典型：皮下组织有少数散在性出血斑点；心包液增多；心冠沟脂肪、心肌有出血点或出血斑；肝脏稍肿大，表面散布数量不等的针尖大小的灰白色坏死点；肠道以十二指肠和大肠黏膜充血最严重，呈卡他性或出血性肠炎，肠内容物混有血液。

第八章　鸭的疾病防治

【诊断】根据临诊症状和剖检病变特征便可做出初步诊断，但注意与下列疾病区别。

（1）与鸭瘟的鉴别　鸭瘟除有一般出血性外，还有其特征性病变。肝脏表面有不规则的坏死灶，边缘不整齐，中间有红色出血点，食道和泄殖腔黏膜有坏死和溃疡，药物治疗无效。

（2）与鸭副伤寒的鉴别　患副伤寒死亡小鸭的肝脏和脾脏也常有与禽霍乱类似的病变，但副伤寒小鸭肝肿大呈红色或青铜色，小肠充血或出血并呈糠麸样坏死，盲肠肿大 1～2 倍，坚硬，内有干酪样较硬团块或栓子。

（3）与鸭"白点病"和雏番鸭"花肝病"鉴别　此两病病死鸭的肝脏和脾脏表面密布大量不规则的白色坏死点，而心冠沟脂肪和心外膜无出血点病变。

【防治措施】

1. 预防措施

（1）平时应加强饲养管理，搞好清洁卫生和消毒工作，尽可能避免从疫区购进鸭苗。新购进的鸭苗应隔离饲养 2 周以上，没有发现异常才能混群。

（2）经常发生本病的地区或鸭场，应定期预防接种。预防禽霍乱的疫苗有灭活菌苗、活菌苗及荚膜抗原苗 3 类。

① 灭活菌苗。这类菌苗有禽霍乱氢氧化铝甲醛灭活菌苗、禽霍乱油乳剂灭活菌苗和禽霍乱蜂胶菌苗。灭活菌苗的优点是使用安全，接种后一般无不良反应，成本较低。缺点是接种后需要 15 天后才产生免疫力，免疫期短，仅 3 个月，免疫效果不一致，而且母鸭接种时会影响产蛋量。

② 活菌苗。又称弱毒苗。这类菌苗优点是接种后产生免疫力快（7 天），免疫期较长，有效期 6 个月左右，成本也低。缺点是有些鸭群接种后反应较大，不能作紧急预防接种。母鸭注苗后 2～3 周产蛋量下降。

③ 荚膜抗原苗。又称荚膜亚单位苗，是一种无菌体的外膜苗。这种苗优点是安全可靠，无不良反应，不影响产蛋量，而且鸭群发

现代养鸭关键技术精解

生禽霍乱时可用于紧急免疫接种，在注苗的同时可用抗菌药治疗。注苗后 3～4 天即可产生免疫力，免疫期可达 5 个月以上。缺点是成本较高，但可以从不影响产蛋量这一点获得经济补偿，因此荚膜抗原苗颇受广大养禽户的欢迎。

2. 治疗措施

治疗禽霍乱药物很多，必须结合本场以往用药情况，选择有效的抗菌药物。

（1）青霉素加链霉素肌内注射，每羽 5 万～10 万国际单位，每天 1～2 次，连用 2 天。并在饲料中加喂复方敌菌净或禽菌净或氟哌酸，拌料喂服 3 天。在用药治疗同时，尽可能及时注射禽霍乱荚膜亚单位疫苗，每羽 0.5～1 毫升，让鸭群产生免疫力，以防止因停药后再次发病。

（2）氟苯尼考与丁胺卡那霉素组合配方（奇能）注射或口服。用针剂时，每千克体重 0.4 毫升，肌内注射，1 日 1 次，用 1～2 次。喂料时，奇能粉剂每袋拌料 250 千克，用 2～3 天。

（3）盐酸沙拉沙星，饮水，每 100 千克水加 10 克；拌料，每 40 千克料加 10 克，连喂 3～5 天。

（4）复方阿莫西林可溶性粉（含阿莫西林、舒巴坦钠、甲磺酸培氟沙星、二甲硝咪唑等），用于饮水，每 50 克加水 250 千克，连用 3～5 天。

（5）利福平（利氟霉素）用于饮水，每 100 克利福平加水 200 千克；用于拌料，每吨饲料加 2 千克利福平，连用 3～5 天。

（6）中草药

方法一：穿心莲、一枝黄花各 160g，黄芩、地胆头各 80g，研末拌料或煎水，可供 100 只大鸭服用，一天一次，连用 3 天。

方法二：穿心莲、板蓝根各 80g，蒲公英、苍术各 60g，研末拌料或煎水，可供 100 只中鸭服用，一天一次，连用 3 天。

十一、鸭沙门杆菌病（鸭副伤寒）

鸭副伤寒又叫鸭沙门杆菌病，是雏鸭的急性或慢性传染病。其特征为精神不振、生长迟缓、体弱，排灰白色稀粪，有的呈水样，鼻孔流分泌物。病程一般 2～5 天，死亡率在 20％以上，发生并发感染时死亡率更高。慢性病鸭表现为极度消瘦和血痢，有时还抽搐、转圈、轻瘫甚至麻痹，有时关节肿大、跛行。病愈的成年鸭常成为慢性带菌者，无明显的临床症状。

【病原】病原为沙门杆菌属的多种细菌，革兰染色阴性，其中鼠伤寒沙门菌是引起鸭副伤寒病的主要菌种。

【流行病学】在自然条件下，雏鸭易感，3 周龄以内的雏鸭更易感。病鸭和带菌鸭是主要传染源。被细菌污染的场地、饲料、饮水、饲养工具及往来人员等，都可能成为本病的传染源。本病也可经卵垂直传播，饲养管理人员也可传播。

【临床症状】临床上分三种类型。

1. 急性型

经常发生在 3 周龄以内的雏鸭，雏鸭发病后，食欲消失，渴欲增加，下痢，稀粪呈绿色或黄色水样；精神委顿，怕冷，两翼下垂；肛门周围有粪便沾污；患眼结膜炎，眼半开半闭；鼻流出浆液性或黏性分泌物。患鸭缩颈、颤抖、步态不稳，进而突然倒地、痉挛抽搐、头向后仰，持续 2～3 分钟后死亡。

2. 慢性型

主要发生在 1 月龄左右的雏鸭和中鸭，表现为下痢、消瘦、呼吸困难等，有的关节肿胀、跛行，通常死亡率不高，但容易感染其他病加剧病情导致死亡。

3. 隐性型

成鸭感染后，不表现症状，通过粪便或蛋传染导致流行。

【病理变化】肝脏肿大，边缘钝圆，呈红色或古铜色，肝实质常有灰白色或灰黄色的小坏死灶（小结节），胆囊肿胀、充满胆汁。

肠黏膜充血出血，呈糠麸样坏死，盲肠内有干酪样物质形成的栓子。

肾脏肿大，色泽苍白，呈花斑样；气囊膜混浊不透明，常附着黄色纤维素性渗出物。

慢性病例常见心脏有坏死小结节，肺出现局灶性炎症。带菌母鸭可见卵巢及输卵管变形和发炎，有时可发现腹膜炎。

【诊断】临床上较易诊断，注意与雏鸭病毒性肝炎和鸭疫里默杆菌相区别。因为它们与鸭沙门杆菌病在临诊上有相似的角弓反张的神经症状，但剖检病变各具有特性。

【防治措施】

1. 预防措施

预防蛋壳污染，种蛋孵化前消毒。保证鸭群各个生长阶段、生长环节的清洁卫生，杀虫灭鼠，防止粪便污染饲料、饮水、空气和环境等。防止雏鸭感染病雏鸭用的木箱或雏盘，应于使用前、后进行消毒，防止感染。出雏后，应尽早地供给饮水和饲料，并可在饲料中加入适当的药物。饲养员、兽医、屠宰人员以及其他经常与畜禽及其产品接触的人员，应注意卫生消毒工作。加强饲养管理，保证给畜禽提供良好的营养以及保证栏舍良好的温度、湿度、密度、通风，尽量减少不良刺激。在饲料中添加微生态制剂，利用生物竞争排斥的作用预防鸭副伤寒病。在饲料中添加复合维生素制剂。特别注意补充亚硒酸钠维生素 E 和维生素 C，以提高鸭的免疫力和抗应激能力。饮水中同时添加葡萄糖和口服补液盐，连续饮用 4 天。

2. 治疗措施

土霉素、氯霉素、痢特灵等抗生素都有一定的疗效。在鸭群病情轻，食欲正常时，可选 1～2 种药物拌服，土霉素粉按 0.06％～0.1％拌料，痢特灵按 0.03％～0.04％拌料，疗程为 3～5 天。

十二、鸭大肠杆菌病

鸭大肠杆菌病是由致病性大肠杆菌引起的多病型疾病的总称。本病的特征是病型众多，其中以雏鸭或小鸭的败血症和产蛋母鸭的卵黄性腹膜炎（蛋子瘟）危害最为严重。

【病原】致病性大肠杆菌的不同血清型菌株。

【流行病学】大肠杆菌在自然界分布广泛，各龄的鸭均易感，以 2～6 周龄雏鸭群多发，发病急，死亡快，发病多在秋末、春初。

病鸭和带菌鸭为主要传染源。鸭场卫生条件差，地面潮湿，舍内通风不良，氨气味大，饲养密度过大易诱发本病。初生雏鸭的感染是由于蛋被传染。本病的发病率并不高，但各年龄的鸭均可感染。

【临床症状】新出壳的雏鸭发病后，质较弱，闭眼缩颈，腹围较大，常有下痢，因败血症死亡。较大的雏鸭发病后，精神萎靡，食欲减退，隅立一旁，缩颈嗜睡，两眼和鼻孔处常附黏性分泌物，有的病鸭排出灰绿色稀便，呼吸困难，常因败血症或体质衰竭、脱水死亡。成年病鸭表现喜卧，不愿走动，站立时，可见腹围膨大下垂，呈企鹅状，触诊腹部有液体波动感，穿刺有腹水流出。

【病理变化】本病剖检主要以败血症变化为特征。患鸭肝脏肿大，呈青铜色或胆汁状的铜绿色。脾脏肿大，呈紫黑色斑纹状。卵巢出血，肺有瘀血或水肿。全身浆膜呈急性渗出性炎症，心包膜、肝被膜和气囊壁表面附有黄白色纤维素性渗出物。腹膜有渗出性炎症，腹水为淡黄色。有些病例卵黄破裂，腹腔内混有卵黄物质。肠道黏膜呈卡他性或坏死性炎症。有些雏鸭卵黄吸收不全，有脐炎等病理变化。

【诊断】雏鸭或中鸭大肠杆菌病在临诊症状和病变上与鸭疫里默杆菌病相类似，应该加以区别。鸭大肠杆菌使心脏和肝脏表面覆盖纤维素性薄膜，此薄膜是粗厚干燥的，而鸭疫里默杆菌所产生的纤维素性薄膜是比较薄且透明湿润的。在实际情况中，鸭大肠杆菌病与鸭疫里默杆菌病并发或继发感染相当普遍，往往较难区分。

【防治措施】

1. 预防措施

（1）搞好环境卫生，加强鸭群饲养管理　特别要注意下列方面：检查水源是否被大肠杆菌污染，如有，则应彻底更换；注意育雏期保温及饲养密度，改善通风，降低灰尘，勤于除粪，减少氨气的含量；鸭舍、孵化器及用具经常清洁和消毒；种鸭场应及时集蛋。平时可使用抗生素类药物进行预防，尽力防止寄生虫等病的发生。

（2）药物预防　药物预防对雏鸭有一定效果。一般可在饮水中加庆大霉素或沙拉沙星，或者用微生态制剂拌料，7天为一疗程。

（3）免疫接种　免疫接种大肠杆菌疫苗是重要的防治手段。目前国内已成功研制出禽大肠杆菌多价氢氧化铝灭活苗、油乳剂灭活苗、蜂胶苗及大肠杆菌和鸭疫里默杆菌二联苗，免疫有效期一般为3～6个月。养鸭户可根据自己鸭场的具体情况选用。

由于致病性大肠杆菌血清型种类较多，倘若疫苗所含的血清型与当地鸭场的流行血清型吻合则有效果，若不吻合则无效果。因此，同一种大肠杆菌菌苗在不同鸭场使用后，往往出现不同的免疫效果。有些鸭场为解决这一问题，常采用"自家菌苗"免疫的方法，即采集发病鸭群中死亡病鸭的内脏制成"自家菌苗"，用于鸭群的免疫。虽有免疫成功的例子，但有的效果不理想或免疫失败。这种不稳定性的原因比较复杂，只有不断研究和总结，采取综合性防治措施，才能解决问题。

2. 治疗措施

治疗大肠杆菌病的药物较多，多种抗菌药物如庆大霉素、新霉素、卡那霉素、强力霉素及氟哌酸、恩诺沙星等对大肠杆菌均敏感。由于抗生素的广泛、重复使用，致使大肠杆菌的耐药性和抗药性增强。因而，单独使用这些药物往往难以治愈，必须采取行之有效的治疗方法。

在治疗之前最好从本场病死鸭中分离出菌株做药敏实验，然后用高度敏感的药物进行治疗，同时用2～3种药物配合使用，才能收到较好的效果。若无条件做药敏实验，可先选用本场较少使用的抗菌药物，最好是几种药物交替使用，以防产生耐药性菌株。首次用药要加倍量，2次以后用药可按说明书正常治疗量投药。投药有多种途径，除注射外，药物拌料和饮水用药要同时进行，效果更理想。

为了有效地防治鸭大肠杆菌病，及其与鸭疫里默杆菌病的混合感染，我国不少兽药生产厂家已开发出多种新药和组合配方，且已被批准在市场上销售。

十三、鸭疫里默杆菌病

鸭疫里默杆菌病又名鸭传染性浆膜炎，是由鸭疫里默杆菌引起的一种重大细菌性疾病。主要致 2～3 周龄小鸭感染和发病。发病主要因育雏密度过大、空气不流通、潮湿、饲料中缺乏维生素和蛋白质水平过低等因素诱发本病。一旦传入本病，病原即在发病鸭场持续存在，引起不同批次的幼鸭感染发病，且难以扑灭，常导致大批幼鸭发病死亡。

【病原】鸭疫里杆菌菌体呈杆状或椭圆形，偶见个别长丝状，多单在，少数成双或短链排列。可形成荚膜，无芽孢，无鞭毛。瑞氏染色可见两极着色，革兰染色阴性。血清型比较复杂，目前发现有 21 个血清型，我国从京、沪、闽、川等地分离的 100 多个菌株鉴定结果均属 1 型，近几年报道有 2 型等存在。不同血清型及同型不同菌株的毒力有差异。

鸭疫里默杆菌对外界环境抵抗力不强。鲜血琼脂培养物置 4℃冰箱保存容易死亡，通常 4～5 天应继代一次。对庆大霉素、新霉素、壮观霉素、磺胺喹噁林等敏感，但易产生耐药性。

【流行病学】本病主要是经呼吸道或皮肤感染。主要侵害 2～6 周龄雏鸭，2～3 周龄雏鸭最易发生，发病率和死亡率在 20％～70％不等，一年四季均可发生。

【临床症状】急性型最常见，主要临诊表现为精神沉郁、厌食、脚软、不愿走动或行走蹒跚、蹲伏不起、昏睡、缩颈或以嘴抵地。患鸭咳嗽、打喷嚏，眼和鼻有浆液性或黏液性分泌物，粪便稀薄，呈绿色或黄色，有的腹部膨胀。

出现严重神经症状，如头颈震颤、摇头或点头，背、脖和两腿伸直呈角弓反张，不久抽搐而死。

部分病例出现头颈歪斜，当遇到惊扰时呈转圈运动或倒退，且不断发出鸣叫声。常常出现单侧或两侧跗关节肿大，未死者往往发育不良、消瘦，最后死亡。

【病理变化】肉眼可见的最明显病变是脏器浆膜表面有纤维素性渗出物。最常见为心包炎和肝周炎，心外膜和肝表面覆盖一薄层白色絮状纤维素性渗出物；心包膜增厚，使心外膜与心包膜粘连，不易剥离；肝脏表面覆盖着一层易剥离的灰白色或灰黄色纤维素性

现代养鸭关键技术精解

薄膜。

气囊混浊增厚，有纤维素性渗出物，颈、胸气囊较明显。胆囊、脾脏肿大，表面常有纤维素膜。

【诊断】根据发病情况、临床症状、剖检变化可作出基本诊断，通过实验室病原检查可确诊。

鉴别诊断注意与鸭大肠杆菌败血症相区别：鸭疫里默杆菌病病鸭在临诊上常有头颈震颤、歪颈等神经症状，而大肠杆菌病则没有；鸭疫里默杆菌病在心脏和肝脏表面附着有白色絮状、湿润的纤维素性薄膜，而大肠杆菌病覆盖于心脏和肝脏表面的渗出物是增厚且带干酪样的纤维素膜。

【防治措施】

1. 预防措施

（1）加强饲养管理　在育雏阶段注意补充维生素和微量元素，改善育雏室的卫生条件，鸭舍地面应保持干燥，勤清扫粪便，加强消毒。

（2）做好冬、春的保暖工作　尤其是育雏阶段。应注意室温的控制，尽量减少应激因素的刺激。

（3）免疫接种　由于本病病原菌有多种血清型，且不能交互保护，而本病在流行过程中又可能会出现多种血清型混合感染。因此，在应用菌苗时必须选用同型菌株的疫苗，以确保最佳的免疫效果。在缺乏条件确诊本病流行菌株血清型的情况下，应选购本病的多价菌苗免疫，才能保证免疫效果。目前国内已研制出鸭疫里默杆菌铝胶灭活苗、蜂胶菌苗、油乳剂灭活苗和鸭疫里默杆菌与大肠杆菌油乳剂灭活二联菌苗。

免疫方法：商品肉鸭于4～7日龄在颈部皮下注射，一般接种1次后其免疫力可维持到上市；种鸭于4～7日龄首次免疫后，隔2周可进行第二次免疫。

2. 治疗措施

鸭疫里默杆菌病血清型比较复杂，耐药菌株比较多，且当前多数与大肠杆菌病并发或继发于禽流感，给治疗增加了难度。治疗时应采取多种药物配方。

（1）硫酸丁胺卡那霉素皮下注射，每千克体重3万单位，每天1次，连用2天。同时用硫酸新霉素饮水，连用3天。

（2）利福平（利氟霉素）用于饮水，每200千克水加入100克；用于拌料，每吨料加2千克，连用2～3天。

（3）氟苯尼考肌内注射，每千克体重0.4毫升，每天1次，连用2次，并配合用二甲氧苄氨嘧啶拌料，连服3天。

（4）用氟苯尼考和新霉素0.2～0.3克/千克混合拌料饲喂，每日2次，连用5～7天。甲磺酸培氧沙星可溶性粉饮水1～2克/升，每日2次，连用5～7天。

（5）复方乙酰甲喹（鸭疫先锋）每100克拌料100千克，连用2～3天。

（6）强力霉素组合配方（康泰宝）饮水，100克加水200千克，早、晚饮用，连用3～4天，也可同时用盐酸二氟沙星拌料。

（7）复方磷霉素钠可溶性粉（含磷霉素钠、头孢拉啶、增效因子等），用于饮水，每50克加水200千克；用于拌料，每50克加料100千克，连用3～5天。

十四、鸭球虫病

鸭球虫病主要是由艾美耳科泰泽属和温扬属的球虫寄生于鸭小肠上皮细胞内引起的疾病，主要引起出血性肠炎，尤其对雏鸭危害严重，常引起急性死亡。耐过的病鸭生长发育受阻、增重缓慢，对养鸭业造成巨大的经济损失。

【病原】对鸭具有致病力的球虫主要有毁灭泰泽球虫和菲莱氏温扬球虫2种。毁灭泰泽球虫卵囊小，短椭圆形，浅绿色，无卵膜孔，孢子化卵囊内不形成孢子囊，8个香蕉形孢子游离于卵囊中，有一个大的卵囊残体。菲莱氏温扬球虫，卵囊较大，卵圆形，有卵膜孔。孢子化卵囊内有4个呈瓜子形的孢子囊，每个孢子囊内含4个子孢子，无卵囊残体。毁灭泰泽球虫和菲莱氏温扬球虫均寄生于鸭肠道上皮细胞内，发育过程与鸡球虫相似。

【流行病学】鸭球虫具有明显的宿主特异性，只能感染鸭。同样，其他禽类的球虫也不能感染鸭。各年龄的鸭均可发生感染。2～3周龄的雏鸭对球虫易感性最高，发生感染后通常引起急性爆发，死亡率一般为20%～70%，最高可达80%以上。随着日龄的增大，发病率和死亡率逐渐降低。病鸭或带虫鸭是主要传染源，随粪便排出卵囊，卵囊在外界环境中发育为孢子化卵囊，鸭吃了饲料或饮水中的孢子化卵囊而被感染。本病的发生与气温、雨量的关系密切，如北方地区流行季节为4～11月，以7～10月发病率最高。

【临床症状】急性感染多发生于2～3周龄的雏鸭，尤其是由网上转为地面饲养时，表现为精神萎靡、缩颈垂翅、不食、喜卧、渴欲增加等。病初腹泻，随后排暗红色或深红色血便，常在发病后2～3天死亡，多数于第4～5天死亡。耐过病鸭逐渐恢复食欲，停止死亡，但生长受阻，增重缓慢。慢性感染一般不显症状，偶见拉稀，常成为球虫携带者和传染源。

【病理变化】尸体消瘦。肉眼可见整个小肠呈弥漫性出血性肠炎，尤以卵黄蒂前后范围的病变严重。肠壁肿胀、出血。肠黏膜上有出血斑或密布针尖大小的出血点，有的见有红白相间的小点，有的黏膜上覆盖一层糠麸状或奶酪状黏液，或有淡红色或深红色胶冻状血性黏液，但不形成肠芯。肝、肾瘀血。心肌色淡，心房扩张，血液充盈。

【诊断】根据发病情况、临床症状、剖检变化可作出基本诊断。

急性死亡病例可从病变部位刮取少量黏膜置载玻片上，加1～2滴生理盐水混匀，加盖玻片用高倍镜检查，或取少量黏膜做成涂片，用姬氏或瑞氏液染色，在高倍镜下检查，见到有大量裂殖体和裂殖子即可确诊。耐过病鸭可取其粪便10～50克，加入100～150毫升清水，调匀，用50目或100目的铜筛过滤。取滤液离心，3000转/分钟，离心10分钟。离心后，倾去上清液，再向沉渣中加入64.4%硫酸镁溶液20～30毫升，再离心5分钟。然后用直径约1厘米的铁丝圈蘸取离心管表现浮液，将铁丝圈上的液膜抖落在载玻片上，加盖玻片后，在高倍镜下检查。如见大量球虫卵囊，即可认定为本病。鸭的带虫现象极为普遍，所以不能仅根据粪便中有无卵囊作出诊断，应根据临诊症状、流行病学资料和病理变化，结合病原检查综合判断。

【防治措施】

1. 预防措施

（1）加强饲养管理，改善卫生条件　及时清除鸭舍内及运动场内的粪便，防止饲料、饮水被污染，对鸭舍及运动场要定期消毒，使用10％氨水消毒效果较好。

（2）对雏鸭定期投喂抗球虫药　如氯苯胍、三字球虫粉、克球粉、抗球王等对本病有很好的预防作用。用药时间一般在12日龄开始，连用3天，20日龄时再连用3天。

2. 治疗措施

球虫病必须全群投药，以防止隐性感染者发病。此外，为防止球虫产生抗药性，需不断更换防治药物的种类，即每2个疗程的药物尽量不同，以增强疗效。以下药物可供选择。

（1）克球粉　按0.05％的浓度拌饲料，连用5天。

（2）三字球虫粉　按0.04％的浓度加入饮水中，连用3天。

（3）抗球王　每吨饲料中加500克，连用3～5天。注意，一定严格掌握用药剂量，并要求拌料均匀。

（4）磺胺六甲氧嘧啶　按0.1％的量加入饲料，搅拌均匀，连喂3～5天，停3天，再喂5天。

（5）磺胺甲基异噁唑　按0.1％混合于饲料中，连喂5天，停3天，再喂5天。

（6）复方新诺明　按0.1％的量加入饲料，连喂3～5天。

十五、鸭绦虫病

鸭绦虫病是由某些绦虫寄生于鸭的小肠内引起的肠道寄生虫病。本病主要危害数周至5月龄的鸭，母鸭亦可感染。

【病原】引起鸭绦虫病的常见绦虫有矛形剑带绦虫、美丽膜壳绦虫、片形皱褶绦虫等。

鸭矛形剑带绦虫呈乳白色，前窄后宽，形似矛头，由 20～40 个头节组成，其头节小，上有 4 个吸盘，顶突上有 8 个小钩。睾丸有 3 个，椭圆形排列于生殖孔的一侧，生殖孔位于节片上角的侧缘。卵巢呈棒状分支，左右两半，位于睾丸和生殖孔的对侧。虫卵呈椭圆形，大小为（101～109）微米×（82～84）微米，其中，六钩蚴呈椭圆形，大小为 32 微米×22 微米。

鸭美丽膜壳绦虫长 30～45 毫米，全部节片的宽度大于长度。头节呈圆形，较大，有 4 个吸盘，吻突较短，上有吻钩 8 个。睾丸有 3 个，呈圆形或椭圆形，直线排列于节片下边缘。卵巢呈分瓣状，位于 3 个睾丸上方，六钩蚴呈卵圆形，大小为 23 微米×16 微米。

鸭片形皱褶绦虫属于大型绦虫，长度为 200～400 毫米，宽 2～5 毫米，其真头节较小，易脱落，上有 4 个吸盘，吻突上有 10 个小钩。真头节后有 1 个很大，呈扫帚状的皱褶假头（实际是附着器），大小为（1.9～6.0）毫米×1.5 毫米。睾丸 3 个，为卵圆形。卵巢呈网状分布，串连于全部成熟孕节片，子宫也贯穿整个链体，孕节片内的子宫为短管状，管内充满虫卵（单个排列）。虫卵为椭圆形，两端稍尖，外有一层薄而透明的外膜，虫卵大小为 131 微米×74 微米，内含六钩蚴。

【生活史】鸭矛形剑带绦虫只有 1 个中间宿主，即剑水蚤。孕节片或虫卵随终末宿主的粪便排到体外，在水中被中间宿主剑水蚤吞食后发育为似囊尾蚴。鸭、鹅、鸡等因吞食了含似囊尾蚴的剑水蚤而被感染。经 19 天发育，幼虫成为成虫。

鸭美丽膜壳绦虫的发育也需要 1 个中间宿主，如甲壳类或螺类。终末宿主，如鸡、鸭等因食入含有成熟似囊尾蚴的中间宿主而被感染。

鸭片形皱褶绦虫的中间宿主为桡足类，包括剑水蚤、镖水蚤等。在 14～18℃条件下，虫卵在剑水蚤等体内经 18～20 天发育为成熟的似囊尾蚴。鸭等吞食了含似囊尾蚴的中间宿主后 16 天，似囊尾蚴发育为成虫。

【临床症状】病鸭腹泻，排出灰白色恶臭稀粪，混有黏液和长短不一的黄白色绦虫节片。食欲不振，生长发育受阻，贫血，消瘦，其小肠内可见大量绦虫寄生，小肠有明显的肠炎变化，严重时虫体阻塞小肠或造成肠穿孔。有的见神经症状，运动失调，走路摇晃，两脚无力。有时伸颈，张口摇头，后期站立困难，倒地死亡。

【病理变化】死于绦虫病的鸭只尸体消瘦，可见小肠黏膜发炎出血，肠腔见大量虫体，甚至阻塞肠道，或引起肠扭转、破裂。此外也可见到脾、肝和胆囊增大，心外膜有明显出血点。

【诊断】矛形剑带绦虫患鸭的小肠内可检出成虫，粪便中可检出孕节片和虫卵。美丽膜壳绦虫患鸭小肠内可检出成虫。对片形皱褶绦虫，需观察到病鸭体内虫体的特征性假头（呈扫帚状），并结合虫体较长的特征才能确诊。

【防治措施】

1. 预防措施

（1）在绦虫病流行的地区，带病成鸭是主要传染源，它通过粪便可以大量排出虫卵。在每年入冬及开春及时给成年鸭进行一次驱虫，因为此时中间宿主剑水蚤已大部分死亡，这样可以杜绝中间宿主接触病原。这是控制本病的重要措施。

（2）绦虫病主要侵袭数周至 5 月龄内的鸭，在流行地区应定期给雏鸭进行驱虫。投药后 24 小时内，粪便应及时清扫并堆积发酵，以防病原散播。

（3）鸭群应尽可能在水深或水源可流动的水塘放牧，以减少剑水蚤接触鸭只而感染绦虫病的机会。

（4）每千克体重用 25～40 毫克丙硫苯咪唑拌料，或加入水中供饮用。不在有剑水蚤的死水内放养雏鸭。

2. 治疗措施

（1）吡喹酮 10～15 毫克/千克体重，一次口服，疗效好且安全。

（2）二氯酚 20 毫克/千克体重，拌料后一次喂给。

（3）硫双二氯酚（别丁）150 毫克/千克体重，按 1∶30 的比例与饲料混合，一次投服。

（4）氯硝柳胺 60～120 毫克/千克体重，均匀拌料，一次喂服。

现代养鸭关键技术精解

（5）槟榔　按每千克体重 0.75 克煎水灌服。具体方法是将槟榔放入 10 倍的清水中，煎至原液的 1/3，冷却后用胶管逐只灌入鸭食道内。用药后的鸭集中关在干燥的地面上，约 2 小时左右虫体即能排出，迅即将带绦虫的粪便清扫在一起焚烧。如出现药物中毒症状（流涎、麻痹等），应马上注射 1‰ 的硫酸阿托品 0.1～0.2 毫升。

十六、鸭东方次睾吸虫病

主要是由东方次睾吸虫寄生于鸭肝脏或胆囊内而引起。

【病原】本病病原为东方次睾吸虫，属后睾科，虫体呈叶状，体表有小刺。大小为（2.35～4.64）毫米×（0.53～1.2）毫米。睾丸大而分叶；卵巢呈卵圆形。虫卵大小为（29～32）微米×（15～17）微米。

【流行特点】本病常发生于夏秋季节，临床上以 1～4 月龄的鸭较为多见，1 月龄以下的鸭很少发生。感染率和感染强度都很高，是目前对鸭危害较大的吸虫病。虫体除寄生于鸭外，也寄生于鸡，偶尔见于猫、犬及人体内。该病分布较广，全国各地均有发生本病的报道。

【临床症状】严重感染时，患病鸭精神委顿、食欲不振、羽毛松乱、两肢无力、消瘦、贫血、常下痢、粪便多呈水样，多因衰竭而死；轻度感染时鸭不表现临床症状。产蛋母鸭感染后产蛋率下降，发病严重者产蛋停止且发生死亡。

【病理变化】剖检时可见肝脏显著肿大，色泽变淡，胆管增生，有白色花纹和斑点。病程长的，肝脏质地变硬，切面可见胆管壁增厚，管腔扩大，内含有黄绿色胆汁的凝固物和虫体。胆囊充盈，胆汁呈深绿色或墨绿色，囊腔内有数量不等的虫体，胆囊壁增厚，肠道黏膜呈卡它性炎症。少数病例还出现心包积液，脾脏肿大，盲肠扁桃体出血。

【防治措施】

1. 预防措施

加强环境卫生、鸭舍清扫消毒，清除的鸭粪堆积发酵进行生物热处理，切勿用生鱼饲喂鸭群。

2. 治疗措施

（1）丙硫咪唑　按每千克体重 50～100 毫克经口给予。

（2）吡喹酮　按每千克体重 10～15 毫克经口给予。

十七、鸭棘口吸虫病

鸭棘口吸虫病是棘口科的某些吸虫寄生于鸭肠道中引起的疾病，临床上以出现消化功能紊乱和出血性肠炎的症状为特征。本病主要危害幼鸭。棘口吸虫病在我国流行范围很广，江苏、浙江、福建、广东、广西、云南、四川及天津等地的家禽，均有发病，尤以鸭的感染率最高。

【病原】病原为棘口科的五种吸虫，其中以卷棘口吸虫较常见。

【生活史】卷棘口吸虫成虫寄生于鸭、鸡、鹅、猪、兔及人的直肠和盲肠，虫卵随粪便排出体外。虫卵在水中约经 10 天孵出毛蚴。毛蚴游于水中，遇第一中间宿主即侵入其体内，经胞蚴、雷蚴阶段发育为尾蚴。尾蚴成熟后离开螺体，游到水中，遇第二中间宿主即侵入其体内，尾部脱落而形成囊蚴。鸭或其他终末宿主吞食含有囊蚴的螺蛳、蝌蚪等而受到感染，囊蚴在消化道内囊壁被消化溶解，幼虫脱囊而出，吸附在直肠或盲肠上发育为成虫。

【临床症状】病鸭出现食欲减退、下痢、迅速消瘦、贫血、幼鸭发育停滞等特征，重者死亡，轻度感染时仅引起轻度肠炎和腹泻。

【病理变化】剖检可见重病鸭有出血性肠炎，在肠黏膜上附着大量虫体，引起黏膜损伤和出血。本虫对幼禽的危害较为严重。

【防治措施】

1. 预防措施

尽量避免鸭吃螺蛳之类的淡水生物，最好煮熟杀死虫卵后食用较为安全。

2. 治疗措施

（1）硫双二氯酚　按每千克体重 300～500 毫克驱虫。

（2）丙硫苯咪　按每千克体重用 10～25 毫克，1 次投服。

（3）吡喹酮　按每千克体重 10 毫克，1 次喂服。

（4）槟榔片或粉煎剂 按每千克体重用 0.5～0.75 克煎水拌料，或用胃管投服，一般在投药后 5～30 分钟开始排虫，在 1 小时内排完。

十八、鸭裂口线虫病

鸭裂口线虫病是由毛圆科的鸭裂口线虫寄生于鸭的肌胃角质层下所引起的寄生虫病。

【流行特点】本病常发生于夏秋季节，主要发生于 2 月龄左右的青年鸭，感染后发病较为严重，常引起衰弱死亡。成年鸭感染多为慢性，常呈良性经过。除鸭感染外，鹅和火鸡均可感染。

【临床症状】患病鸭常常食欲废绝，精神沉郁，羽毛暗乱，体弱、贫血、下痢，步行摇摆，严重时可引起死亡。

【病理变化】剖检时可见肌胃黏膜坏死，有溃疡灶，在虫体附着区域呈暗棕色或黑色。

【防治措施】经常保持鸭舍和运动场清洁、干燥，常用开水或烧碱水对食槽和饮水用具进行消毒。定期驱虫，一年至少 1～2 次。每千克体重用驱虫净 45 毫克，一次经口给予或皮下注射。

十九、有机磷农药中毒

鸭有机磷中毒是由于鸭采食或误食喷洒过有机磷的农作物、蔬菜或牧草，饮用或饲喂被有机磷农药污染的饮水或饲料所致。用敌百虫驱除体内外寄生虫时，如用药浓度过大，易引起鸭中毒。

【临床症状】最急性中毒往往不见任何症状突然死亡。急性中毒病鸭常表现不安，食欲废绝，渴欲增加，频频排粪；继而张口呼吸，口吐白沫，呕吐，流涎，瞳孔缩小，流泪；两脚无力，肌肉颤抖，站立不稳，行走摇晃，呼吸困难，全身抽搐，昏迷窒息而死。

【病理变化】剖检胃内容物有特殊的大蒜气味，胃黏膜出血、脱落和出现不同程度的溃疡；肝、肾肿大，质变脆，并有脂肪变性；肺充血水肿；心肌、心冠脂肪有出血点，血液呈暗黑色。

【诊断】根据临诊症状、剖检变化、放牧和投药情况，基本可以确诊。必要时可将死鸭食道膨大部或胃的内容物、可疑的饲料，送往兽医实验室进行诊断。

【防治措施】

1. 预防措施

（1）农药要严格管理，要专人负责、专门管理，注意安全。用有机磷农药拌过的种子必须妥善保管，禁止堆放在鸭舍周围。

（2）放牧前必须充分了解周围田地和水域是否喷洒过农药，以免造成放牧时中毒。

（3）慎用驱虫药，如敌百虫毒性强，不能用于鸭内服驱虫。在治疗外寄生虫病时，浓度不要超过 0.5%，且涂擦面积不能过大。

2. 治疗措施

（1）解磷定注射液　每羽成鸭胸肌或皮下注射 0.2～0.5 毫升（每毫升含 40 毫克）。

（2）硫酸阿托品注射液　每羽成鸭皮下注射 0.2～0.5 毫升（每毫升含 0.5 毫克）；每隔 30 分钟经口给予阿托品片剂 1 片，连服 3～5 次，并给予充分饮水。若与解磷定配合使用，效果较好。

（3）双复磷和阿托品二者联合使用　每羽成鸭肌内注射双复磷（13 毫克）与阿托品（0.05 毫升）的混合液。

（4）若为 1605 农药中毒，可根据鸭大小，每羽灌服 1%～2% 石灰水上清液 3～5 毫升。注意，敌百虫中毒不能用石灰水解救，因它可使敌百虫变成毒性更强的敌敌畏。

二十、黄曲霉毒素中毒

黄曲霉毒素中毒是由于鸭采食了发霉饲料中黄曲霉毒素引起的霉菌性中毒症。黄曲霉毒素是黄曲霉菌的一种有毒代谢产物。这种毒素对人、畜及家禽均有剧毒，主要是损坏肝脏，并具有致癌作用。

【临床症状】雏鸭一般为急性中毒，病程短，症状多不明显就突然死亡。病程稍长的表现为食欲废绝，生长迟缓，发育不良，脱毛，黄疸，不断鸣叫，步态摇晃，严重跛行。腿和脚皮下出血，呈紫红色，死亡时头颈呈角弓反张，死亡率可高达 100%。

成年鸭对黄曲霉毒素的耐受性比雏鸭高。表现为渴欲增加、腹泻、排出白色或绿色稀粪。亚急性、慢性中毒病例，仅见食欲减少，消瘦，衰弱，贫血，表现全身恶病质现象。

【病理变化】急性中毒病鸭的肝脏常肿大，色泽苍白变淡或呈淡黄色，有出血斑点；胆囊扩张；肾脏肿大，色泽呈淡黄色；胰腺有出血点；胸部皮下和肌肉常见出血。亚急性和慢性中毒病例，肝脏硬化，肝脏中有白色小点状或结节状的增生坏死病灶；肝的颜色变黄，质地坚硬而脆。病程较长者，心包腔和腹腔常有积水。

【诊断】根据临诊症状和病变，可作出初步诊断。必要时，可将饲料送实验室作人工发病实验确诊。

【防治措施】

1. 预防措施

（1）做好饲料的保管贮藏工作，保持干燥、通风和低温，防止饲料发霉或霉败，特别是温暖多雨季节更应注意防霉。

（2）饲料仓库如已被黄曲霉菌污染，可用 0.05%～0.5% 过氧乙酸水溶液喷雾，或用福尔马林熏蒸，以消灭霉菌孢子。

（3）为了防止饲料发霉，可在每吨饲料中加入 75% 丙酸钙 1千克。

（4）中毒病鸭的组织器官内都会含有毒素，加热煮熟均不能破坏毒素，不能做动物性饲料，更应禁止食用，应深埋或烧毁。

2. 治疗措施

本病目前无有效治疗药物。鸭如果发生黄曲霉毒素中毒，应立即更换饲料。

二十一、鸭啄癖

啄癖是鸭的一种异常行为。啄癖鸭生长缓慢，健康受损，给养鸭业生产经营造成很大经济损失。

【类型】

1. 啄肛癖

啄食肛门及其以下腹部，是最严重的一类啄癖，多见于产蛋母鸭，尤其是产蛋后期的母鸭。诱因是鸭腹部韧带和肛门括约肌松弛，产蛋后期不能及时收回去，造成相互啄肛。有时过大的蛋排出时造成脱肛或肛门破裂出血，损失的多是高产母鸭。还有的公鸭因体形过大，笨拙而不能与母鸭交配，时而追逐母鸭，啄破肛门括约肌，严重者有的公鸭可将喙伸入母鸭泄殖腔，啄破黏膜。有时将直肠与子宫啄出，造成死亡。

2. 啄羽癖

啄羽癖主要发生在肉中鸭阶段，即鸭开始生长新羽毛或换小羽时。啄击部位通常为背后部羽毛，使被啄鸭的背后羽毛稀疏残缺，而后生出的新羽则毛根粗硬，不利于屠宰加工，影响品质。此外，啄羽会导致羽毛的损失。加之啄羽时相互追啄，影响鸭的正常发育，造成经济利益的损失。根据被啄击的程度，可以分为轻度啄羽和严重啄羽两种。

3. 啄蛋癖

啄蛋癖都发生在产蛋鸭中，啄蛋鸭见到产蛋箱内或地面上的鸭蛋即行叨啄。

4. 啄异物癖

主要是叨啄饲具、墙壁等。

5. 啄趾

因鸭舍拥挤，舍内饮料不足，少数好斗鸭啄身边较弱鸭的趾部而引起。

【致病原因】

1. 营养因素

配合饲料不当，饲料单一不全价或使用低档饲料。日粮中蛋白质含量不足，尤其是动物性蛋白质不足或使用较多羽毛粉、皮革粉等质量较差的蛋白质，是诱发啄癖的重要因素。日粮中氨基酸不平衡，含硫氨基酸缺乏容易发生啄癖。钙、磷含量不足或比例失调；缺乏无机盐，特别是食盐或其他矿物质、硫化物、某些微量元素如钴、锌、铁、硒等，也容易发生啄癖，使鸭采食量减少，饲料的利用率降低，引起啄蛋、啄肛、啄羽和食血癖。维生素 B₂ 缺乏会影响雏鸭的生长发育，使其生长缓慢，羽毛生长不良，引起啄毛或自行食羽。生物素参与氨基酸的代谢与神经营养过程，当不足时会影响内分泌活动，引起爪上发生皮炎，头部、脸睑、嘴角发生角质化，诱发啄癖。泛酸缺乏时引起羽毛无光泽、口角脸睑皮炎、脚掌痛。烟酸缺乏也能引起皮炎，往往也诱发啄癖。饲粮能量高，粗纤维含量低于 3%，胃肠蠕动不充分，从而引起啄癖。

2. 环境因素

饲养密度过大或单位面积鸭群过于密集，鸭运动不足，会使鸭群烦躁，增加群体的争斗和对食物、巢窝的争斗，容易诱发恶斗癖。舍内温度过高，湿度高达 80% 以上，地面潮湿污秽，通风换气不良，氨气、硫化氢、二氧化碳等有害气体过多，均会破坏鸭的生理平衡，影响机体的健康，诱发啄癖。当湿度过低，相对湿度低于 40% 时，则影响羽毛的生长，诱发啄癖。光线过强会刺激鸭的兴奋性，对产蛋鸭会引起性成熟早于体成熟，早产引起肛门紧缩导致微血管破裂出血，引起啄肛。如果啄癖晚上较多，可能是夜光灯的原因。周围环境噪声大、突然的惊吓或经常停电、免疫、驱虫、转群等应激因素均可引起此病。采食位置和饮水器具不充足的情况下，会导致强者追逐弱者，长此以往，则出现发育参差不齐，而引起以强欺弱的啄癖。

3. 饲养管理因素

饲养管理不科学，不同日龄或强弱鸭只混群饲，鸭群随时变动，随意调换鸭只；饲养员素质低或不固定，动作粗暴；饲料突变，饲喂不定时，不定量，时饱时饥，饮水不足，缺乏运动；公雏争斗等造成脱毛症诱发啄羽；捡蛋不勤，捡破蛋不及时。断喙不理想，也是发生啄癖的主要原因。

4. 生理因素

内分泌导致啄癖的发生，主要在性成熟阶段，第二性征的出现，性激素分泌旺盛，攻击行为强，对环境的变化敏感，尤其是母鸭刚产蛋阶段，鸭蛋通过泄殖腔时容易将血管撑破，造成出血而引起啄癖。另外初生雏禽对外界事物有好奇感，造成相互叼啄。换羽期间由于新羽长出，羽根血管充足，经强光照羽根鲜红，皮肤发痒，易引起鸭的好奇而啄食甚至流血，导致啄羽癖的发生。

5. 疾病因素

母鸭输卵管炎或泄殖腔外翻引起啄癖。鸭患有体外寄生虫病、体表创伤、出血或炎症等均可诱发啄癖。当鸭发生消化不良或球虫病时，肛门周围羽毛被粪便、污物粘连，结痂，引起啄羽。鸭患有白痢杆菌病、大肠杆菌病、甘保罗病的早期等都表现为啄癖。

【啄癖的防治】鸭群中一旦发生啄癖，应立即将患啄癖与被啄的鸭抓出隔离饲养，针对发生原因，采取相应的防制措施。

1. 合理配合日粮，饲料原料要多样化，配方科学合理

根据鸭的日龄和生产特点，给予优质全价日粮。配合饲料中玉米含量以不超过 65％ 为宜。供给足够的蛋白质和必需氨基酸、微量元素、矿物质、维生素。产蛋期母鸭要补充钙、磷，使日粮中的钙含量达到 3％～4％，钙磷比例为 6.5∶1。因缺盐引起啄癖，可在饲料中短期加 1％～2％ 食盐，连喂 2～3 天，但不能长期饲喂，以免引起食盐中毒。因缺硫引起啄癖时，可补硫酸锌、硫酸钙（石膏），每只每天 1～4 克，或者将石灰水洒在饲料中饲喂，啄羽癖会很快消失。实践证明，在饲料中添加蛋氨酸及维生素 B_2，能提高鸭的生理耐受性，起到预防啄癖的效果。日粮中粗纤维含量以 3％～5％ 为宜。饲料中加沙砾，有助于磨碎饲料促进消化。适当加青绿饲料，或增羽灵、羽毛粉啄癖康等，不但能减少鸭群啄癖的发生，而且还能提高产蛋量。

2. 科学饲养管理

鸭舍温度、湿度要适宜，温度不要过高过低，满足不同日龄鸭只所要求的温度；相对湿度保持在 60％～70％，人感不闷，鼻眼无刺激，使鸭感到舒服，散在自如，降低啄羽率。雏鸭网上饲养 12～15 天后下地面，适量运动多晒太阳，后期加优质油脂，关灯静卧于干垫草处休息，促使增肥快长。用 25 瓦灯泡照明，能见到吃食和饮水即可，低照明度减少啄癖。小鸭用红光、橙黄光，大鸭

现代养鸭关键技术精解

用红或白光，鸭群安静啄癖少，红色和绿色光照很少发生啄癖，自然光照遮暗窗，杜绝啄癖症发生。保持鸭舍通风良好，清洁卫生，地面干燥。环境要安静稳定，尽量减少噪声干扰和应激反应。不同品种和日龄，强弱鸭只要分群饲养，密度适宜，养鸭量最多不能超过 12 只/米^2，随着鸭的生长，不断加大拦圈水面的面积，使鸭有足够的活动空间。选择质量稳定、饲养效果良好的饲料。小鸭的生长阶段一般为 3～4 周，小鸭料的饲喂至少不能少于 2 周，换料要逐渐进行，有 1 周过渡时间。注意塘水水质变化，水质过肥过脏应及时换水，保持塘水清新。经常检验鸭体，发现有鸭虱等体外寄生虫应立即用溴氰菊酯或蝇毒灵等药物对全群鸭及鸭棚进行喷雾杀虫。喂食定时定量，有足够的食槽和水槽，料中定期拌预防量的恩诺沙星粉，水中定期加亚硒酸钠、维生素 E。

3. 正确及时断喙

断喙尽管不能完全防止啄癖，但能减少发生率及减轻损伤。初生雏鸭 8～10 日龄断喙，用电烙断喙器将鸭喙尖烧烙，可有效地防止啄癖。在鸭饲养过程中，对个别有啄癖行为的鸭，用剪刀沿上喙剪掉喙豆约 1/3，能有效制止其啄食行为。

4. 药物预防治疗

添加羽毛粉或啄羽灵，按 5%拌料喂饲，连喂 3 天；或用啄肛灵粉，按 2.7%拌料，连喂 7 天。补石膏粉（硫酸钙），每只每天 1～4 克。体脱康防治啄羽、啄肛，每千克水加 3.3 毫升，促进羽毛再生。啄癖康饮水，每 50 克可配制 200～500 千克水，连饮 5 天。或硫酸钠（芒硝），1%拌料喂饲，连喂 5 天后，再用 0.5%拌料，连喂 5 天。一旦发现啄羽鸭，挑出隔离饲养。病伤处用高锰酸钾水洗涤，或涂擦紫药水、松节油、止啄药膏、防啄喷剂等，待结痂后 1 周，痊愈后归群。发现啄肛癖的鸭，要进行隔离饲养或淘汰或治疗，对被啄鸭肛门或泄殖腔轻度出血者，可及时将鸭隔离，用 0.1%的高锰酸钾水洗患部，其后再涂以磺胺软膏或涂擦紫药水，如果直肠或子宫已脱出，发生水肿或坏死，则宜淘汰。

参 考 文 献

［1］ 岳永生. 简明养鸭手册［M］. 北京：中国农业大学出版社，2002.

［2］ 陈国宏，焦库华主编. 科学养鸭与疾病防治［M］. 北京：中国农业出版社，2001.

［3］ 陈国宏. 鸭鹅饲养技术手册［M］. 北京：中国农业出版社，2000.

［4］ 王克华，童海兵. 工厂化养鸭新技术［M］. 北京：中国农业出版社，2005.

［5］《中国家禽品种志》编写组. 中国家禽品种志［M］. 上海：上海科学技术出版社，1988.

［6］ 陈国宏，王克华，王金玉. 中国禽类遗传资源［M］. 上海：上海科学技术出版社，2004.

［7］ 林世棠，苏建义. 鸭病防治一本通［M］. 福州：福建科学技术出版社，2006.

［8］ 彭秀丽. 家禽孵化工培训教材［M］. 北京：金盾出版社，2008.

［9］ 胡薛英，熊家军. 养鸭必读［M］. 武汉：湖北科技出版社，2006.

［10］ 黄玉亭，谷子林. 圈养鸭高效生产技术［M］. 河北科学技术出版社，2009.

［11］ 姚子亮，吕耀平，叶丽平. "鱼鸭共育"生态养殖模型的研究进展［J］. 丽水学院学报，2008，30（2）：37-41.

［12］ 孟军. 浅谈发酵床养鸭技术的优势及注意事项［J］. 家禽科学，2010，（9）：13-15.

［13］ 甄若宏，王强盛，周建涛. 稻鸭共作复合系统的生态环境效应研究［J］. 安徽农业科学，2008，36（21）：9008-9011.

现代养鸭关键技术精解